U0171624

MATLAB
信号处理与应用

李 欣 等编著

机械工业出版社
China Machine Press

图书在版编目（CIP）数据

MATLAB信号处理与应用/李欣等编著. —北京：机械工业出版社，2021.10

ISBN 978-7-111-69272-0

Ⅰ. ①M… Ⅱ. ①李… Ⅲ. ①数字信号处理－Matlab软件 Ⅳ. ①TN911.72

中国版本图书馆CIP数据核字（2021）第205605号

本书以 MATLAB R2020a 版本为基础，系统地讨论数字信号处理的基本理论、基本分析方法、基本算法和设计方法，是一本比较全面的 MATLAB 信号处理参考书。

本书共 10 章，全面系统地阐述数字信号处理的相关知识，包括 MATLAB 基础、离散时间信号与系统、Z 变换、傅里叶变换、IIR 滤波器的设计、FIR 滤波器的设计、其他滤波器、随机信号处理、小波分析、信号处理中的应用等。

本书内容丰富，讲解深入浅出，可作为电子工程、计算机工程、信号处理以及通信工程等专业本科生和研究生的参考书，也适合工程技术人员参考。

MATLAB 信号处理与应用

出版发行：机械工业出版社（北京市西城区百万庄大街 22 号　邮政编码：100037）

责任编辑：迟振春　　　　　　　　　　　　　　责任校对：王叶

印　　刷：中国电影出版社印刷厂

开　　本：188mm×260mm　1/16　　　　　　版　次：2022 年 1 月第 1 版第 1 次印刷

书　　号：ISBN 978-7-111-69272-0　　　　　　印　张：21.75

定　价：99.00 元

客服电话：（010）88361066　88379833　68326294　　投稿热线：（010）88379604

华章网站：www.hzbook.com　　　　　　　　　　读者信箱：hzjsj@hzbook.com

版权所有·侵权必究

封底无防伪标均为盗版

本书法律顾问：北京大成律师事务所　韩光/邹晓东

前　　言

　　MATLAB 作为一种新兴的用于科学计算领域的高级语言，具有编程简便、计算功能强大、语言简单、运行效率高等特性，同时拥有便捷强大的绘图功能。目前，MATLAB 已得到国际公认，并被广泛应用于科学实践与实际工程计算中。

　　MATLAB 现在已经用于数值分析、矩阵计算、符号运算、图形处理、图像处理、动态仿真、信号处理、声音处理、系统建模等领域。随着科学的发展 MATLAB 不断地更新和改进，在今后的科学研究和工程应用中将会发挥越来越大的作用。本书将通过大量的例子全面、系统地介绍使用 MATLAB R2020a 进行数字信号处理的方法。

本书特点

　　由浅入深，循序渐进：本书以初中级读者为对象，从MATLAB的基础知识讲起，接着叙述数字信号处理的基本理论，并辅以MATLAB的实例分析，最后介绍MATLAB的一些实际应用。

　　内容翔实，覆盖面广：本书涉及数字信号处理的各个方面，在讲解的过程中，合理安排章节，既注重理论，又强调在实际中的应用，使读者能快速掌握 MATLAB 信号处理技术。

　　实例经典，轻松易学：学习实际工程应用案例的具体操作是掌握 MATLAB 的最好方式，本书最后一章通过两个综合应用案例透彻详尽地讲解了 MATLAB 在各方面的应用。

本书内容

　　本书基于 MATLAB R2020a 讲解了 MATLAB 的基础知识，以及它在数字信号处理中的应用。全书章节安排如下：

第 1 章　MATLAB 基础　　　　　　　　第 6 章　FIR 滤波器的设计
第 2 章　离散时间信号与系统　　　　　第 7 章　其他滤波器
第 3 章　Z 变换　　　　　　　　　　　第 8 章　随机信号处理
第 4 章　傅里叶变换　　　　　　　　　第 9 章　小波分析
第 5 章　IIR 滤波器的设计　　　　　　第 10 章　信号处理中的应用

读者对象

　　本书适合 MATLAB 初学者和希望提高数字信号处理能力的读者，具体如下：

◆　从事信号处理工作的从业人员　　　　◆　初学 MATLAB 的技术人员
◆　大中专院校的教师和学生　　　　　　◆　相关培训机构的教师和学员

本书编者

本书主要由李欣编写，参与编写的还有张樱枝、张君慧等。虽然编者在本书的编写过程中力求叙述准确、完善，但由于水平所限，疏漏之处在所难免，希望广大读者和同人不吝指正，共同促进本书质量的提高。

读者服务

为了方便解决本书的疑难问题，读者在学习过程中遇到与本书有关的技术问题，可以发送邮件到邮箱 book_hai@126.com，编者会尽快给予解答。读者也可以访问"算法仿真在线"公众号，在相关栏目下留言获取帮助。

编　者

2021 年 6 月

目　　录

第 1 章　MATLAB 基础

MATLAB 是一种用于数值计算、可视化及编程的高级语言和交互式环境。使用 MATLAB 可以分析数据、开发算法、创建模型和应用程序。

借助 MATLAB 的语言、工具和内置数学函数，可以比使用电子表格或传统编程语言更快地求得数值计算的结果。MATLAB 是一种功能强大的科学计算软件。在使用之前，应该对它有一个整体的了解。本章主要介绍 MATLAB 的主要特点和使用方法。

学习目标：

- MATLAB 的特点
- MATLAB 各种平台的窗口
- MATLAB 各种基本操作
- MATLAB 中 M 文件的操作

1.1　MATLAB 概述

MATLAB 是由美国 MathWorks 公司发布的主要用于科学计算、可视化以及交互式程序设计的高科技计算环境。它将数值分析、矩阵计算、科学数据可视化以及非线性动态系统的建模和仿真等诸多强大的功能集成在一个易于使用的图形窗口环境中，为科学研究、工程设计以及必须进行有效数值计算的众多科学领域提供了一种全面的解决方案。

1.1.1　什么是 MATLAB

MATLAB 提供了一个高性能的数值计算和图形显示的科学与工程计算环境。这种易于使用的 MATLAB 环境具有数值分析、矩阵运算、信号处理和图形绘制等功能。在这种环境下，问题和解答的表达形式（程序）几乎与它们的数学表达式完全一样，而不像传统的编程那样繁杂。

MATLAB 的基本数据单位是矩阵，它的指令表达式与数学、工程中常用的形式十分相似，故用 MATLAB 来解决问题要比用 C、FORTRAN 等语言来解决相同的问题简捷得多。此外，MATLAB 吸收了 Maple 等软件的优点，从而成为一个强大的数学软件。

在 MATLAB 的新版本中加入了对 C、FORTRAN、C++、Java 的支持，可以直接调用，用户也可以将自己编写的实用程序导入 MATLAB 函数库中方便自己以后调用。此外，许多 MATLAB 爱好者编写了一些经典的程序，用户可以直接下载使用。MATLAB 的主要特性包括：

1）是一种用于数值计算、可视化和应用程序开发的高级程序设计语言。

2）具有可实现迭代式探查、设计及问题求解的交互式环境。

3）具有用于线性代数、统计、傅里叶分析、筛选、优化、数值积分以及常微分方程求解的数学函数。

4）具有用于数据可视化的内置图形以及用于创建自定义绘图的工具。

5）具有改进代码质量和可维护性并最大限度地发挥性能的开发工具。

6）具有用于构建自定义图形界面应用程序的工具。

7）具有实现基于 MATLAB 的算法与外部应用程序和语言（如 C、Java、.NET）集成的函数。

MATLAB 的一个重要特色就是其工具箱，它已经成为一个系列产品，如 MATLAB 主工具箱和其他工具箱。

功能型工具箱主要用来扩充 MATLAB 的数值计算、符号运算、图形建模仿真、文字处理以及与硬件实时交互的功能，能够用于多种学科。领域型工具箱是学科专用工具箱，其专业性很强，比如控制系统工具箱（Control System Toolbox）、信号处理工具箱（Signal Processing Toolbox）、金融工具箱（Financial Toolbox）等，只适用于各自的专业。

1.1.2　MATLAB 语言的特点

MATLAB 是 MathWorks 公司所有产品的基石，它的程序语言能力包括数值计算、2-D 和 3-D 图形、编程语句等。MATLAB 系统主要由 5 部分构成：MATLAB 语言、MATLAB 工作环境、MATLAB 图形处理、MATLAB 数学函数库、MATLAB 应用程序编程接口。

MATLAB 具有用法简单、灵活、程序的结构性强、扩展性好等优点，已经逐渐成为科技计算、图形交互系统和程序设计中的首选语言工具，特别是它在线性代数、数理统计、自动控制、数字信号处理、动态系统仿真等方面表现突出，已经成为科研工作人员和工程技术人员进行科学研究与生产实践的有力武器。

1.　以矩阵和数组为基础的运算

MATLAB 是一门直接支持矩阵运算的高级语言，它包含控制语句、函数、数据结构、输入输出并具有面向对象编程的特点。MATLAB 以矩阵为基础，不需要预先定义变量和矩阵（包括数组）的维数，可以方便地进行矩阵的算术运算、关系运算和逻辑运算等。而且 MATLAB 有特殊矩阵专门的库函数，可以高效地用于求解诸如信号处理、图像处理、控制等问题。

2.　语言简洁，使用方便

MATLAB 程序书写形式自由，被称为"草稿式"语言，这是因为其函数名和程序中公式的表达方式接近于我们日常书写计算公式时的思维表达方式，编写 MATLAB 程序犹如在草稿纸上书写公式与求解问题，因此工程技术人员可以使用它快速地验证算法。

此外，MATLAB 还是一种解释性语言，不需要专门的编译器。可直接在命令行输入 MATLAB 语句，系统会立即进行处理，完成编译、链接和运行的全过程。MATLAB 可以利用丰富的库函数，让编程人员避开繁杂的子程序编程任务，省略了一切不必要的编程工作。

【例 1-1】　使用 MATLAB 求解下列方程，并求解矩阵 A 的特征值，Ax=b，其中：

```
A= 32 13 45 67
   23 79 85 12
   43 23 54 65
   98 34 71 35
```

```
b=1
  2
  3
  4
```

解：x=A\b，设 A 的特征值组成的向量为 e，e=eig(A)。

在 MATLAB 窗口输入以下几行代码：

```
>> A=[32 13 45 67;23 79 85 12;43 23 54 65;98 34 71 35];
>> b=[1;2;3;4];
>> x=A\b
x=
    0.1809
    0.5128
   -0.5333
    0.1862
>> e=eig(A)
e=
  193.4475
   56.6905
  -48.1919
   -1.9461
```

可见 MATLAB 的程序极其简短。更为难能可贵的是，MATLAB 甚至具有一定的智能水平，比如上面的求解方程，MATLAB 会根据矩阵的特性选择方程的求解方法，用户根本不用怀疑 MATLAB 的准确性。

3. 强大的科学计算能力

MATLAB 也是一个包含大量计算算法的集合，其拥有工程中要用到的 600 多个数学运算函数，可以方便地实现用户所需要的各种计算功能。

函数中所使用的算法都是科研和工程计算领域的最新研究成果，而且经过了各种优化和容错处理。通常可以用它来代替底层编程语言，如 C 和 C++。在计算需求相同的情况下，使用 MATLAB 编程工作量会大大减少。

MATLAB 的函数集包括从最简单、最基本的函数到诸如矩阵、特征向量、快速傅里叶变换等复杂函数。

复杂函数所具有的功能包括矩阵运算和线性方程组的求解、微分方程及偏微分方程组的求解、符号运算、快速傅里叶变换和数据的统计分析、工程中的优化问题、稀疏矩阵运算、复数的各种运算、三角函数和其他初等数学运算、多维数组操作以及建模动态仿真等。

4. 强大的图形处理功能

MATLAB 具有非常强大的以图形化方式显示矩阵和数组的能力，同时它还能给图形增加注释，并且可以给图形加标注和打印图形。

MATLAB 的图形技术包括二维和三维的可视化、图像处理、动画等高级专业图形的绘制，例如图形的光照处理、色度处理以及四维数据的表现等，还包括一些可以让用户灵活控制图形特点的低级绘图命令，也就是可以利用 MATLAB 的句柄图形技术创建图形用户界面。

同时，对一些特殊的可视化要求，例如图形界面的会话等，MATLAB 也有相应的函数来满足用户的需求。另外，新版本的 MATLAB 还着重在图形用户界面（GUI）的制作上做了很大的改进，可以满足对这方面有特殊要求的用户。

5. 应用广泛的模块集合——工具箱

MATLAB 的一个重要特色就是具有一套程序扩展系统和一组称为工具箱的特殊应用子程序，每一个工具箱都是为某类学科及其应用而定制的。

MATLAB 包含核心部分和各种可选工具箱两部分。核心部分有数百个核心内部函数。工具箱又分为两类：功能性工具箱和学科性工具箱。功能性工具箱主要用来扩充其符号运算功能、图示建模仿真功能、文字处理功能以及与硬件实时交互的功能，而学科性工具箱的专业性比较强，如 control toolbox（控制工具箱）、signal processing toolbox（信号处理工具箱）、communication toolbox（通信工具箱）等。

这些工具箱都是由相应领域学术水平很高的专家编写的，所以用户无须编写自己学科领域的基础程序，就可以将这些工具直接用于自己领域的研究。此外，用户也可以直接使用这些工具箱进行学习、开发应用以及评估不同的解决问题的方法。

6. 可扩充性强，具有方便的应用程序接口

MATLAB 不仅有丰富的库函数，在进行复杂的数学运算时可以直接调用，而且用户可以根据需要方便地自行编写和扩充新的函数库。

通过混合编程，用户可以方便地在 MATLAB 环境中调用其他用 Fortran 或者 C 语言编写的代码，也可以在 C 语言或者 Fortran 语言中使用 MATLAB。

7. 源程序的开放性

开放性是 MATLAB 颇受人们欢迎的特点之一。除内部函数以外，所有 MATLAB 的核心文件和工具箱文件都是可读可改的源文件，用户可以通过对源文件的修改以及加入自己的文件构成新的工具箱。

8. 实用的程序接口和发布平台

新版本的 MATLAB 可以利用 MATLAB 编译器以及 C/C++ 数学库和图形库将自己的 MATLAB 程序自动转换为独立于 MATLAB 运行的 C 和 C++ 代码，允许用户编写可以和 MATLAB 进行交互的 C 或 C++ 语言程序。另外，MATLAB 网页服务程序还允许在 Web 应用中使用自己的 MATLAB 数学和图形程序。

1.1.3 MATLAB 系统

MATLAB 系统主要包括 5 部分：桌面工具和开发环境、数学函数库、语言、图形处理、外部接口。其中桌面工具和开发环境包括 MATLAB 桌面和命令窗口、编辑器和调试器、代码分析器，以及用于浏览帮助界面、工作空间、文件的浏览器。

MATLAB 的数学函数库包括大量的算法，从初等函数到复杂的高等函数。MATLAB 语言是一种基于矩阵和数组的高级语言，具有程序流控制、函数、数据结构、输入输出和面向编程等特色。在图形处理中，MATLAB 具有方便的数据可视化功能。同时，MATLAB 语言拥有能够和一些高级语言进行交互的函数库。

1.2　MATLAB 的基本操作与应用

为了方便用户使用，安装完 MATLAB R2020a 后，需要将 MATLAB 的安装文件夹（默认路径为 C:\Program Files\Polyspace\R2020a\bin）中的 MATLAB.exe 应用程序添加为桌面快捷方式，之后双击快捷方式图标即可直接开启 MATLAB 操作界面。

1.2.1　操作界面概述

MATLAB R2020a 操作界面中包含大量的交互式界面，例如通用操作界面、工具包专业界面、帮助界面和演示界面等。这些交互式界面组合在一起构成 MATLAB 的默认操作界面。

启动 MATLAB 后的操作界面如图 1-1 所示。在默认情况下，MATLAB 的操作界面包含选项卡、当前文件夹、命令行窗口、工作区 4 个区域。

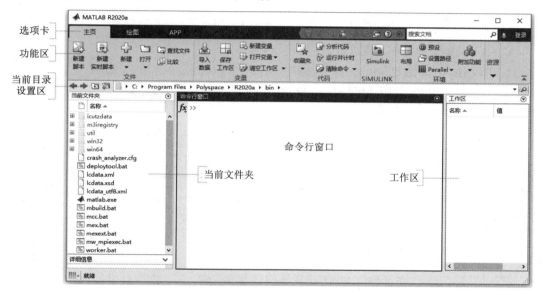

图 1-1　MATLAB 默认操作界面

MATLAB 的选项卡在组成方式和内容上与一般应用软件的选项卡基本相同，这里不再赘述。下面将重点介绍命令行窗口、当前文件夹窗口和工作区窗口。

1.2.2　命令行窗口

MATLAB 默认界面的中间部分是命令行窗口。顾名思义，命令行窗口就是接收命令输入的窗口，实际上，可输入的对象除 MATLAB 命令之外，还包括函数、表达式、语句以及 M 文件名或 MEX 文件名等，为了叙述方便，后面将这些可输入的对象统称为语句。

MATLAB 的工作方式之一是：在命令行窗口中输入语句，然后由 MATLAB 逐句解释执行并在命令行窗口中给出结果。命令行窗口可显示除图形以外的所有运算结果。

可将命令行窗口从 MATLAB 主界面中分离出来，以便单独显示和操作，当然也可以重新返回主界面中，其他窗口也有相同的行为。

分离命令行窗口的方法是在窗口右侧的 ⊙ 按钮的下拉菜单中选择"取消停靠"命令，也可以直接用鼠标将命令行窗口拖离主界面，其结果如图 1-2 所示。若要将命令行窗口停靠在主界面中，则可选择下拉菜单中的"停靠"命令。

图 1-2　分离后的命令行窗口

1.2.3　当前文件夹窗口和路径管理

MATLAB 利用当前文件夹窗口组织、管理、使用所有 MATLAB 文件和非 MATLAB 文件，例如新建、复制、删除、重命名文件夹和文件等，还可以利用该窗口打开、编辑和运行 M 程序文件以及载入 MAT 数据文件等。当前文件夹窗口如图 1-3 所示。

MATLAB 的当前目录是实施打开、加载、编辑和保存文件等操作时系统默认的文件夹。设置当前目录就是将此默认文件夹改成用户希望使用的文件夹，用来存放文件和数据。

图 1-3　当前文件夹窗口

1.2.4　工作区窗口和数组编辑器

在默认的情况下，工作区位于 MATLAB 操作界面的左侧。如同命令行窗口一样，也可以对该窗口进行停靠、分离等操作，分离后的窗口如图 1-4 所示。

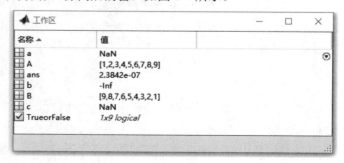

图 1-4　分离后的工作区窗口

工作区窗口拥有许多其他功能，例如内存变量的打印、保存、编辑、图形绘制等。这些操作都比较简单，只需要在工作区中选择并右击相应的变量，在弹出的快捷菜单中选择相应的菜单命令，如图 1-5 所示。

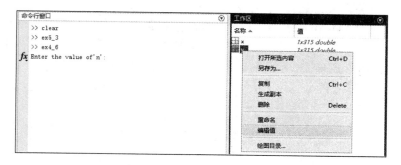

图 1-5　对变量进行操作的快捷菜单

在 MATLAB 中，数组和矩阵都是十分重要的基础变量，MATLAB 专门提供了变量编辑器这个工具来编辑数据。

双击工作区窗口中的某个变量时，会在 MATLAB 主窗口中弹出如图 1-6 所示的变量编辑器。如同命令行窗口一样，变量编辑器也可以从主窗口中分离出来，如图 1-7 所示。

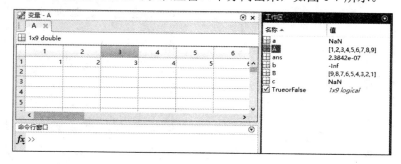

图 1-6　变量编辑器

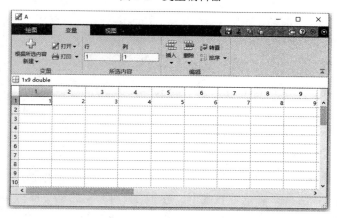

图 1-7　分离后的变量编辑器

在该编辑器中可以对变量及数组进行编辑操作，同时利用"绘图"选项卡下的功能命令可以很方便地绘制各种图形。

1.2.5　变量的编辑命令

在 MATLAB 中除了可以在工作区中编辑内存变量外，还可以在 MATLAB 的命令行窗口输入相应的命令来查看和删除内存中的变量。

【例 1-2】 在 MATLAB 命令行窗口中查看内存变量。

在命令行窗口中输入以下命令创建 A、i、j、k 四个变量，然后输入 who 和 whos 命令，查看内存变量的值，如图 1-8 所示。

```
A(2,2,2)=1;
i=6;
j=12;
k=18;
who
whos
```

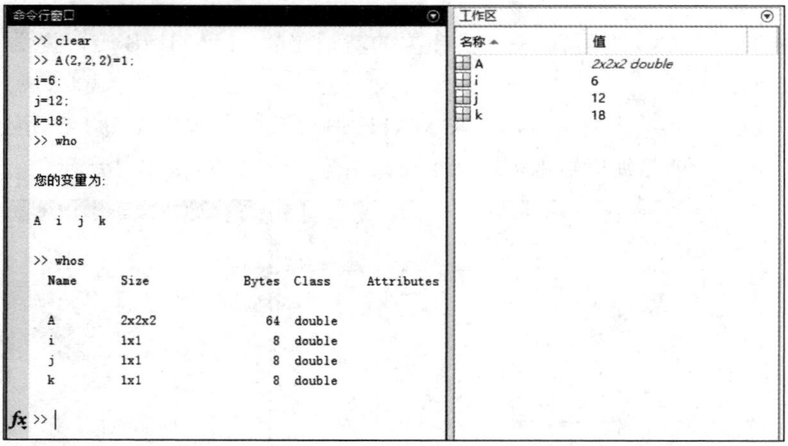

图 1-8　查看内存变量的值

【例 1-3】 继续例 1-2，在 MATLAB 命令行窗口中删除内存变量 k。

在命令行窗口中输入下面的命令：

```
clear k
who
```

与前面的示例相比，当运行 clear 命令后，将 k 变量从工作区删除，在工作区浏览器中也将该变量删除。

1.2.6　绘图命令

绘制二维图形的基本命令是 plot(x,y)。其中 x、y 是 1×n 阶矩阵。也可以用 plot(x1,y1,x2,y2,⋯) 把多条曲线画在同一坐标系下。在这种格式中，每个二元对 x–y 的意义都与 plot(x,y) 的相同，每个二元对 x–y 的结构也必须符合 plot(x,y) 的要求，但二元对之间没有约束关系。以上格式中的 x、y 都可以是表达式，但表达式的运算结果必须符合上述格式要求。

MATLAB 还提供了一组图形功能开关命令。关于颜色和线型可用下面的方法进行控制。Plot(x,'r*') 表示用红色"*"画线，plot(x,y,'b+') 表示用蓝色"+"画线，plot(x1,y1,'y–',x2,y2,'g:') 表示第一组用黄色实线画线，第二组用绿色点线画线。

MATLAB 的线型字符有很多，可以随心所欲地把图画得很漂亮。这几个线型字符大家可以选用：S，小方块；H，六角星；D，钻石形；V，向下三角形；^，向上三角形。

MATLAB 还提供了图形的加注命令：

```
title            %题头标注
xlabel           %x 轴标注
ylabel           %y 轴标注
gtext            %鼠标定位标注
grid             %网格
axis([xmin xmax ymin ymax])      %[]中给出 x 轴和 y 轴的最小值和最大值
```

【例 1-4】 把 $y1=\sin t$、$y2=\cos t$、$y3=\sin t^2 - t\cos t$ 绘制在一张图上。程序代码如下：

```
>> t=0:pi/12:2*pi;
y1=sin(t);
y2=cos(t);
y3=sin(t.^2)-t.*cos(t);
plot(t,y1,'r-',t,y2,'bo',t,y3,'k:')      %用红线画 y1，用蓝圈画 y2，用黑虚线画 y3
```

运行结果如图 1-9 所示。

有时同一曲面或曲线需要从不同的角度去观察，或用不同的表现方式去表现，这时为了便于比较，往往在一个窗口内画多幅图形。MATLAB 用 subplot 命令实现这一目的，其具体格式为：

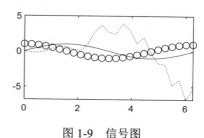

图 1-9　信号图

```
subplot（m,n,p）      %使用此命令后，把窗口分为
```
m×n 个图形区域，p 表示当前区域号

【例 1-5】 把 $\sin x$、$\cos x$、$\operatorname{atan} x$、$\sin x\cos y$ 画在一个窗口。程序代码如下：

```
>> x=0:pi/6:2*pi;y=x;
z1=sin(x);z2=cos(x);z3=atan(x);
subplot(2,2,1); plot(x,z1,'r',x,z2,'g')
subplot(2,2,2);plot(x,z3,'m')
subplot(2,2,3);[x,y]=meshgrid(x,y);z4=sin(x).*cos(y);
mesh(x,y,z4);subplot(2,2,4);surfc(x,y,z4)
```

运行结果如图 1-10 所示。

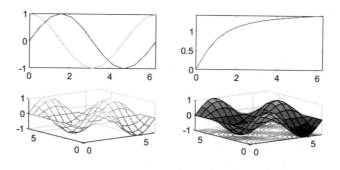

图 1-10　一个窗口中多图的显示

1.2.7　MATLAB 程序的控制流语句

MATLAB 也有控制流语句，用于控制程序的流程，主要有 for 循环语句、while 循环语句、if 和 break 语句。虽然语句很少，但功能很强。

1. for 循环语句

for 循环语句的一般表达形式为：

```
for   i=表达式
      可执行语句 1
      …
      可执行语句 n
end
```

2. while 循环语句

while 循环语句用来控制一个或一组语句在某种逻辑条件下重复执行的次数。

while 循环语句的一般表达形式为：

```
while    表达式
         循环体内的语句
 end
```

3. if 和 break 语句

在 MATLAB 中，if 和 break 语句的作用、使用方式与其他编程语言一样，用来对控制流程进行分流与中断退出。

1.2.8 M 文件

创建 M 文件是 MATLAB 中非常重要的内容。事实上，正是由于在 MATLAB 工具箱中存放着大量的 M 文件，使 MATLAB 应用起来显得简单、方便，且功能强大。

如果用户根据自己的需要开发出适用于自己的 M 文件，不仅能使 MATLAB 更加贴近用户自己的需求，还能使 MATLAB 的功能得到扩展。

M 文件有两种形式：命令文件和函数文件。当用户要运行的命令较多时，如果直接在命令窗口中逐条输入和运行，会有诸多不便。此时可通过编写命令文件来解决这个问题。另外，从前面的例子中可以看到，MATLAB 的许多命令需要用户通过编写函数文件来执行。

1. M 命令文件

进入 MATLAB 后，单击"编辑器"，然后依次单击工具栏中的"新建"→"脚本"选项进入编辑器-Untitled。在编辑器中，编写符合语法规则的命令，编写完命令文件后，选择 "保存"选项，然后依提示输入一个文件名。至此，完成了命令文件的创建。

2. M 函数文件

函数文件的创建方法与命令文件的创建方法完全一样，只是函数文件的第一条可执行语句是以 function 引导的函数定义语句。注意，输入函数文件名时该文件名与定义语句中的函数名相同。

建立了函数文件或命令文件后，只要在命令窗口输入函数文件名或命令文件名，就可以执行 M 文件中所包含的所有命令。

1.3　MATLAB 帮助系统

MATLAB 为用户提供了丰富的帮助系统，可以帮助用户更好地了解和运用 MATLAB。本节将详细介绍 MATLAB 帮助系统的使用。

1.3.1　纯文本帮助信息

在 MATLAB 中，所有执行命令或者函数的 M 源文件都有较为详细的注释。这些注释为纯文本，一般包括函数的调用格式或者函数输入参数、输出结果的含义。下面使用简单的例子来说明如何使用 MATLAB 的纯文本帮助信息。

【例 1-6】　在 MATLAB 中查阅帮助信息。

根据 MATLAB 的帮助系统，用户可以查阅不同范围的帮助信息，具体如下：

1）在 MATLAB 的命令行窗口中输入 help help 命令，然后按 Enter 键，即可查阅如何在 MATLAB 中使用 help 命令，如图 1-11 所示。

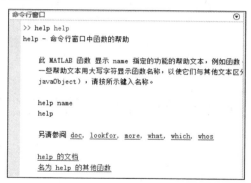

图 1-11　使用 help 命令的帮助信息

界面中显示了如何在 MATLAB 中使用 help 命令的帮助信息，用户可以详细阅读此信息来学习如何使用 help 命令。

2）在 MATLAB 的命令行窗口中输入 help 命令，然后按 Enter 键，可以查阅最近所使用的命令的帮助信息。

3）在 MATLAB 的命令行窗口中输入 help topic 命令，然后按 Enter 键，可以查阅关于该主题的所有帮助信息。

上面简单地演示了如何在 MATLAB 中使用 help 命令来获得各种函数、命令的帮助信息。在实际应用中，用户可以灵活使用这些命令来搜索所需的帮助信息。

1.3.2　帮助导航

在 MATLAB 中提供帮助信息的"帮助"交互界面主要由帮助导航器和帮助浏览器两部分组成。这个帮助文件和 M 文件中的纯文本帮助无关，是 MATLAB 专门设置的独立帮助系统。该系统对 MATLAB 的功能叙述比较全面、系统，而且界面友好，使用方便，是用户查找帮助信息的重要途径。

用户可以在操作界面中单击  按钮，打开"帮助"交互界面，如图 1-12 所示。

图 1-12   "帮助"交互界面

1.3.3   示例帮助

在 MATLAB 中，各个工具包都有设计好的示例程序，对于初学者而言，这些示例对提高自己的 MATLAB 应用能力具有重要的作用。

在 MATLAB 的命令行窗口中输入 demo 命令，就可以进入关于示例程序的帮助窗口，如图 1-13 所示。用户可以打开实时脚本进行学习。

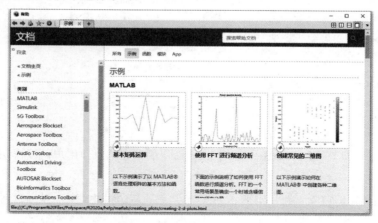

图 1-13   MATLAB 中的示例帮助

1.4   本章小结

MATLAB 语言由于其语法的简洁性、代码接近数学描述方式以及具有丰富的专业函数库等诸多优点，得到了众多科学研究工作者的青睐，从而使之成为科学研究、数值计算、建模仿真以及学术交流的事实标准。

MATLAB 软件具有强大的专业函数库和工具箱，集数值分析、信号处理、图形显示于一体，且界面友好，是数字信号处理中越来越重要的计算和仿真验证工具。

第 2 章　离散时间信号与系统

离散时间信号是一个整数值变量 n 的函数，表示为 $x(n)$ 或 $\{x(n)\}$。尽管独立变量 n 不一定表示"时间"（例如，n 可以表示温度或距离），但 $x(n)$ 一般被认为是时间的函数。离散时间信号 $x(n)$ 对于非整数值 n 是没有定义的。

由于 MATLAB 中矩阵元素的个数有限，因此 MATLAB 只能表示一定时间范围内有限长度的序列；而对于无限序列，也只能把该序列在一定时间范围内的子序列表示出来，例如对于连续时间信号而言，也只是其中一些典型时段的离散时间信号。

学习目标：

- 熟练掌握离散时间系统的性质
- 熟练运用离散序列
- 熟练掌握信号的产生
- 熟练掌握信号的时域分析

2.1　离散序列

离散时间信号（Discrete-Time Signal）是指在离散时刻才有定义的信号，简称离散信号或者离散序列。离散序列通常用 $u^{-1} = g(z^{-1}) = \dfrac{z^{-2} + r_1 z^{-1} + r_2}{r_2 z^{-2} + r_1 z^{-1} + 1}$ 来表示，自变量必须是整数。

定义： 离散时间信号是指在时间上取离散值、幅度取连续值的一类信号，可以用序列来表示。序列是指按一定次序排列的数值 $x(n)$ 的集合，表示为：

$$\{x(-\infty),\cdots,x(-2),x(-1),x(0),x(1),x(2),\cdots,x(\infty)\} \quad \text{或} \quad x(n) , \quad -\infty < n < \infty \tag{2-1}$$

 n 为整数，$x(n)$ 表示序列，对于具体信号，$x(n)$ 也代表第 n 个序列值。特别应当注意的是，$x(n)$ 仅当 n 为整数时才有定义，对于非整数，$x(n)$ 没有定义，不能错误地认为 $x(n)$ 为零。

2.1.1　单位采样序列

单位采样序列（也称单位脉冲序列）定义如下：

$$\delta(n) = \begin{cases} 1 & n = 0 \\ 0 & n \neq 0 \end{cases} \tag{2-2}$$

1）单位采样序列 $\delta(n)$ 的特点是，仅在 $n = 0$ 时序列值为 1，n 取其他值，序列值为 0。

2)单位采样序列的地位与连续信号中的单位冲激函数 $\delta(t)$ 相当。不同的是，$n=0$ 时，$\delta(n)=1$，而不是无穷大。

在 MATLAB 中，单位采样序列可以用 zeros 函数实现，如要产生 N 点的单位采样序列，可以通过以下命令实现：

```
x=zeros(1,N);
x(n)=1;
```

例如：

```
>> x=zeros(1,3);
>> x(1)=1
x =
     1     0     0
```

【例2-1】　编制程序产生单位采样序列 $\delta(n)$ 及 $\delta(n-20)$，并绘制出图形。程序代码如下：

```
>> clear all
n=50;
x=zeros(1,n);
x(1)=1;
xn=0:n-1;
subplot(121);
stem(xn,x);
grid on
axis([-1 51 0 1.1]);
title('单位采样序列 δ(n)')
ylabel('δ(n)');
xlabel('n');
k=20;
x(k)=1;
x(1)=0;
subplot(122);
stem(xn,x);
grid on
axis([-1 51 0 1.1]);
title('单位采样序列 δ(n-20)')
ylabel('δ(n-20)');
xlabel('n');
```

运行结果如图2-1所示。

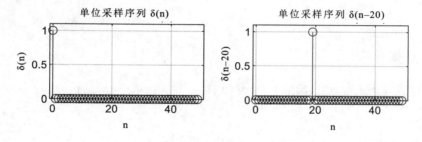

图2-1　序列及移位

2.1.2　单位阶跃序列

单位阶跃序列（Unit Step Sequence）定义如下：

$$u(n)=\begin{cases}1 & n\geqslant 0\\0 & n<0\end{cases}\tag{2-3}$$

在 MATLAB 中，单位阶跃序列可以用 ones 函数实现，如要产生 N 点的单位阶跃序列，可以通过以下命令实现：

```
x=ones(1,N);
```

【例 2-2】　编制程序产生单位阶跃序列 $u(n)$ 及 $u(n-20)$，并绘制出图形。程序代码如下：

```
>> clear all
n=50;
x=ones(1,n);
xn=0:n-1;
subplot(211);
stem(xn,x);
grid on
axis([-1 51 0 1.1]);
title('单位阶跃序列 u(n)')
ylabel('u(n)');
xlabel('n');
x=[zeros(1,20),1,ones(1,29)];
subplot(212);
stem(xn,x);
grid on
axis([-1 51 0 1.1]);
title('单位阶跃序列 u(n-20)')
ylabel('u(n-20)');
xlabel('n');
```

运行结果如图 2-2 所示。

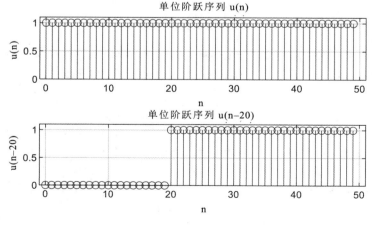

图 2-2　单位阶跃序列

2.1.3 矩形序列

矩形序列（Rectangular Sequence）定义为：

$$R_N(n) = \begin{cases} 1 & 0 \leq n \leq N-1 \\ 0 & \text{其他} \end{cases} \tag{2-4}$$

符号 $R_N(n)$ 的下标 N 表示矩形序列的长度，如 $R_4(n)$ 表示长度 $N=4$ 的矩形序列。

单位采样序列 $\delta(n)$、单位阶跃序列 $u(n)$ 和矩形序列 $R_N(n)$ 之间的关系如下：

$$\delta(n) = u(n) - u(n-1) \tag{2-5}$$

$$u(n) = \sum_{k=0}^{n} \delta(k) \tag{2-6}$$

$$R_N(n) = u(n) - u(n-N) \tag{2-7}$$

一般情况下，若序列 $y(n)$ 与序列 $x(n)$ 之间满足 $y(n) = x(n-k)$ 的关系，则称 $y(n)$ 为 $x(n)$ 的移位（或延迟）序列。

2.1.4 正弦序列

正弦序列的定义如下：

$$x(n) = \sin(\omega n) \tag{2-8}$$

式中 ω 称为正弦序列的数字域频率，单位为弧度，它表示序列变化的速率，或者表示相邻两个序列值之间相差的弧度数。

如果正弦序列是由连续信号采样得到的，那么：

$$x_a(nT) = x_a(t)\big|_{t=nT} = \sin(\Omega t)\big|_{t=nT} = \sin(\Omega nT) \tag{2-9}$$

因为在数值上序列值等于采样值，可以得到数字域频率 ω 与模拟角频率 Ω 的关系为：

$$\omega = \Omega T \tag{2-10}$$

上式具有普遍意义，表明由连续信号采样得到的序列，模拟角频率 Ω 与数字域频率 ω 呈线性关系。再由采样频率 f_s 与采样间隔 T 互为倒数，上式也可以写成以下形式：

$$\omega = \frac{\Omega}{f_s} \tag{2-11}$$

上式表示数字域频率 ω 可以看作模拟角频率 Ω 对采样频率 f_s 的归一化频率。

【例 2-3】 试用 MATLAB 命令绘制正弦序列 $x(n) = \sin\left(\dfrac{n\pi}{6}\right)$ 的波形图。程序代码如下：

```
>> clear all
n=0:39;
x=sin(pi/6*n);
stem(n,x);
```

```
xlabel('n')
ylabel('h(n)')
title('正弦序列')
axis([0,40,-1.5,1.5]);
grid on;
```

运行结果如图 2-3 所示。

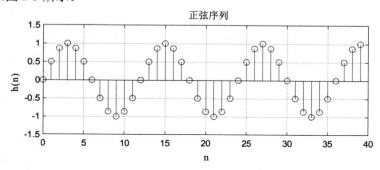

图 2-3 正弦序列

2.1.5 实指数序列

实指数序列定义如下:

$$x(n) = a^n u(n) \tag{2-12}$$

如果 $|a| < 1$,$x(n)$ 的幅度随 n 的增大而减小,此时 $x(n)$ 为收敛序列;如果 $|a| > 1$,$x(n)$ 的幅度随 n 的增大而增大,此时 $x(n)$ 为发散序列。

【例 2-4】 试用 MATLAB 命令分别绘制单边指数序列 $x_1(n) = 1.2^n u(n)$、$x_2(n) = (-1.2)^n u(n)$、$x_3(n) = (0.8)^n u(n)$、 $x_4(n) = (-0.8)^n u(n)$ 的波形图。程序代码如下:

```
>> clear all
n=0:10;
a1=1.2;a2=-1.2;a3=0.8;a4=-0.8;
x1=a1.^n;
x2=a2.^n;
x3=a3.^n;
x4=a4.^n;
subplot(221)
stem(n,x1,'fill');
grid on;
xlabel('n'); ylabel('h(n)');
title('x(n)=1.2^{n}')
subplot(222)
stem(n,x2,'fill');
grid on
xlabel('n'); ylabel('h(n)');
title('x(n)=(-1.2)^{n}')
subplot(223)
stem(n,x3,'fill');
grid on
```

```
xlabel('n') ; ylabel('h(n)');
title('x(n)=0.8^{n}')
subplot(224)
stem(n,x4,'fill');
grid on
xlabel('n'); ylabel('h(n)');
title('x(n)=(-0.8)^{n}')
```

运行结果如图 2-4 所示。

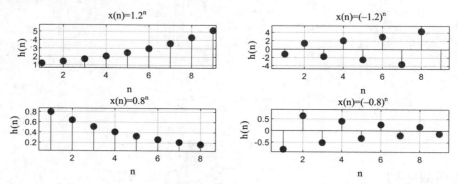

图 2-4　实指数序列

2.1.6　复指数序列

复指数序列定义为：

$$x(n) = e^{(a+j\omega_0)n} \qquad (2\text{-}13)$$

当 $a = 0$ 时，得到虚指数序列 $x(n) = e^{j\omega_0 n}$，式中 ω_0 是复指数序列的数字域频率。由欧拉公式得知，复指数序列可进一步表示为：

$$x(n) = e^{(a+j\omega_0)n} = e^{an}e^{j\omega_0 n} = e^{an}[\cos(n\omega_0) + j\sin(n\omega_0)] \qquad (2\text{-}14)$$

与连续复指数信号一样，我们将复指数序列实部和虚部的波形分开讨论，得出如下结论：

1）当 $a > 0$ 时，复指数序列 $x(n)$ 的实部和虚部分别是按指数规律增长的正弦振荡序列。

2）当 $a < 0$ 时，复指数序列 $x(n)$ 的实部和虚部分别是按指数规律衰减的正弦振荡序列。

3）当 $a = 0$ 时，复指数序列 $x(n)$ 即为虚指数序列，其实部和虚部分别是等幅的正弦振荡序列。

【例 2-5】　用 MATLAB 命令画出复指数序列 $x(n) = 2e^{\left(-\frac{1}{10} + j\frac{\pi}{6}\right)n}$ 的实部、虚部、模及相角随时间变化的曲线，并观察其时域特性。程序代码如下：

```
>> clear
n=0:30;
A=2;a=-1/10;b=pi/6;
x=A*exp((a+i*b)*n);
subplot(2,2,1)
stem(n,real(x),'fill');
grid on
```

```
title('实部');
axis([0,30,-2,2]),xlabel('n')
subplot(2,2,2)
stem(n,imag(x),'fill');
grid on
title('虚部');
axis([0,30,-2,2]) ,xlabel('n')
subplot(2,2,3)
stem(n,abs(x),'fill'),grid on
title('模'),axis([0,30,0,2]) ,xlabel('n')
subplot(2,2,4)
stem(n,angle(x),'fill');
grid on
title('相角');
axis([0,30,-4,4]) ,xlabel('n')
```

运行结果如图 2-5 所示。

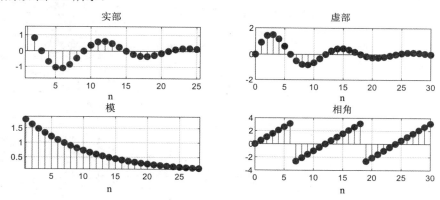

图 2-5　复指数序列

2.1.7　周期序列

如果对所有的 n，关系式 $x(n) = x(n+N)$ 均成立，且 N 为满足关系式的最小正整数，则定义 $x(n)$ 为周期序列，其周期为 N。

例如，对于正弦序列，设 $x(n) = A\sin(\omega_0 n + \varphi)$，那么 $x(n+N) = A\sin[\omega_0(n+N)+\varphi] = A\sin(\omega_0 n + \varphi + \omega_0 N)$。如果 $x(n) = x(n+N)$，则要求 $\omega_0 N = 2\pi k$ 或 $N = (2\pi/\omega_0)k$。式中 N 和 k 均取整数，而且 k 的取值要保证 N 是最小的正整数。

对于具体的正弦序列（包括余弦序列及复指数序列）周期有以下三种情况：

1）当 $2\pi/\omega_0$ 为整数时，$k=1$，该序列是以 $2\pi/\omega_0$ 为周期的周期序列。例如对于序列 $\sin(\pi n/4)$，$\omega_0 = \pi/4$，$2\pi/\omega_0 = 8$，该正弦信号的周期为 8。

2）当 $2\pi/\omega_0$ 不是整数，而是一个有理数时，设 $2\pi/\omega_0 = P/Q$，式中 P、Q 是整数，并且 P/Q 为最简分数；取 $k=Q$，则该序列的周期 $N=P$。例如对于 $\sin(5\pi n/8)$，$\omega_0 = 5\pi/8$，$2\pi/\omega_0 = 16/5$，取 $k=5$，该正弦信号的周期为 16。

3）当 $2\pi/\omega_0$ 是一个无理数时，任何整数都不能使 N 为正整数，则该序列不是周期序列。例如对于 $\sin(2n/5)$，$\omega_0 = 2/5$，$2\pi/\omega_0 = 5\pi$，该正弦信号不是周期序列。

【例 2-6】 已知 $x(n)=0.8^n R_8(n)$，利用 MATLAB 生成 $x(n)$、$x(n-m)$、$x((n))_8 R_N(n)$ 并绘制图形，其中 $N=24$，$0<m<N$，$x((n))_8$ 表示 $x(n)$ 以 8 为周期的延拓。

程序代码如下：

```
>> N=24;M=8;m=5;                %设移位值为5
n=0:N-1;
x1=0.8.^n;x2=[(n>=0)&(n<M)];
xn=x1.*x2;                      %产生x(n)
[xm,nm]=sigshift(xn,n,m);       %产生x(n-m)
xc=xn(mod(n,8)+1);     %产生x(n)的周期延拓,求余后加1,是因为MATLAB 向量下标从0开始
xcm=xn(mod(n-m,8)+1);           %产生x(n)移位后的周期延拓
subplot(2,2,1);stem(n,xn,'.');
axis([0,length(n),0,1]);title('x(n)')
subplot(2,2,2);stem(nm,xm,'.');
axis([0,length(nm),0,1]);title('x(n-5)')
subplot(2,2,3);stem(n,xc,'.');
axis([0,length(n),0,1]);title('x((n)的周期延拓')
subplot(2,2,4);stem(n,xcm,'.');
axis([0,length(n),0,1]);title('x(n)的循环移位')
```

运行结果如图 2-6 所示。

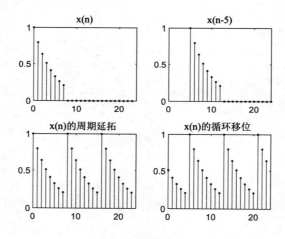

图 2-6　序列的移位和延拓

运行过程中用到的子程序为：

```
function[y,n]=sigshift(x,m,n0)
% y(n)=x(n-n0)
n=m+n0;y=x;
```

▪ 2.2　信号的产生

本节将使用 MATLAB 产生基本信号、绘制信号波形、实现信号的基本运算，为信号分析和系统设计奠定基础。MATLAB 提供了许多函数用于产生常用的基本信号，如阶跃信号、脉冲信号、指数信号、正弦信号和周期矩形波信号等。

2.2.1 方波函数

方波的调用函数是：

- x=square(t)：类似于 sin(t)，产生周期为 2*pi、幅值为 1 的方波。
- x=square(t, duty)：产生指定周期的矩形波，其中 duty 用于指定脉冲宽度与整个周期的比例。

【例 2-7】 一个连续的周期性矩形信号频率为 5kHz，信号幅度为 0～2V，脉冲宽度与周期的比例为 1:4，且要求在窗口上显示两个周期的信号波形，并对信号的一个周期进行 16 点采样来获得离散信号，显示原连续信号与采样获得的离散信号。

程序代码如下：

```
>> f=5000;nt=2;
N=16;T=1/f;
dt=T/N;
n=0:nt*N-1;
tn=n*dt;
x=square(2*f*pi*tn,25)+1;    %产生时域信号，且幅度在 0 和 2 之间
subplot(2,1,1);stairs(tn,x,'k');
axis([0 nt*T 1.1*min(x) 1.1*max(x)]);
ylabel('x(t)');
subplot(2,1,2);stem(tn,x,'filled','k');
axis([0 nt*T 1.1*min(x) 1.1*max(x)]);
ylabel('x(n)');
```

运行结果如图 2-7 所示。

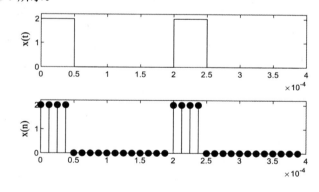

图 2-7 方波发生器

2.2.2 随机函数

在实际系统的研究和处理中，常常需要产生随机信号，MATLAB 提供的 rand 函数可以生成随机信号。

【例 2-8】 生成一组 41 点构成的连续随机信号和与之相应的随机序列。程序代码如下：

```
>> tn=0:40;
N=length(tn);
x=rand(1,N);
subplot(1,2,1),plot(tn,x,'k');
```

```
ylabel('x(t)');
subplot(1,2,2),stem(tn,x,'filled','k');
ylabel('x(n)');
```

运行结果如图 2-8 所示。

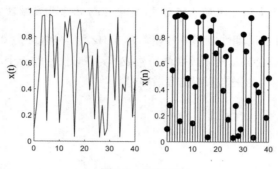

图 2-8　随机信号

2.2.3　三角波函数

功能：产生锯齿波或三角波信号。

格式一：x=sawtooth(t)

功能：产生周期为 2pi、振幅为–1～1 的锯齿波。在 2pi 的整数倍处值为–1～1，这一段波形斜率为 1/pi。

格式二：sawtooth(t,width)

功能：产生三角波，width 在 0 和 1 之间。

【例 2-9】 产生周期为 0.02 的三角波。程序代码如下：

```
>> clear
Fs=10000;t=0:1/Fs:1;
x1=sawtooth(2*pi*50*t,0);
x2=sawtooth(2*pi*50*t,1);
subplot(2,1,1);
plot(t,x1);axis([0,0.2,-1,1]);
subplot(2,1,2);
plot(t,x2);axis([0,0.2,-1,1]);
```

运行结果如图 2-9 所示。

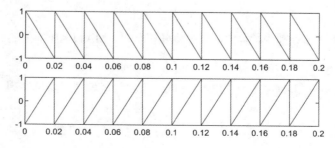

图 2-9　三角波

2.2.4　sinc 函数

sinc 函数定义为：

$$\sin c(t) = \frac{\sin t}{t} \ \text{或} \ \frac{\sin \pi t}{\pi t} , \quad -\infty < t < \infty \tag{2-15}$$

sinc 函数的调用格式为：

```
y=sinc(x)
```

【例 2-10】　sinc 函数发生器示例。程序代码如下：

```
>> clear
t = (1:12)';
x= randn(size(t));
ts = linspace(-5,15,600)';
y = sinc(ts(:,ones(size(t))) - t(:,ones(size(ts)))')*x;
plot(t,x,'o',ts,y)
ylabel('x(n)');
xlabel('n');
grid on;
```

运行结果如图 2-10 所示。

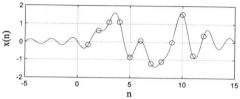

图 2-10　sinc 信号图

2.2.5　线性调频函数

功能：产生线性调频扫频信号，其调用格式如下：

```
y=chirp(t,f0,t1,f1)
```

功能：产生一个线性（频率随时间线性变化）信号，其时间轴设置由数组 t 定义。时刻 0 的瞬时频率为 f0，时刻 t1 的瞬时频率为 f1。默认情况下，f0=0Hz，t1=1，f1=100Hz。

```
y=chirp(t,f0,t1,f1,'method')
```

功能：指定改变扫频的方法。可用的方法有 linear（线性扫频）、quadratic（二次扫频）和 logarithmic（对数扫频），默认情况下为 linear。注意：对于对数扫频，必须有 f1>f0。

```
y=chirp(t,f0,t1,f1,'method',phi)
```

功能：指定信号的初始相位为 phi（单位为度），默认情况下 phi=0。

```
y=chirp(t,f0,t1,f1,'quadratic',phi,'shape')
```

根据指定的方法在时间 t 上产生余弦扫频信号，f0 为第一时刻的瞬时频率，f1 为 t1 时刻的瞬时频率，f0 和 f1 单位都为 Hz。如果未指定，f0 默认为 e-6（对数扫频方法）或 0（其他扫频方法），t1 为 1，f1 为 100Hz。

- 扫频方法有线性扫频、二次扫频、对数扫频。
- phi 允许指定一个初始相位（以°为单位），默认为 0，如果想忽略此参数，直接设置后面的参数，可以指定为 0 或[ ]。

● shape 指定二次扫频方法的抛物线的形状是凹还是凸，值为 concave 或 convex，如果此信号被忽略，则根据 f0 和 f1 的相对大小决定是凹还是凸。

【例 2-11】 chirp 函数的具体实现。程序代码如下：

```
>> clear
t=0:0.01:2;
y=chirp(t,0,1,150);
plot(t,y);
axis([0,0.5,0,1])
ylabel('x(t)');
xlabel('t');
grid on;
```

运行结果如图 2-11 所示。

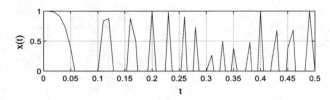

图 2-11 chirp 信号

2.2.6 diric 函数

功能：周期 sinc 函数发生器，其调用格式如下：

```
y=diric(x,n)
```

【例 2-12】 产生 sinc 函数曲线与 diric 函数曲线。程序代码如下：

```
>> figure;clf;
t=-4*pi:pi/20:4*pi;
subplot(2,1,1);
plot(t,sinc(t));
title('Sinc');
grid on;
xlabel('t');
ylabel('sinc(t)');
subplot(2,1,2);
plot(t,diric(t,5));
title('Diric');
grid on;
xlabel('t');
ylabel('diric(t)');
```

运行结果如图 2-12 所示。

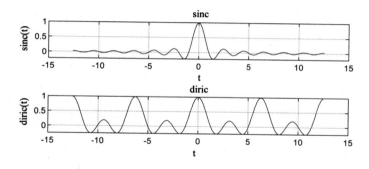

图 2-12　sinc 和 diric 信号图

2.2.7　rectpuls 函数

功能：产生非周期方波信号，其调用格式如下：

```
y=rectpuls(t)
y=rectpuls(t,w)        产生指定宽度为 w 的非周期方波
```

【例 2-13】　非周期方波信号函数 rectpuls 的具体实现。程序代码如下：

```
>> clear
t=-2:0.001:2;
y=rectpuls(t);
subplot(121)
plot(t,y);
axis([-2 2 -1 2]);
grid on;
xlabel('t');
ylabel('h(t)');
y=2*rectpuls(t,2);
subplot(122)
plot(t,y);grid on;
axis([-2 2 -1 3]);
grid on;
xlabel('t');
ylabel('h(t)');
```

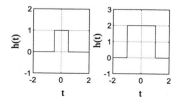

运行结果如图 2-13 所示。

图 2-13　非周期方波信号图

2.2.8　tripuls 函数

功能：产生非周期三角波信号，调用格式如下：

```
y=tripuls(t)
y=tripuls(t,w)
y=tripuls(t,w,s)        产生周期为 w 的非周期方波，斜率为 s（-1<s<1）
```

【例 2-14】　非周期三角波信号的具体实现。程序代码如下：

```
>> clear
t=-3:0.001:3;
```

```
y=tripuls(t,4,0.5);
plot(t,y);grid on;
axis([-3 3 -1 2]);
grid on;
xlabel('t');
ylabel('h(t)');
```

运行结果如图 2-14 所示。

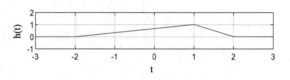

图 2-14　非周期三角波信号图

2.2.9　pulstran 函数

功能：脉冲序列发生器，其调用格式如下：

```
y=pulstran(t,d,'func')
```

该函数基于一个名为 func 的连续函数并以之为一个周期，从而产生一串周期性的连续函数（func 函数可自定义）。

pulstran 函数的横坐标范围由向量 t 指定，而向量 d 用于指定周期性的偏移量（各个周期的中心点），这样这个 func 函数会被计算 length(d) 次，从而产生一个周期性脉冲信号。pulstran 函数更一般的调用形式为：

```
y=pulstran(t,d,'func',p1,p2,…)
```

其中的 p1,p2,… 为需要传送给 func 函数的额外输入参数值（除了变量 t 之外）。

【例 2-15】　脉冲序列发生器的具体实现。程序代码如下：

```
>> clear
T=0:1/1E3:1;
D=0:1/4:1;
Y=pulstran(T,D,'rectpuls',0.1);
subplot(121)
plot(T,Y);
xlabel('t');
ylabel('h(t)');
grid on;axis([0,1,-0.1,1.1]);
T=0:1/1E3:1;
D=0:1/3:1;
Y=pulstran(T,D,'tripuls',0.2,1);
subplot(122)
plot(T,Y);
xlabel('t');
ylabel('h(t)');
grid on;axis([0,1,-0.1,1.1]);
```

运行结果如图 2-15 所示。

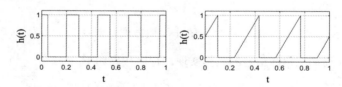

图 2-15　周期信号图

2.2.10 gauspuls 函数

功能：产生高斯正弦脉冲信号，其调用格式如下：

```
yi = gauspuls(t,fc,bw)
yi = gauspuls(t,fc,bw,bwr)
[yi,yq] = gauspuls(...)
[yi,yq,ye] = gauspuls(...)
tc = gauspuls('cutoff',fc,bw,bwr,tpe)
```

【例 2-16】 高斯正弦脉冲信号函数的具体实现。程序代码如下：

```
>> clear
tc = gauspuls('cutoff',50e3,0.6,[],-40);
t = -tc : 1e-6 : tc;
yi = gauspuls(t,50e3,0.6);
plot(t,yi)
xlabel('t');
ylabel('h(t)');
grid on
```

运行结果如图 2-16 所示。

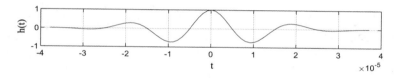

图 2-16 高斯信号图

2.3 信号的运算

本节利用 MATLAB 进行离散时间序列的基本运算，以帮助用户掌握基本的 MATLAB 函数的编写和调试方法，同时了解对连续时间信号的时域运算，加深对信号的时域运算的理解。

2.3.1 信号的时移、反折和尺度变换

离散序列的时域运算包括信号的相加、相乘，信号的时域变换包括信号的时移、反折、尺度变换等。在 MATLAB 中，离散序列的相加、相乘等运算是两个向量之间的运算，因此参加运算的两个序列向量必须具有相同的维数，否则应进行相应的处理。

离散序列的时移、反折、尺度变换与连续时间信号相似，在此举例说明其 MATLAB 实现过程。

【例 2-17】 离散序列的时移、反折、尺度变换的具体实现。程序代码如下：

```
>> clear;
k=-12:12;
k1=2.*k+4;
f=-[stepfun(k,-3)-stepfun(k,-1)]+...
    4.*[stepfun(k,-1)-stepfun(k,0)]+...
```

```
      0.5*k.*[stepfun(k,0)-stepfun(k,11)];
f1=-[stepfun(k1,-3)-stepfun(k1,-1)]+...
      4.*[stepfun(k1,-1)-stepfun(k1,0)]+...
      0.5*k1.*[stepfun(k1,0)-stepfun(k1,11)];
subplot 221;
stem(k,f);
axis([-12 12 -1 6]);
grid on;
xlabel('n');
ylabel('h(n)');
text(-8,3,'f[k]')
subplot 222;
stem(k+1,f);
axis([-12 12 -1 6]);
grid on;
xlabel('n');
ylabel('h(n)');
text(-9.5,3,'f[k-1]')
subplot 223;
stem(k,f1);
axis([-12 12 -1 6]);
grid on;
xlabel('n');
ylabel('h(n)');
text(-8,3,'f[2k+4]')
subplot 224;
stem (2-k,f);
axis([-12 12 -1 6]);
grid on;
xlabel('n');
ylabel('h(n)');
text(5.5,3,'f[2-k]')
```

运行结果如图 2-17 所示。

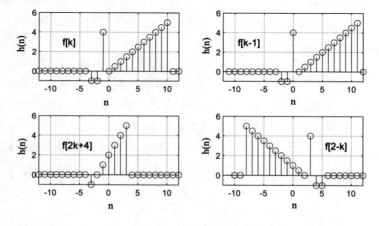

图 2-17　相应变换信号的波形图

2.3.2　信号的加法和乘法运算

信号的相加和相乘是指同一时刻信号取值的相加和相乘。

对于离散序列来说，序列相加是将信号对应的时间序列的值逐项相加，在这里不能像连续时间信号那样用符号运算来实现，而必须用向量表示的方法，即在 MATLAB 中离散序列的相加需要表示成两个向量的相加，因而参加运算的两个序列向量必须具有相同的维数。

实现离散序列相加的 MATLAB 实用子程序如下：

```
function [f,k]=lsxj(f1,f2,k1,k2)      %实现 f(k)=f1(k)+f2(k)，f1、f2、k1、k2 是
参加运算的两个离散序列及其对应的时间序列向量，f 和 k 为返回的和序列及其对应的时间序列向量
k=min(min(k1),min(k2)):max(max(k1),max(k2));    %构造的和序列的长度
s1=zeros(1,length(k));s2=s1;      %初始化新向量
s1(find((k>=min(k1))&(k<=max(k1))==1))=f1;     %将 f1 中在和序列范围内但又无定义
的点赋值为零
s2(find((k>=min(k2))&(k<=max(k2))==1))=f2;     %将 f2 中在和序列范围内但又无定义
的点赋值为零
f=s1+s2;              %两个长度相等的序列求和
stem(k,f,'filled')
axis([(min(min(k1),min(k2))-1),(max(max(k1),max(k2))+1),(min(f)-0.5),(max
(f)+0.5)])    %坐标轴的显示范围
```

【例 2-18】　已知两个离散序列分别为：

$$f_1[k]=\{-2,-1,0,1,2\}\qquad f_2[k]=\{1,1,1\}$$

试用 MATLAB 绘出它们的波形及 $f_1[k]+f_2[k]$ 的波形。

程序代码如下：

```
>> clear
f1=-2:2;k1=-2:2;
f2=[1 1 1];k2=-1:1;
subplot 221;
stem(k1,f1);
grid on;
xlabel('n');
ylabel('h(n)');
axis([-3 3 -2.5 2.5]);
title('f1[k]');
subplot 222;
stem(k2,f2)
grid on;
xlabel('n');
ylabel('h(n)');
axis([-3 3 -2.5 2.5]);
title('f2[k]');
subplot 223;
[f,k]=lsxj(f1,f2,k1,k2);
grid on;
xlabel('n');
ylabel('h(n)');
title('f[k]=f1[k]+f2(k)');
```

运行结果如图 2-18 所示。

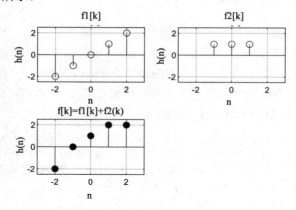

图 2-18　信号相加的结果

与离散序列加法相似，这里参加运算的两个序列向量必须具有相同的维数。实现离散时间信号相乘的 MATLAB 实用子程序如下：

```
function [f,k]=lsxc(f1,f2,k1,k2)      % 实现 f(k)=f1(k)*f2(k)，f1、f2、k1、k2
是参加运算的两个离散序列及其对应的时间序列向量，f 和 k 为返回的积序列及其对应的时间序列向量
k=min(min(k1),min(k2)):max(max(k1),max(k2));    % 构造积序列的长度
s1=zeros(1,length(k));s2=s1;              % 初始化新向量
s1(find((k>=min(k1))&(k<=max(k1))==1))=f1;    % 将 f1 中在积序列范围内但又无定
义的点赋值为零
s2(find((k>=min(k2))&(k<=max(k2))==1))=f2;    % 将 f2 中在积序列范围内但又无定
义的点赋值为零
f=s1.*s2;            %两个长度相等的序列求积
stem(k,f,'filled')
axis([(min(min(k1),min(k2))-1),(max(max(k1),max(k2))+1),(min(f)-0.5),(max
(f)+0.5)])   %坐标轴的显示范围
```

【例2-19】　试用MATLAB绘出上例中两个离散序列乘法 $f_1[k]\times f_2[k]$ 的波形。程序代码如下：

```
>> f1=-2:2;k1=-2:2;
f2=[1 1 1];k2=-1:1;
subplot 221;
stem(k1,f1);
grid on;
xlabel('n');
ylabel('h(n)');
axis([-3 3 -2.5 2.5]);
title('f1[k]');
subplot 222;
stem(k2,f2);
grid on;
xlabel('n');
ylabel('h(n)');
axis([-3 3 -2.5 2.5]);
title('f2[k]');
subplot 223;
[f,k]=lsxc(f1,f2,k1,k2);
```

```
grid on;
xlabel('n');
ylabel('h(n)');
title('f[k]=f1[k]*f2(k)');
```

运行结果如图 2-19 所示。

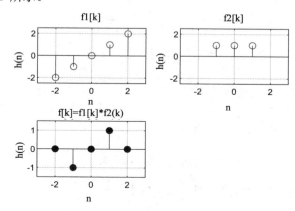

图 2-19　信号相乘的结果

2.3.3　信号的奇偶分解

可以利用MATLAB编写的函数sigevenodd()将序列分解成偶序列和奇序列两部分，源程序如下：

```
function [xe,xo,m]=sigevenodd(x,n)
if (imag(x)~=0)
      error('x is not a real sequence');
   end
m=-fliplr(n);m1=min([m,n]);m2=max([m,n]);m=m1:m2;
nm=n(1)-m(1);n1=1:length(n);
x1=zeros(1,length(m));
x1(n1+nm)=x;x=x1;
xe=0.5*(x+fliplr(x)); xo=0.5*(x-fliplr(x));
```

【例 2-20】　已知 $x(n)=u(n)–u(n–10)$，要求将序列分解为奇偶序列。程序代码如下：

```
n=[0:10];
x=stepseq(0,0,10)- stepseq(10,0,10);
[xe,xo,m]=sigevenodd(x,n);
subplot(2,2,1);stem(n,x);
ylabel('x(n)'); xlabel('n');
grid on;
title('矩形序列');axis([-10,10,-1.2,1.2])
subplot(2,2,2);stem(m,xe);
ylabel('xe(n)'); xlabel('n');
grid on;
title('奇序列');axis([-10,10,-1.2,1.2])
subplot(2,2,3);stem(m,xo);
ylabel('xo(n)'); xlabel('n');
grid on;
title('偶序列');axis([-10,10,-1.2,1.2])
```

运行结果如图 2-20 所示。

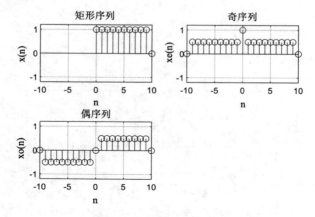

图 2-20　奇偶分解信号图

程序运行过程中用到的位阶跃序列的生成函数子程序为：

```
function [x,n]=stepseq(n0,ns,nf)
n=[ns:nf];x=[(n-n0)>=0];
```

2.3.4　信号的积分和微分

信号的微分和积分：对于连续时间信号，其微分运算是用 diff 函数来完成的，其语句格式为：

```
diff(function,'variable',n)
```

其中 function 表示需要进行求导运算的信号，或者被赋值的符号表达式；variable 为求导运算的独立变量；n 为求导的阶数，默认求一阶导数。

连续信号的积分运算用 int 函数来完成，其语句格式为：

```
int(function,'variable',a,b)
```

其中 function 表示需要进行被积（微分）信号，或者被赋值的符号表达式；variable 为求导运算的独立变量；a、b 为积分上、下限，a 和 b 省略时为求不定积分。

【例 2-21】　积分运算的具体实现。程序代码如下：

```
>> syms t f2;
f2=t*(heaviside(t)-heaviside(t-1))+heaviside(t-1);
t=-1:0.01:2;
subplot(121);
ezplot(f2,t);
title('原函数')
grid on;
ylabel('x(t)');
f=diff(f2,'t',1);
subplot(122)
ezplot(f,t);
title('积分函数 ')
grid on;
ylabel('x(t)')
```

运行结果如图 2-21 所示。

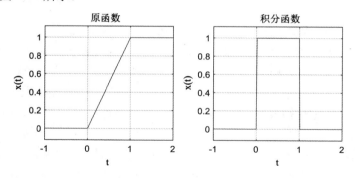

图 2-21 积分波形

【例 2-22】 微分运算的具体实现。程序代码如下：

```
>> syms t f1;
f1=heaviside(t)-heaviside(t-1);
t=-1:0.01:2;
subplot(121);
ezplot(f1,t);
title('原函数')
grid on;
f=int(f1,'t');
subplot(122);
ezplot(f,t)
grid on
title('微分函数')
ylabel('x(t)');
```

运行结果如图 2-22 所示。

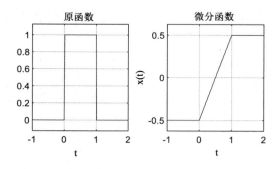

图 2-22 微分波形

2.4 连续时间系统的时域分析

2.4.1 连续时间系统求解

连续时间线性时不变（Linear Time Invariant，LTI）系统可以用如下线性常系数微分方程来描述：

$$a_n y^{(n)}(t) + a_{n-1} y^{(n-1)}(t) + \cdots + a_1 y'(t) + a_0 y(t) = b_m f^{(m)}(t) + \cdots + b_1 f'(t) + b_0 f(t) \qquad (2\text{-}16)$$

其中，$n \geqslant m$，系统的初始条件为 $y(0), y'(0), y''(0), \cdots, y^{(n-1)}(0)$。

系统的响应一般包括两部分，即由当前输入所产生的响应（零状态响应）和由历史输入（初始状态）所产生的响应（零输入响应）。

对于低阶系统，一般可以通过解析的方法得到响应，但是，对于高阶系统，手工计算比较困难，这时 MATLAB 强大的计算功能就比较容易确定系统的各种响应，如冲激响应、阶跃响应、零状态响应、全响应等。

涉及的 MATLAB 函数有 impulse（冲激响应）、step（阶跃响应）、roots（零输入响应）、lsim（零状态响应）等。在 MATLAB 中，要求以系统向量的形式输入系统的微分方程，因此，在使用前必须对系统的微分方程进行变换，得到其传递函数。其分别用向量 a 和 b 表示分母多项式和分子多项式的系数（按照 s 的降幂排列）。

根据系统的单位冲激响应，利用卷积计算的方法也可以计算任意输入状态下系统的零状态响应。设一个线性零状态系统，已知系统的单位冲激响应为 $h(t)$，当系统的激励信号为 $f(t)$ 时，系统的零状态响应为：

$$y_{zs}(t) = \int_{-\infty}^{\infty} f(\tau) h(t-\tau) \mathrm{d}\tau = \int_{-\infty}^{\infty} f(t-\tau) h(\tau) \mathrm{d}\tau \qquad (2\text{-}17)$$

也可以简单记为：

$$y_{zs}(t) = f(t) * h(t) \qquad (2\text{-}18)$$

由于计算机采用的是数值计算，因此系统的零状态响应也可以用离散序列卷积和近似为：

$$y_{zs}(k) = \sum_{n=-\infty}^{\infty} f(n) h(k-n) T = f(k) * h(k) \qquad (2\text{-}19)$$

式中 $y_{zs}(k)$、$f(k)$、$h(k)$ 分别对应以 T 为时间间隔对连续时间信号 $y_{zs}(t)$、$f(t)$ 和 $h(t)$ 进行采样得到的离散序列。

2.4.2　连续时间系统数值求解

在 MATLAB 中，控制系统工具箱提供了一个用于求解零初始条件微分方程数值解的函数 lsim。其调用格式如下：

```
y=lsim(sys,f,t)
```

式中，t 表示计算系统响应的采样点向量，f 是系统输入信号向量，sys 是 LTI 系统模型，用来表示微分方程、差分方程或状态方程。其调用格式如下：

```
sys=tf(b,a)
```

式中，b 和 a 分别是微分方程的右端和左端系数向量。例如，对于以下方程：

$$a_3 y'''(t) + a_2 y''(t) + a_1 y'(t) + a_0 y(t) = b_3 f'''(t) + b_2 f''(t) + b_1 f'(t) + b_0 f(t)$$

可用 $a = [a_3, a_2, a_1, a_0]$、$b = [b_3, b_2, b_1, b_0]$、sys = tf(b,a) 获得其 LTI 模型。注意，如果微分方程的左端或右端表达式中有缺项，则其向量 a 或 b 中的对应元素应为零，不能省略不写，否则会出错。

【例 2-23】 有一物理学系统，用微分方程描述为 $y''(t)+2y'(t)+100y(t)=10\sin 2\pi t$ ，求系统的零状态响应。程序代码如下：

```
>> clear
ts=0;te=5;dt=0.01;
sys=tf([1],[1 2 100]);
t=ts:dt:te;
f=10*sin(2*pi*t);
y=lsim(sys,f,t);
plot(t,y);
xlabel('t(s)');ylabel('y(t)');
title('零状态响应')
grid on;
```

运行结果如图 2-23 所示。

在 MATLAB 中，求解系统冲激响应可应用控制系统工具箱提供的函数 impulse，求解阶跃响应可利用函数 step，其调用形式为：

```
y=impulse(sys,t)
y=step(sys,t)
```

式中，t 表示计算系统响应的采样点向量，sys 是 LTI 系统模型。

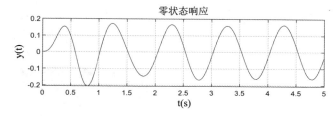

图 2-23 系统的零状态响应

【例 2-24】 计算以下系统在冲激、阶跃、斜坡、正弦激励下的零状态响应：

$$y^{(4)}(t)+0.6363y^{(3)}(t)+0.9396y^{(2)}(t)+0.5123y^{(1)}(t)+0.0037y(t)$$
$$=-0.475f^{(3)}(t)-0.248f^{(2)}(t)-0.1189f^{(1)}(t)-0.0564f(t)$$

程序代码如下：

```
>> b=[-0.475 -0.248 -0.1189 -0.0564];a=[1 0.6363 0.9396 0.5123 0.0037];
sys=tf(b,a);
T=1000;
t=0:1/T:10;t1=-5:1/T:5;
f1=stepfun(t1,-1/T)-stepfun(t1,1/T);
f2=stepfun(t1,0);
f3=t;
f4=sin(t);
y1=lsim(sys,f1,t);
y2=lsim(sys,f2,t);
y3=lsim(sys,f3,t);
y4=lsim(sys,f4,t);
subplot(221);
plot(t,y1);
```

```
xlabel('t');ylabel('y1(t)');
title('冲激激励下的零状态响应');
grid on;axis([0 10 -1.2 1.2]);
subplot(222);
plot(t,y2);
xlabel('t');ylabel('y2(t)');
title('阶跃激励下的零状态响应');
grid on;axis([0 10 -1.2 1.2]);
subplot(223);
plot(t,y3);
xlabel('t');ylabel('y3(t)');
title('斜坡激励下的零状态响应');
grid on;axis([0 10 -5 0.5]);
subplot(224);
plot(t,y4);
xlabel('t');ylabel('y4(t)');
title('正弦激励下的零状态响应');
grid on;axis([0 10 -1.5 1.2]);
```

程序代码如图 2-24 所示。

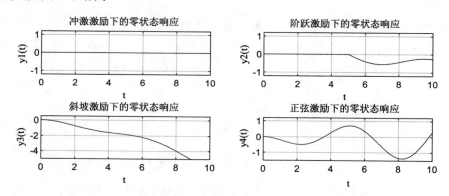

图 2-24　各种响应信号

2.4.3　连续时间系统符号求解

连续时间系统可以使用常系数微分方程来描述，其完全响应由零输入响应和零状态响应组成。MATLAB 符号工具箱提供了 dsolve 函数，可以实现对常系数微分方程的符号求解，其调用格式为：

```
dsolve('eq1,eq2…','cond1,cond2,…','v')
```

其中参数 eq 表示各个微分方程，它与 MATLAB 符号表达式的输入基本相同，微分和导数的输入使用 Dy、D2y、D3y 分别来表示 y 的一阶导数、二阶导数、三阶导数；参数 cond 表示初始条件或者起始条件；参数 v 表示自变量，默认是变量 t。

通过使用 dsolve 函数可以求出系统微分方程的零输入响应和零状态响应，进而求出完全响应。

【例 2-25】　已知某线性时不变系统的动态方程为 $y''(t) + 4y'(t) + 4y(t) = 2f'(t) + 3f(t)$，$t > 0$，系统的初始状态为 $y(0) = 0$、$y'(0) = 1$，求系统的零输入响应 $y_x(t)$。

程序代码如下：

```
>> eq='D2y+4*Dy+4*y=0';
cond='y(0)=0,Dy(0)=1';
yx=dsolve(eq,cond);
yx=simplify(yx);
ezplot(yx,[0,10]);
xlabel('t');ylabel('yx(t)');
title('系统的零输入响应');
grid on;
```

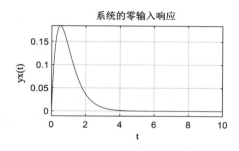

图 2-25　系统响应

运行结果如图 2-25 所示。

2.4.4　连续时间系统卷积求解

信号的卷积运算有符号算法和数值算法，此处采用数值计算法，需调用 MATLAB 的 conv 函数近似计算信号的卷积积分。连续信号的卷积积分定义为：

$$f(t) = f_1(t) * f_2(t) = \int_{-\infty}^{\infty} f_1(\tau) f_2(t-\tau) \mathrm{d}\tau \tag{2-20}$$

如果对连续信号 $f_1(t)$ 和 $f_2(t)$ 进行等时间间隔 Δ 均匀抽样，则 $f_1(t)$ 和 $f_2(t)$ 分别变为离散时间信号 $f_1(m\Delta)$ 和 $f_2(m\Delta)$。其中 m 为整数。

当 Δ 足够小时，$f_1(m\Delta)$ 和 $f_2(m\Delta)$ 即为连续时间信号 $f_1(t)$ 和 $f_2(t)$。因此，连续时间信号卷积积分可表示为：

$$f(t) = f_1(t) * f_2(t) = \int_{-\infty}^{\infty} f_1(\tau) f_2(t-\tau) \mathrm{d}\tau$$
$$= \lim_{\Delta \to 0} \sum_{m=-\infty}^{\infty} f_1(m\Delta) \cdot f_2(t-m\Delta) \cdot \Delta \tag{2-21}$$

采用数值计算时，只求当 $t = n\Delta$ 时卷积积分 $f(t)$ 的值 $f(n\Delta)$，其中，n 为整数，即：

$$f(n\Delta) = \sum_{m=-\infty}^{\infty} f_1(m\Delta) \cdot f_2(n\Delta - m\Delta) \cdot \Delta$$
$$= \Delta \sum_{m=-\infty}^{\infty} f_1(m\Delta) \cdot f_2[(n-m)\Delta] \tag{2-22}$$

其中，$\sum_{m=-\infty}^{\infty} f_1(m\Delta) \cdot f_2[(n-m)\Delta]$ 实际就是离散序列 $f_1(m\Delta)$ 和 $f_2(m\Delta)$ 的卷积和。当 Δ 足够小时，序列 $f(n\Delta)$ 就是连续信号 $f(t)$ 的数值近似，即：

$$f(t) \approx f(n\Delta) = \Delta[f_1(n) * f_2(n)] \tag{2-23}$$

上式表明，连续信号 $f_1(t)$ 和 $f_2(t)$ 的卷积可用各自采样后的离散时间序列的卷积再乘以采样间隔 Δ 计算。采样间隔 Δ 越小，误差越小。

【例 2-26】　用数值计算法求 $f_1(t) = u(t) - u(t-2)$ 与 $f_2(t) = \mathrm{e}^{-3t} u(t)$ 的卷积积分。

程序代码如下：

```
>> dt=0.01; t=-1:dt:2.5;
f1=heaviside(t)-heaviside(t-2);
```

```
f2=exp(-3*t).*heaviside(t);
f=conv(f1,f2)*dt; n=length(f); tt=(0:n-1)*dt-2;
subplot(221);
plot(t,f1);
grid on;
axis([-1,2.5,-0.2,1.2]);
title('f1(t)');
xlabel('t'); ylabel('f1(t)');
subplot(222);
plot(t,f2);
grid on;
axis([-1,2.5,-0.2,1.2]);
title('f2(t)');
xlabel('t'); ylabel('f2(t)');
subplot(212);
plot(tt,f);
grid on;
title('f(t)=f1(t)*f2(t)');
xlabel('t'); ylabel('f3(t)');
```

运行结果如图 2-26 所示。

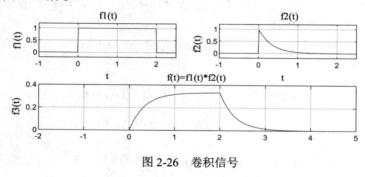

图 2-26　卷积信号

2.5　离散时间信号的运算

2.5.1　离散时间系统响应

离散时间 LTI 系统可用线性常系数差分方程来描述，即：

$$\sum_{i=0}^{N} a_i y(n-i) = \sum_{j=0}^{M} b_j x(n-j) \tag{2-24}$$

其中，a_i（$i = 0, 1, \cdots, N$）和 b_j（$j = 0, 1, \cdots, M$）为实常数。MATLAB 中的 filter 函数可对差分方程在指定时间范围内的输入序列所产生的响应进行求解。filter 函数的调用形式为：

```
y=filter(b,a,x)
```

其中，x 为输入的离散序列；y 为输出的离散序列，y 的长度与 x 的长度一样；b 与 a 分别为差分方程右端与左端的系数向量。

【**例 2-27**】 已知 $y(k) - 0.25y(k-1) + 0.5y(k-2)) = f(k) + f(k-1)$， $f(k) = \left(\dfrac{1}{2}\right)^k \varepsilon(k)$，求零状态响应。

程序代码如下：

```
>> a=[1 -0.25 0.5];
b=[1 1];
t=0:20;
x=(1/2).^t;
y=filter(b,a,x)
subplot(2,1,1)
stem(t,x)
title('输入序列')
grid on
xlabel('n'); ylabel('h(n)');
subplot(2,1,2)
stem(t,y)
xlabel('n'); ylabel('h(n)');
title('响应序列')
grid on
```

运行结果如图 2-27 所示。

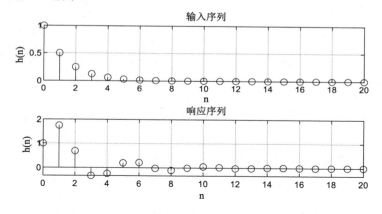

图 2-27 系统的零状态响应

2.5.2 离散时间系统的冲激响应和阶跃响应

在 MATLAB 中，求解离散时间系统的单位冲激响应，可应用信号处理工具箱提供的 impz 函数，其调用形式为：

```
h=impz(b,a,k)
```

式中，a、b 分别是差分方程左、右端的系数向量，k 表示输出序列的取值范围（可省略），h 就是系统单位冲激响应（如果没有输出参数，直接调用 impz(b, a, k)，则 MATLAB 将会在当前绘图窗口中自动画出系统单位冲激响应的图形）。

对于 MATLAB 6.0 及以上版本，在信号处理工具箱中还提供了求解离散时间系统单位阶跃响应的 stepz 函数，其调用形式为：

```
h=stepz(b,a,k)
```

式中，参数与 impz 函数相同，如果没有输出参数，直接调用 stepz(b,a,k)，则 MATLAB 将会在当前绘图窗口中自动画出系统单位阶跃响应的图形。

【例 2-28】 用 impz 函数求下列离散时间系统的单位冲激响应，并与理论值进行比较：

```
y(k)+3y(k-1)+2y(k-2)=f(k)
```

程序代码如下：

```
>> k=0:10;
a=[1 3 2];
b=[1];
h=impz(b,a,k);
subplot(2,1,1);stem(k,h);
xlabel('n'); ylabel('h(n)');
title('单位冲激响应的近似值');
grid on;
hk=-(-1).^k+2*(-2).^k;
subplot(2,1,2);stem(k,h);
xlabel('n'); ylabel('h(n)');
title('单位冲激响应的理论值');
grid on;
```

运行结果如图 2-28 所示。

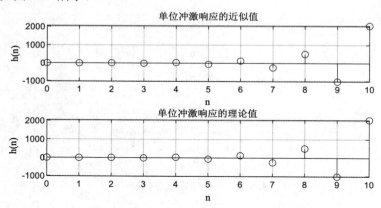

图 2-28　离散时间系统的单位冲激响应

2.5.3　离散时间信号的卷积和运算

卷积是用来计算系统零状态响应的有力工具。例如，对于连续时间系统，有 y(t)=x(t)*h(t)，其中 h(t) 为系统传递函数（冲激响应）；对于离散时间系统，有 y[n]=x[n]*h[n]，其中 h[n] 为系统传递函数（单位冲激响应）。

由于系统的零状态响应是激励与系统的单位采样响应的卷积，因此卷积运算在离散时间信号处理领域被广泛应用。离散时间信号的卷积定义为：

$$y(n) = x(n) * h(n) = \sum_{m=-\infty}^{\infty} x(m)h(n-m) \tag{2-25}$$

可见，离散时间信号的卷积运算是求和运算，因而常称为"卷积和"。

MATLAB 信号处理工具箱提供了一个计算两个离散序列卷积和的函数，其调用形式为：

```
c=conv(a,b)
```

式中，a、b 分别为待卷积的两个序列的向量表示，c 是卷积结果。向量 c 的长度为向量 a、b 的长度之和减 1，即 length(c)=length(a)+length(b)−1。事实上，研究 conv.m 函数的源代码可知，conv 函数其实就是利用前面介绍过的函数来实现的。

【例 2-29】 已知序列 $x[n]=\{1,2,3,4; n=0,1,2,3\}$，$y[n]=\{1,1,1,1; n=0,1,2,3,4\}$，利用 MATLAB 计算 $x[n]*y[n]$ 并画出卷积结果。

程序代码如下：

```
>> x=[1,2,3,4];
y=[1,1,1,1];
z=conv(x,y)
subplot(3,1,1);
stem(0:length(x)-1,x);
ylabel('x[n]'); xlabel('n');
grid on
subplot(3,1,2);
stem(0:length(y)-1,y);
ylabel('y[n]'); xlabel('n');
grid on
subplot(3,1,3);
stem(0:length(z)-1,z);
ylabel('z[n]'); xlabel('n');
grid on
```

运行结果如下：

```
z =
    1    3    6    10    9    7    4
```

运行结果如图 2-29 所示。

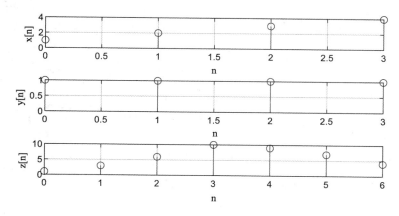

图 2-29 卷积结果图

【例 2-30】 已知某系统的单位采样响应为 $h(n)=0.8^n\left[u(n)-u(n-8)\right]$，试用 MATLAB 求

当激励信号 $x(n)=u(n)-u(n-4)$ 时，系统的零状态响应。

程序代码如下：

```
>> clear
nx=-1:5;
nh=-2:10;
x=uDT(nx)-uDT(nx-4);
h=0.8.^nh.*(uDT(nh)-uDT(nh-8));
y=conv(x,h);
ny1=nx(1)+nh(1);
ny=ny1+(0:(length(nx)+length(nh)-2));
subplot(311)
stem(nx,x,'fill'),grid on
xlabel('n'),ylabel('x(n)');
title('x(n)')
axis([-4 16 0 3])
subplot(312)
stem(nh,h','fill'),grid on
xlabel('n');ylabel('h(n)');
title('h(n)')
axis([-4 16 0 3])
subplot(313)
stem(ny,y,'fill'),grid on
xlabel('n');ylabel('y(n)');
title('y(n)=x(n)*h(n)')
axis([-4 16 0 3])
```

运行结果如图 2-30 所示。

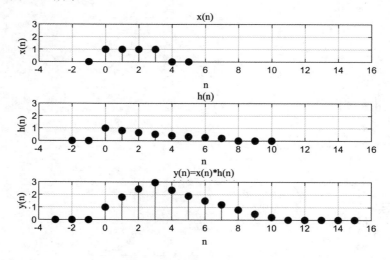

图 2-30 卷积法求解状态响应

程序中产生的单位阶跃子程序如下：

```
function y=uDT(n)
y=n>=0;        %当参数为非负时输出1
```

▄■ 2.6 离散时间系统

离散时间系统可分为线性和非线性两种。同时，具有叠加性和齐次性（均匀性）的系统，通常称为线性离散系统。当若干个输入信号同时作用于系统时，总的输出信号等于各个输入信号单独作用时所产生的输出信号之和。这个性质称为叠加性。

齐次性是指当输入信号乘以某个常数时，输出信号也相应地乘以同一常数。不能同时满足叠加性和齐次性的系统称为非线性离散系统。如果离散系统中乘法器的系数不随时间变化，这种系统便称为时不变离散系统，否则就称为时变离散系统。

2.6.1 离散时间系统概述

线性系统：满足叠加原理的系统。

线性系统用数学语言描述如下：

若序列 $y_1(n)$ 和 $y_2(n)$ 分别是输入序列 $x_1(n)$ 和 $x_2(n)$ 的输出响应，即：

$$y_1(n) = T[x_1(n)] , \quad y_2(n) = T[x_2(n)] \tag{2-26}$$

如果系统 $T[]$ 是线性系统，那么下列关系式一定成立：

$$T[x_1(n) + x_2(n)] = T[x_1(n)] + T[x_2(n)] = y_1(n) + y_2(n) \tag{2-27}$$

$$T[ax_1(n)] = aT[x_1(n)] = ay_1(n) \tag{2-28}$$

式中 a 是任意常数。若满足式（2-27）称系统具有叠加性（Superposition Property），满足式（2-28）称系统具有比例性或齐次性（Homogeneity）。将两式结合起来表示为：

$$T[ax_1(n) + bx_2(n)] = aT[x_1(n)] + bT[x_2(n)] = ay_1(n) + by_2(n) \tag{2-29}$$

式中 a 和 b 均为任意常数。

若系统的输出响应随输入的移位而移位，即若

$$y(n) = T[x(n)] \tag{2-30}$$

则

$$y(n-k) = T[x(n-k)] \tag{2-31}$$

称这样的系统为时不变系统。式中 k 为任意整数。

系统的因果性（Causality）是指系统 n 时刻的输出只取决于 n 时刻以及 n 时刻以前的输入序列，而和 n 时刻以后的输入无关。这样的系统称为因果系统。

因果系统是物理可实现系统。如果系统 n 时刻的输出还与 n 时刻以后的输入序列有关，则这样的系统称为非因果系统。

系统的稳定性（Stability）是指系统对于每一个有界的输入，都产生一个有界的输出。这样的系统称为稳定系统。

2.6.2 离散时间系统的描述方法

描述一个线性时不变离散时间系统，常用的方法有两种：

1）用单位冲激响应来表征系统。

2）用差分方程（Difference Equation）来描述系统输入和输出之间的关系。

设系统的初始状态为零，若输入信号 $x(n) = \delta(n)$，这种条件下系统的输出称为系统的单位脉冲响应，用 $h(n)$ 表示。

系统的单位脉冲响应的实质是系统对于 $\delta(n)$ 的零状态响应，用公式表示为：

$$h(n) = T[\delta(n)] \tag{2-32}$$

系统 $T[]$ 的输入用 $x(n)$ 表示，表示成：

$$x(n) = \sum_{m=-\infty}^{\infty} x(m)\delta(n-m) \tag{2-33}$$

这样系统 $T[]$ 的输出为：

$$y(n) = T\left[\sum_{m=-\infty}^{\infty} x(m)\delta(n-m)\right] \tag{2-34}$$

若系统 $T[]$ 为线性系统，线性系统满足叠加原理，得出：

$$y(n) = \sum_{m=-\infty}^{\infty} x(m)T[\delta(n-m)] \tag{2-35}$$

若系统 $T[]$ 同时为时不变系统，即 $h(n) = T[\delta(n)]$，最后得出：

$$y(n) = \sum_{m=-\infty}^{\infty} x(m)h(n-m) = x(n) * h(n) \tag{2-36}$$

式中" $*$ "代表卷积运算，式（2-36）称为卷积和公式。此类卷积运算中的主要运算是反折、移位、相乘和相加，故此类卷积又称为线性卷积。

上式表明线性时不变系统的输出等于输入序列与该系统的单位冲激响应的卷积，因此只要知道线性时不变系统的单位冲激响应，对于任意输入都可以求出该系统的输出。由此我们可以认为任何线性时不变系统都可由单位冲激响应 $h(n)$ 来表征。

如果序列 $x(n)$ 和 $h(n)$ 的长度分别是 N 和 M，则卷积结果的长度为 $N+M-1$。

用线性常系数差分方程表示线性时不变系统，一个 N 阶线性常系数差分方程用下式表示：

$$\sum_{i=0}^{N} a_i y(n-i) = \sum_{j=0}^{M} b_j x(n-j), \quad a_0 = 1 \tag{2-37}$$

式中 a_i，b_j 均为常数，$x(n-j)$、$y(n-i)$ 都是一次幂，也不存在彼此相乘的项，所以上式称为线性常系数差分方程。

差分方程的阶数是用 $y(n-i)$ 项中 i 的最大值与最小值之差确定的。

若 $x(n)$ 和 $y(n)$ 分别表示系统的输入和输出序列，则方程的两边分别为输出序列 $y(n)$ 和输入序列 $x(n)$ 的移位的线性组合，方程描述的就是系统输入和输出之间的关系，系数 a_i、b_j 表示系统的特性或结构。

将方程改写为下式：

$$y(n) = \sum_{j=0}^{M} b_j x(n-j) - \sum_{i=1}^{N} a_i y(n-i)$$

（2-38）

由上式可以看出，如果计算 n 时刻的输出，需要知道系统 n 时刻以及 n 时刻以前的输入序列值，还要知道 n 时刻以前的输出信号值。而 n 时刻以前的输出信号值就是求解差分方程必需的初始条件，初始条件不同，差分方程的解也不同。

2.6.3 采样定理

模拟信号的数字处理方法就是将待处理的模拟信号经过采样、量化和编码形成数字信号，并利用数字信号处理技术对采样得到的数字信号进行处理。

采样定理：对一个频带限制在 $(0, f_C)$ 赫兹内的模拟信号 $m(t)$，如果以 $f_s \geq 2f_C$ 的采样频率对模拟信号 $m(t)$ 进行等间隔采样，则 $m(t)$ 将被采样得到的采样值所确定，即可以利用采样值无混叠失真地恢复原始模拟信号 $m(t)$。

其中，"利用采样值无混叠失真地恢复原始模拟信号"中的无混叠失真地恢复是指被恢复信号与原始模拟信号在频谱上无混叠失真，并不是说被恢复的信号就与模拟信号的时域完全一样。其实由于采样和恢复器件的精度限制，以及量化误差等的存在，被恢复信号与原始信号之间实际是存在一定误差或失真的。

关于采样定理的几点总结：

1）一个带限模拟信号 $x_a(t)$，其频谱的最高频率为 f_c，以间隔 T_s 对它进行等间隔采样，得到采样信号 $\hat{x}_a(t)$，只有在采样频率 $f_s = (1/T_s) \geq 2f_c$ 时，$\hat{x}_a(t)$ 才可不失真地恢复 $x_a(t)$。

2）上述采样信号 $\hat{x}_a(t)$ 的频谱 $\hat{X}_a(j\Omega)$ 是原模拟信号 $x_a(t)$ 的频谱 $X_a(j\Omega)$ 以 $\Omega_s (= 2\pi f_s)$ 为周期进行周期延拓而成的。

3）一般称 $f_s/2$ 为折叠频率，只要信号的最高频率不超过该频率，就不会出现频谱混叠现象，否则超过 $f_s/2$ 的频谱会"折叠"回来形成混叠现象。

模拟信号数字处理方法中的"预滤波"就是预先滤出模拟信号中高于折叠频率 $f_s/2$ 的频率成分，从而减少或消除频谱混叠现象。

通常把最低允许的采样频率 $f_s = (1/T_s) = 2f_c$ 称为奈奎斯特（Nyquist）频率，最大允许的采样间隔 $T_s = 1/2f_c$ 称为奈奎斯特间隔。

在介绍采样定理时，已经讲到对模拟信号 $x_a(t)$ 采样时只要满足采样频率 $f_s = (1/T_s) \geq 2f_c$，采样信号的频谱 $\hat{X}_a(j\Omega)$ 就不会发生频谱混叠现象。在这种情况下，可以采用理想低通滤波器 $G(j\Omega)$ 对采样信号 $\hat{x}_a(t)$ 进行滤波，可以得到不失真的原模拟信号 $x_a(t)$。

下面用数学表达式表示恢复过程。理想低通可表示为：

$$G(j\Omega) = \begin{cases} T & |\Omega| < \Omega_s/2 \\ 0 & |\Omega| \geq \Omega_s/2 \end{cases}$$

（2-39）

理想低通的时域表示为：

$$g(t) = \frac{1}{2\pi}\int_{-\infty}^{\infty} G(\mathrm{j}\Omega)\mathrm{e}^{\mathrm{j}\Omega t}\mathrm{d}\Omega = \frac{1}{2\pi}\int_{-\Omega_s/2}^{\Omega_s/2} T\mathrm{e}^{\mathrm{j}\Omega t}\mathrm{d}\Omega = \frac{\sin(\Omega_s t/2)}{\Omega_s t/2} \qquad (2\text{-}40)$$

将 $\Omega_s = 2\pi f_s = 2\pi/T$ 代入得：

$$g(t) = \frac{\sin(\pi t/T)}{\pi t/T}, \quad -\infty < t < \infty \qquad (2\text{-}41)$$

理想低通的输出为：

$$x_a(t) = \hat{x}_a(t) * g(t) = \int_{-\infty}^{\infty} \hat{x}_a(\tau)g(t-\tau)\mathrm{d}\tau \qquad (2\text{-}42)$$

于是有：

$$
\begin{aligned}
x_a(t) &= \int_{-\infty}^{\infty} \sum_{n=-\infty}^{\infty} x_a(nT)\delta(\tau-nT)g(t-\tau)\mathrm{d}\tau \\
&= \sum_{n=-\infty}^{\infty} x_a(nT)\int_{-\infty}^{\infty} \delta(\tau-nT)g(t-\tau)\mathrm{d}\tau
\end{aligned} \qquad (2\text{-}43)
$$

将 $g(t) = \dfrac{\sin(\pi t/T)}{\pi t/T}$ 代入上式，得：

$$x_a(t) = \sum_{n=-\infty}^{\infty} x_a(nT)\frac{\sin[\pi(t-nT)/T]}{\pi(t-nT)/T} \qquad (2\text{-}44)$$

上式中，$x_a(t)$ 是原模拟信号，$x_a(nT)$ 是一组离散采样值，$g(t-nT)$ 是 $g(t)$ 的移位函数。

由上式可以看到，在各采样点（$t = nT$）上，由于 $\dfrac{\sin[\pi(t-nT)/T]}{\pi(t-nT)/T} = 1$，可以保证恢复的 $x_a(t)$ 等于原采样值；在采样点之间，$x_a(t)$ 由各采样值 $x_a(nT)$ 乘以 $g(t-nT)$ 函数后叠加而成。

这种用理想低通恢复的模拟信号完全等于原模拟信号 $x_a(t)$，是一种无失真的、理想的恢复。$g(t)$ 函数称为内插函数。

【例 2-31】 分析连续时间信号的时域波形及其幅频特性曲线，信号为：

$$f(x) = 0.5*\sin(2*\pi*65*t) + 0.8*\cos(2*\pi*40*t) + 0.7*\cos(2*\pi*30*t)$$

对信号进行采样，得到采样序列，对不同采样频率下的采样序列进行频谱分析，由采样序列恢复出连续时间信号，画出其时域波形，对比恢复信号与原连续时间信号的时域波形。

具体实现的程序代码如下：

```
clear
f1='0.5*sin(2*pi*65*t)+0.8*cos(2*pi*40*t)+0.7*cos(2*pi*30*t)';   % 输入一个
信号
fs0=cy(f1,60);          % 欠采样
fr0=hf(fs0,60);
fs1=cy (f1,130);        % 临界采样
fr1=hf (fs1,130);
fs2=cy(f1,170);         % 过采样
fr2=hf (fs2,170);
```

程序过程中用到的两个子程序的采样程序如下：

```
% 实现采样频谱分析绘图函数
```

```
function fz=cy(fy,fs)
% 第一个输入变量是原信号函数, 信号函数 fy 以字符串的格式输入
% 第二个输入变量是采样频率
fs0=10000;
tp=0.1;
t=[-tp:1/fs0:tp];
k1=0:999;  k2=-999:-1;
m1=length(k1);  m2=length(k2);
f=[fs0*k2/m2,fs0*k1/m1];    % 设置原信号的频率数组
w=[-2*pi*k2/m2,2*pi*k1/m1];
fx1=eval(fy);
FX1=fx1*exp(-j*[1:length(fx1)]'*w);   % 求原信号的离散时间傅里叶变换
figure           % 画原信号波形
subplot(2,1,1),plot(t,fx1,'r')
title('原信号');
xlabel('时间 t(s)'); ylabel('y(t)')
axis([min(t),max(t),min(fx1),max(fx1)])
grid on
% 画原信号频谱
subplot(2,1,2)
plot(f,abs(FX1),'r')
title('原信号频谱')  ,
xlabel('频率 f (Hz)'); ylabel('FX1')
axis([-100,100,0,max(abs(FX1))+5])
grid on
% 对信号进行采样
Ts=1/fs;                  % 采样周期
t1=-tp:Ts:tp;             % 采样时间序列
f1=[fs*k2/m2,fs*k1/m1];   % 设置采样信号的频率数组
t=t1;                     % 变量替换
fz=eval(fy);              % 获取采样序列
FZ=fz*exp(-j*[1:length(fz)]'*w);   % 采样信号的离散时间傅里叶变换
figure
% 画采样序列波形
subplot(2,1,1)
stem(t,fz,'.'),
title('采样信号')  ,
xlabel('时间 t (s)'); ylabel('y(t)')
line([min(t),max(t)],[0,0])
grid on
% 画采样信号频谱
subplot(2,1,2)
plot(f1,abs(FZ),'m')
title('采样信号频谱');
xlabel('频率 f (Hz)'); ylabel('FZ')
grid on
```

恢复子程序如下：

```
% 信号的恢复及频谱函数
function fh=hf(fz,fs)
% 第一个输入变量是采样序列
```

```
% 第二个输入变量是得到采样序列所用的采样频率
T=1/fs; dt=T/10; tp=0.1;
t=-tp:dt:tp;n=-tp/T:tp/T;
TMN=ones(length(n),1)*t-n'*T*ones(1,length(t));
fh=fz*sinc(fs*TMN);
% 由采样信号恢复原信号
k1=0:999; k2=-999:-1;
m1=length(k1); m2=length(k2);
w=[-2*pi*k2/m2,2*pi*k1/m1];
FH=fh*exp(-j*[1:length(fh)]'*w);      % 恢复后的信号的离散时间傅里叶变换
figure
% 画恢复后的信号的波形
subplot(2,1,1)
plot(t,fh,'g');
st1=sprintf('由采样频率 fs=%d',fs);
st2='恢复后的信号';
st=[st1,st2];
title(st);
xlabel('时间 t (s)'); ylabel('y(t)')
axis([min(t),max(t),min(fh),max(fh)])
line([min(t),max(t)],[0,0])
grid on
% 画重构信号的频谱
f=[10*fs*k2/m2,10*fs*k1/m1];   % 设置频率数组
subplot(2,1,2),plot(f,abs(FH),'g')
title('恢复后信号的频谱');
xlabel('频率 f (Hz)'); ylabel('FH')
axis([-100,100,0,max(abs(FH))+2]);
grid on
```

程序运行后，原信号的结果如图 2-31 所示。

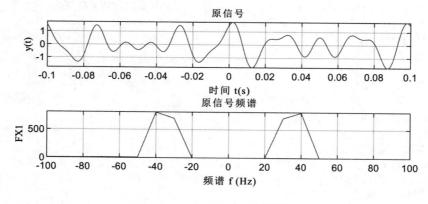

图 2-31　原信号频谱图

频率 $f_s < 2f_{max}$ 时，为原信号的欠采样信号和恢复，采样频率不满足时域采样定理，那么频移后的各相邻频谱会发生相互重叠，这样就无法将它们分开。因而也不能再恢复原信号。频谱重叠的现象被称为混叠现象。欠采样信号的离散波形及频谱，恢复后信号如图 2-32 和图 2-33 所示。

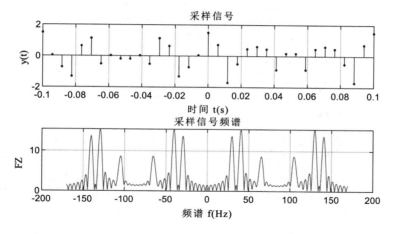

图 2-32　欠采样信号结果

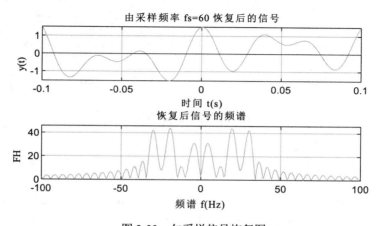

图 2-33　欠采样信号恢复图

频率 $f_s = 2f_{max}$ 时，为原信号的临界采样信号和恢复，只恢复低频信号，高频信号未能恢复，如图 2-34 和图 2-35 所示。

频率 $f_s > 2f_{max}$ 时，为原信号的过采样信号和恢复，如图 2-36 和图 2-37 所示。可以看出采样信号的频谱是原信号频谱进行周期延拓形成的，并且原信号误差很小了，说明恢复信号的精度已经很高。

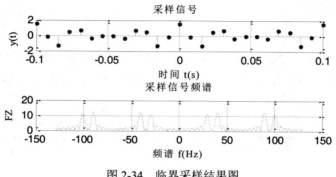

图 2-34　临界采样结果图

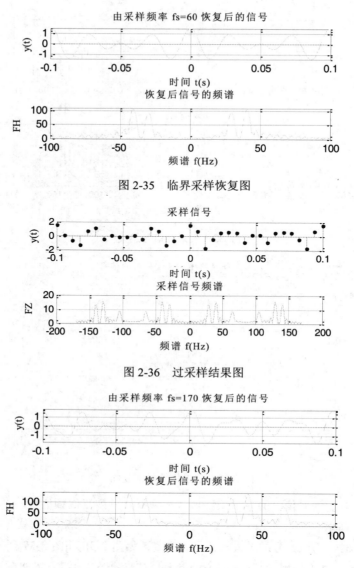

图 2-35　临界采样恢复图

图 2-36　过采样结果图

图 2-37　过采样恢复图

2.7　本章小结

时间信号与系统是研究信号与系统理论的基本概念和基本分析方法，初步认识如何建立信号与系统的数学模型，介绍信号的基本特性、各类信号的基本运算，研究其时域特性，为学习信号处理建立必要的理论基础。

时间信号和系统的理论是数字信号处理的理论基础。采样是由连续时间信号获取离散时间信号的手段，奈奎斯特采样定理可以保证由采样信号不失真地恢复原信号。

第 3 章　 Z 变换

在连续系统中，为了避开解微分方程的困难，可以通过拉氏变换把微分方程转换为代数方程。出于同样的动机，也可以通过一种称为 Z 变换的数学工具，把差分方程转换为代数方程。在数字信号处理中，Z 变换是一种非常重要的分析工具。

学习目标：

- 学会运用 MATLAB 求离散时间信号的 Z 变换和 Z 反变换
- 学会运用 MATLAB 分析离散时间系统的系统函数的零极点
- 学会运用 MATLAB 分析系统函数的零极点分布与其时域特性的关系
- 学会运用 MATLAB 进行离散时间系统的频率特性分析

■ 3.1　 Z 变换概述

连续系统一般使用微分方程、拉普拉斯变换的传递函数和频率特性等概念进行研究。一个连续信号 $f(t)$ 的拉普拉斯变换 $F(s)$ 是复变量 s 的有理分式函数，而微分方程通过拉普拉斯变换后也可以转换为 s 的代数方程，从而大大简化微分方程的求解，从传递函数很容易地得到系统的频率特性。

因此，拉普拉斯变换作为基本工具将连续系统研究中的各种方法联系在一起。计算机控制系统中的采样信号也可以进行拉普拉斯变换，从而找到简化运算的方法，其中引入了 Z 变换。

3.1.1　 Z 变换的定义

理想单位脉冲的调制过程可以表示为：

$$
\begin{aligned}
x^*(t) &= x(t)\sum_{k=0}^{+\infty}\delta(t-kT) \\
&= x(0)\delta(t) + x(T)\delta(t-T) + x(2T)\delta(t-2T) + \cdots + x(kT)\delta(t-kT) + \cdots \\
&= \sum_{k=0}^{\infty}x(kT)\delta(t-kT)
\end{aligned}
\tag{3-1}
$$

对上式进行拉普拉斯变换可以得到：

$$
X^*(s) = L[x^*(t)] = \sum_{k=0}^{\infty}x(kT)\mathrm{e}^{-kTs}
\tag{3-2}
$$

令 $z = \mathrm{e}^{sT}$，则有：

$$
X(z) = X^*(s)\Big|_{s=\frac{1}{T}\ln z} = X^*\left(\tfrac{1}{T}\ln z\right) = \sum_{k=0}^{\infty}x(kT)z^{-k}
\tag{3-3}
$$

在这里称 $X(z)$ 为 $x^*(t)$ 的 Z 变换。

因为在 Z 变换中只考虑瞬时的信号，所以 $x(t)$ 的 Z 变换与 $x^*(t)$ 的 Z 变换结果相同，即：

$$Z[x(t)] = Z[x^*(t)] = X(z) = \sum_{k=0}^{\infty} x(kT)z^{-k} = x(0)z^0 + x(T)z^{-1} + x(2T)z^{-2} + \cdots \tag{3-4}$$

3.1.2　Z 变换的收敛域

序列 Z 变换的收敛域与序列的形态有关。反之，对于同一个 Z 变换的表达式，不同的收敛域可以确定不同的序列形态。下面根据不同的序列形态，分别讨论其收敛域。

对于任意给定的序列 $x(n)$，能使 $X(z) = \sum_{n=-\infty}^{\infty} x(n)z^{-n}$ 收敛的所有 z 值的集合为收敛域，即满足：

$$\sum_{n=-\infty}^{\infty} \left| x(n)z^{-n} \right| < \infty \tag{3-5}$$

对于不同的 $x(n)$ 的 Z 变换，由于收敛域不同，可能对应相同的 Z 变换，故在确定 Z 变换时，必须指明收敛域。

1．有限长序列

有限长序列的描述函数是：

$$x(n) = \begin{cases} x(n) & n_1 \leqslant n \leqslant n_2 \\ 0 & \text{其他} \end{cases} \tag{3-6}$$

其 Z 变换为：

$$X(z) = \sum_{n=n_1}^{n_2} x(n)z^{-n} \tag{3-7}$$

因此 Z 变换式是有限项之和，故只要级数的每一项有界，级数就收敛。收敛域为 $0 < |z| < \infty$。

2．右边序列

右边序列的描述函数是：

$$x(n) = \begin{cases} x(n) & n \geqslant n_1 \\ 0 & \text{其他} \end{cases} \tag{3-8}$$

其 Z 变换为：

$$X(z) = \sum_{n=n_1}^{\infty} x(n)z^{-n} \tag{3-9}$$

因此，Z 变换式是无限项之和，当 $n_i \geqslant 0$ 时，由根值判别法有：

$$\lim_{n \to \infty} \sqrt[n]{\left| x(n)z^{-n} \right|} < 1 \tag{3-10}$$

此时收敛域为：

$$|z| > \lim_{n \to \infty} \sqrt[n]{|x(n)|} = R_1 \tag{3-11}$$

当 $n_1 < 0$ 时，级数全收敛，所以右边序列的收敛域为 $R_1 < |z| < \infty$。

3. 左边序列

左边序列的描述函数为：

$$x(n) = \begin{cases} x(n) & n \leqslant n_2 \\ 0 & \text{其他} \end{cases} \tag{3-12}$$

其 Z 变换为：

$$X(z) = \sum_{n=-\infty}^{n_2} x(n)z^{-n} = \sum_{n=-n_2}^{\infty} x(-n)z^{n} \tag{3-13}$$

当 $n_2 < 0$ 时，由根值判别法有：

$$\lim_{n\to\infty} \sqrt[n]{|x(-n)z^n|} < 1 \tag{3-14}$$

由此求得的收敛域为：

$$|z| < \lim_{n\to\infty} \sqrt[n]{|x(-n)|} = R_2 \tag{3-15}$$

当 $n_2 > 0$ 时，相当于增加了一个 $n_2 > 0$ 的有限长序列，还应除去原点，所以左边序列的收敛域为 $0 < |z| < R_2$。

4. 双边序列

双边序列的描述函数为：

$$x(n) = x(n)[u(-n-1) + u(n)] \tag{3-16}$$

其 Z 变换为：

$$X(z) = \sum_{n=-\infty}^{\infty} x(n)z^{-n} = \sum_{n=-\infty}^{-1} x(n)z^{-n} + \sum_{n=0}^{\infty} x(n)z^{-n} \tag{3-17}$$

因为 $\sum_{n=0}^{\infty} x(n)z^{-n}$ 的收敛域为 $|z| > R_1$，$\sum_{n=-\infty}^{-1} x(n)z^{-n}$ 的收敛域为 $|z| < R_2$，所以双边序列的收敛域为 $R_1 < |z| < R_2$。

3.2　Z 反变换

所谓 Z 反变换，是指从已知 $x(n)$ 的 Z 变换表示 $X(z)$ 及其收敛域求原序列 $x(n)$，表示为：

$$x(n) = Z^{-1}[X(z)] \tag{3-18}$$

假设函数在环状区域 $R_{X^-} < |Z| < R_{X^+} \left(R_{X^-} \geqslant 0, \ R_{X^+} \leqslant \infty \right)$ 解析，则有：

$$X(z) = \sum_{n=-\infty}^{\infty} C_n z^{-n} \tag{3-19}$$

其中，$C_n = \dfrac{1}{2\pi j}\oint_c X(z)z^{n-1}\mathrm{d}z$。则有：

$$x(n) = \frac{1}{2\pi j}\oint_c X(z)z^{n-1}\mathrm{d}z , \quad c\in(R_{x-},R_{x+}) \tag{3-20}$$

求 Z 反变换的方法主要有两种，分别是留数法和部分分式展开法。

由留数定理可知，若函数在围线 c 上连续，在 c 以内有 K 个极点，而在 c 以外有 M 个极点，则有：

$$\frac{1}{2\pi j}\int X(z)z^{n-1}\mathrm{d}z = \sum_k \mathrm{Res}\left[X(z)z^{n-1}\right]_{z=z_k} \tag{3-21}$$

当极点为一阶时，留数为：

$$\mathrm{Res}\left[X(z)z^{n-1}\right]_{Z=Z_r} = \left[(z-z_r)X(z)z^{n-1}\right]_{z=z_r} \tag{3-22}$$

当极点为多重极点时，留数为：

$$\mathrm{Res}\left[X(z)z^{n-1}\right]_{z=z_r} = \frac{1}{(l-1)!}\frac{\mathrm{d}^{l-1}}{\mathrm{d}z^{l-1}}\left[(z-z_r)^l X(z)z^{n-1}\right]_{z=z_r} \tag{3-23}$$

部分分式展开法是把 x 的一个实系数的真分式分解成几个分式的和，使各分式具有 $\dfrac{a}{(x+A)^k}$ 或者 $\dfrac{ax+b}{(x^2+Ax+B)^k}$ 形式。

通常情况下，传递函数可分解为：

$$X(z) = \frac{B(z)}{A(z)} = \frac{\displaystyle\sum_{i=0}^{M}b_i z^{-i}}{1+\displaystyle\sum_{i=1}^{N}a_i z^{-i}} \tag{3-24}$$

然后利用公式表求出部分分式的 Z 反变换形式。

MATLAB 的符号数学工具箱提供了计算 Z 变换的函数 ztrans 和计算 Z 反变换的函数 iztrans，其调用形式为：

```
F=ztrans(f), f=iztrans(F)
```

上面两式中，右端的 f 和 F 分别为时域表示式和 Z 域表示式的符号表示，可应用函数 sym 来实现，其调用格式为：

```
S=sym(A)
```

【例 3-1】 求 $f(n)=\sin(ak)u(k)$ 的 Z 变换，以及 $F(z)=\dfrac{z}{(z-3)^2}$ 的 Z 反变换。

程序代码如下：

```
syms a k z;
f=sym(sin(a*k));
F=ztrans(f)
F=sym(z/(z-3)^2);
```

```
f=iztrans(F)
```

Z 变换运行结果如下：

```
F =
  (z*sin(a))/(z^2 - 2*cos(a)*z + 1)
```

Z 反变换运行结果如下：

```
f =
3^n/3 + (3^n*(n - 1))/3
```

MATLAB 的信号处理工具箱提供了一个对 $F(z)$ 进行部分分式展开的函数 residuez，其调用形式为：

```
[r,p,k]=residuez(num,den)
```

式中，num 和 den 分别为 $F(z)$ 的分子多项式和分母多项式的系数向量，r 为部分分式的系数向量，p 为极点向量，k 为多项式的系数向量。

【例 3-2】 利用 MATLAB 计算 $F(z) = \dfrac{18}{18 + 3z^{-1} - 4z^{-2} - z^{-3}}$ 的部分分式展开式。

程序代码如下：

```
>> num=[18];
den=[18 3 -4 -1];
[r,p,k]=residuez(num,den)
```

运行结果如下：

```
r =
    0.3600
    0.2400
    0.4000
p =
    0.5000
   -0.3333
   -0.3333
k =
    []
```

3.3 Z 变换的性质

1. 线性性质

假设

$$Z[x_1(k)] = X_1(z) \qquad (|z| > R_{x_1})$$
$$Z[x_2(k)] = X_2(z) \qquad (|z| > R_{x_2})$$

$$(3\text{-}25)$$

则有：

$$Z[ax_1(k) + bx_2(k)] = aX_1(z) + bX_2(z)$$

$$(3\text{-}26)$$

其中 a、b 为任意常数。

2. 时域的移位

（1）左移超前定理

假设 $Z[f(t)] = F(z)$，那么有：

$$Z[f(t+nT)] = z^n\left[F(z) - \sum_{k=0}^{n-1} f(kT)z^{-k}\right] \tag{3-27}$$

证明如下：

令 $k+n=r$，则有：

$$Z[f(t+nT)] = \sum_{r=n}^{\infty} f(rT)z^{-(r-n)} = z^n \sum_{r=n}^{\infty} f(rT)z^{-k}$$

$$= z^n\left[\sum_{r=0}^{\infty} f(rT)z^{-r} - \sum_{r=0}^{n-1} f(rT)z^{-r}\right] = z^n\left[F(z) - \sum_{k=0}^{n-1} f(kT)z^{-k}\right] \tag{3-28}$$

当 $f(0) = f(T) = f(2T) = \cdots = f[(n-1)T] = 0$ 时，即在零状态响应下，超前定理写为：

$$Z[f(t+nT)] = z^n F(z) \tag{3-29}$$

（2）右移迟滞定理

假设 $Z[f(t)] = F(z)$，那么有：

$$Z[f(t-nT)] = z^{-n} F(z) \tag{3-30}$$

证明如下：

令 $k-n=m$，则有：

$$Z[f(t-nT)] = z^{-n} \sum_{m=-n}^{\infty} f(mT)z^{-m} \tag{3-31}$$

根据物理可实现性，当 $t<0$ 时，$f(t)$ 为零，所以上式成为：

$$Z[f(t-nT)] = z^{-n} \sum_{m=0}^{\infty} f(mT)z^{-m} = z^{-n} F(z) \tag{3-32}$$

采样信号经过一个 z^n 的纯超前环节，相当于其时间特性向前移动 n 步；经过一个 z^{-n} 的纯滞后环节，相当于时间特性向后移动 n 步。

3. 时域扩展性

若函数 $f(t)$ 有 Z 变换 $F(z)$，则：

$$Z[\mathrm{e}^{\mp at} f(t)] = F(z\mathrm{e}^{\pm aT}) \tag{3-33}$$

根据 Z 变换定义有：

$$Z[\mathrm{e}^{\mp at} f(t)] = \sum_{k=0}^{\infty} f(kT)\mathrm{e}^{\mp akT} z^{-k} \tag{3-34}$$

令 $z_1 = z\mathrm{e}^{\pm aT}$ ，则上式可写成：

$$Z[\mathrm{e}^{\mp at}f(t)] = \sum_{k=0}^{\infty} f(kT)z_1^{-k} = F(z_1) \tag{3-35}$$

代入 $z_1 = z\mathrm{e}^{\pm aT}$ ，得：

$$Z\left[\mathrm{e}^{\mp at}f(t)\right] = F(z\mathrm{e}^{\pm aT}) \tag{3-36}$$

4. 时域卷积性质

已知：

$$\begin{aligned} x(k) &\leftrightarrow X(z) & (\alpha_1 < |z| < \beta_1) \\ h(k) &\leftrightarrow H(z) & (\alpha_2 < |z| < \beta_2) \end{aligned} \tag{3-37}$$

则有：

$$x(k) * h(k) \leftrightarrow X(z)H(z) \tag{3-38}$$

5. 微分性

如果有

$$x(k) \leftrightarrow X(z) \qquad \alpha < |z| < \beta \tag{3-39}$$

那么有：

$$kx(k) \leftrightarrow -z\frac{\mathrm{d}X(z)}{\mathrm{d}z} \qquad \alpha < |z| < \beta \tag{3-40}$$

6. 积分性

已知：

$$x(k) \leftrightarrow X(z) \qquad \alpha < |z| < \beta \tag{3-41}$$

则有：

$$\frac{x(k)}{k+m} \leftrightarrow z^m \int_z^{\infty} \frac{X(\eta)}{\eta^{m+1}}\mathrm{d}\eta \quad \alpha < |z| < \beta \tag{3-42}$$

7. 时域求和

如果有

$$x(k) \leftrightarrow X(z) \qquad \alpha < |z| < \beta \tag{3-43}$$

那么有：

$$f(k) = \sum_{i=-\infty}^{k} x(i) \leftrightarrow \frac{z}{z-1}X(z) \qquad \max(\alpha,1) < |z| < \beta \tag{3-44}$$

8. 初值定理

如果函数 $f(t)$ 的 Z 变换为 $F(z)$ ，并存在极限 $\lim\limits_{z \to \infty} F(z)$ ，则：

$$\lim_{k \to 0} f(kT) = \lim_{z \to \infty} F(z) \tag{3-45}$$

或者写成：

$$f(0) = \lim_{z \to \infty} F(z) \tag{3-46}$$

证明如下：

根据 Z 变换的定义，$F(z)$ 可写成：

$$F(z) = \sum_{k=0}^{\infty} f(kT)z^{-k} = f(0) + f(T)z^{-1} + f(2T)z^{-2} + \cdots \tag{3-47}$$

当 z 趋于无穷时，上式的两端取极限，得：

$$\lim_{z \to \infty} F(z) = f(0) = \lim_{k \to 0} f(kT) \tag{3-48}$$

9. 终值定理

假定 $f(t)$ 的 Z 变换为 $F(z)$，并假定函数 $(1-z^{-1})F(z)$ 在 z 平面的单位圆上或圆外没有极点，则：

$$\lim_{k \to \infty} f(kT) = \lim_{z \to 1}(1-z^{-1})F(z) \tag{3-49}$$

证明如下：

考虑两个有限序列 $\sum_{k=0}^{n} f(kT)z^{-k} = f(0) + f(T)z^{-1} + \cdots + f(nT)z^{-n}$ 和 $\sum_{k=0}^{n} f[(k-1)T]z^{-k} = f(-T) + f(0)z^{-1} + f(T)z^{-2} + \cdots + f[(n-1)T]z^{-n}$，假定 $t<0$ 时，所有的 $f(t)=0$，综合上式可写成：

$$\sum_{k=0}^{n} f[(k-1)T]z^{-k} = z^{-1}\sum_{k=0}^{n-1} f(kT)z^{-k} \tag{3-50}$$

令 z 趋于 1，得：

$$\lim_{z \to 1}\left[\sum_{k=0}^{n} f(kT)z^{-k} - z^{-1}\sum_{k=0}^{n-1} f(kT)z^{-k}\right] = \sum_{k=0}^{n} f(kT) - \sum_{k=0}^{n-1} f(kT) = f(nT) \tag{3-51}$$

在式中取 $n \to \infty$ 时的极限，得：

$$\lim_{n \to \infty} f(nT) = \lim_{n \to \infty}\left\{\lim_{z \to 1}\left[\sum_{k=0}^{n} f(kT)z^{-k} - z^{-1}\sum_{k=0}^{n-1} f(kT)z^{-k}\right]\right\} \tag{3-52}$$

在该式右端改变取极限的次序，且因上式方括号中，当 $n \to \infty$ 时，两者的级数和均为 $f(z)$，由此得：

$$\lim_{n \to \infty} f(nT) = \lim_{z \to 1z}(1-z^{-1})F(z) \tag{3-53}$$

终值定理的另一种常用形式是：

$$\lim_{n \to \infty} f(nT) = \lim_{z \to 1}(z-1)F(z) \tag{3-54}$$

值得注意的是，终值定理成立的条件是，$(1-z^{-1})F(z)$ 在单位圆上和圆外没有极点，即脉冲函数序列应当是收敛的，否则求出的终值是错误的。

例如，对于函数 $F(z)\dfrac{z}{z-2}$，其对应的脉冲序列函数为 $f(k)=2^k$，当 $k \to \infty$ 时是发散的，而直

接应用终值定理得 $f(k)\big|_{k\to\infty} = \lim_{z\to 1}(1-z^{-1})\dfrac{z}{z-2} = 0 \neq 2^k$，与实际情况相矛盾。这是因为函数 $F(z)$ 不满足终值定理的条件。

3.4　Z 变换在离散系统中的应用

线性时不变离散系统可用线性常系数差分方程描述，即：

$$\sum_{i=0}^{N} a_i y(n-i) = \sum_{j=0}^{M} b_j x(n-j) \tag{3-55}$$

其中 $y(k)$ 为系统的输出序列，$x(k)$ 为输入序列。

将上式两边进行 Z 变换得到：

$$H(z) = \frac{Y(z)}{X(z)} = \frac{\sum_{j=0}^{M} b_j z^{-j}}{\sum_{i=0}^{N} a_i z^{-i}} = \frac{B(z)}{A(z)} \tag{3-56}$$

因式分解后有：

$$H(z) = C\frac{\prod_{j=1}^{M}(z-q_j)}{\prod_{i=1}^{N}(z-p_i)} \tag{3-57}$$

其中 C 为常数，q_j（$j=1,2,\cdots,M$）为 $H(z)$ 的 M 个零点，p_i（$i=1,2,\cdots,N$）为 $H(z)$ 的 N 个极点。系统函数 $H(z)$ 的零极点分布完全决定了系统的特性，若某系统函数的零极点已知，则系统函数便可以确定下来。

因此，系统函数的零极点分布对离散系统特性的分析具有非常重要的意义。通过对系统函数零极点的分析，可以分析离散系统以下几个方面的特性：系统单位样值响应 $h(n)$ 的时域特性、离散系统的稳定性以及离散系统的频率特性。

3.4.1　Z 域系统函数零点分析

离散时间系统的系统函数定义为：

$$H(z) = \frac{Y(z)}{X(z)} \tag{3-58}$$

如果系统函数的有理函数表达式为：

$$H(z) = \frac{b_1 z^m + b_2 z^{m-1} + \cdots + b_m z + b_{m+1}}{a_1 z^m + a_2 z^{n-1} + \cdots + a_n z + a_{n+1}} \tag{3-59}$$

在 MATLAB 中，系统函数的零极点就可以通过 roots 函数得到，也可以借助 tf2zp 函数得到。tf2zp 的语句格式为：

```
[Z,P,K]=tf2zp(B,A)
```

其中，B 与 A 分别表示 $H(z)$ 的分子与分母多项式的系数向量，其作用是将 $H(z)$ 的有理分式转换为零极点增益形式：

$$H(z) = k \frac{(z-z_1)(z-z_2)\cdots(z-z_m)}{(z-p_1)(z-p_x)\cdots(z-p_n)} \qquad (3\text{-}60)$$

求系统函数的零极点时，离散系统的系统函数可能有两种形式，一种是分子和分母多项式按 z 的降幂次序排列，另一种是分子和分母多项式按 z^{-1} 的升幂次序排列。若 $H(z)$ 是按 z 的降幂次序排列的，则系数向量一定要由多项式的最高幂次开始，一直到常数项，缺项要用 0 补齐；若 $H(z)$ 是按 z^{-1} 的升幂次序排列的，则分子和分母多项式系数向量的维数一定要相同，不足的要用 0 补齐，否则 $z=0$ 的零点或极点就可能被漏掉。

用函数 roots 求得 $H(z)$ 的零极点后，就可以用函数 plot 绘制出系统的零极点图。下面求系统的零极点，绘制零极点图使用 MATLAB 实用函数 ljdt，同时还将绘制出单位圆，如图 3-1 所示。子程序如下：

```
function ljdt(A,B)
p=roots(A);                 % 求系统极点
q=roots(B);                 % 求系统零点
p=p';                       % 将极点列向量转置为行向量
q=q';                       % 将零点列向量转置为行向量
x=max(abs([p q 1]));        % 确定纵坐标范围
x=x+0.1;
y=x;                        % 确定横坐标范围
clf
hold on
axis([-x x -y y])           % 确定坐标轴显示范围
w=0:pi/300:2*pi;
t=exp(i*w);
plot(t)                     % 画单位圆
axis('square')
plot([-x x],[0 0])          % 画横坐标轴
plot([0 0],[-y y])          % 画纵坐标轴
text(0.1,x,'jIm[z]')
text(y,1/10,'Re[z]')
plot(real(p),imag(p),'x')   % 画极点
plot(real(q),imag(q),'o')
title('零极点图')            % 标注标题
hold off
```

【例 3-3】 已知某离散系统的系统函数为 $H(z) = \dfrac{z+1}{3z^5 - z^4 + 1}$，

试用 MATLAB 求出该系统的零极点，并画出零极点分布图，判断系统是否稳定。

程序代码如下：

```
% 绘制零极点分布图的实现程序
a=[3 -1 0 0 0 1];
```

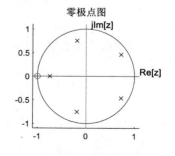

图 3-1 零极点图

```
b=[1 1];
ljdt(a,b)
p=roots(a)
q=roots(b)
pa=abs(p)
```

运行结果如图 3-1 所示。

运行结果如下：

```
p =
   0.7255 + 0.4633i
   0.7255 - 0.4633i
  -0.1861 + 0.7541i
  -0.1861 - 0.7541i
  -0.7455 + 0.0000i
q =
    -1
pa =
    0.8608
    0.8608
    0.7768
    0.7768
    0.7455
```

该系统的所有极点均位于 z 平面的单位圆内，故该系统为稳定系统。

zplane 用于绘制 $H(z)$ 的零极点图，调用格式为：

```
zplane(z,p)
```

绘制出列向量 z 中的零点（以符号"o"表示）和列向量 p 中的极点（以符号"×"表示），以及参考单位圆，在多阶零点和极点的右上角标出其阶数。如果 z 和 p 为矩阵，则会以不同颜色绘制出 z 和 p 各列中的零点和极点。

【例 3-4】　各种系统零极点图的具体实现。程序代码如下：

```
% 绘制情况(a)系统零极点分布图及系统单位序列响应
z=0;                % 定义系统零点位置
p=0.25;             % 定义系统极点位置
k=1;                % 定义系统增益
subplot(221)
zplane(z,p)
grid on;
% 绘制系统零极点分布图
subplot(222);
[num,den]=zp2tf(z,p,k);   % 零极点模型转换为传递函数模型
impz(num,den)
% 绘制系统单位序列响应时域波形
title('h(n)')
grid on;
% 定义标题
% 绘制情况(b)系统零极点分布图及系统单位序列响应
p=1;
```

```
subplot(223);
zplane(z,p)
grid on;
[num,den]=zp2tf(z,p,k);
subplot(224);
impz(num,den)
title('h(n)')
grid on;
% 绘制情况(c)系统零极点分布图及系统单位序列响应
p=-1.25;
figure
subplot(221)
zplane(z,p)
grid on;
[num,den]=zp2tf(z,p,k);
subplot(222);
impz(num,den,20)
title('h(n)')
grid on;
% 绘制情况(d)系统零极点分布图及系统单位序列响应
p=[0.8*exp(pi*i/6);0.8*exp(-pi*i/6)]
subplot(223);
zplane(z,p)
grid on;
[num,den]=zp2tf(z,p,k);
subplot(224);
impz(num,den,20)
grid on;
title('h(n)')
% 绘制情况(e)系统零极点分布图及系统单位序列响应
p=[exp(pi*i/8);exp(-pi*i/8)]
figure
subplot(221)
zplane(z,p)
grid on;
[num,den]=zp2tf(z,p,k)
subplot(222);
impz(num,den,40)
title('h(n)')
grid on;
% 绘制情况(f)系统零极点分布图及系统单位序列响应
p=[1.1*exp(3*pi*i/16);1.1*exp(-3*pi*i/16)]
subplot(223);
zplane(z,p)
grid on;
[num,den]=zp2tf(z,p,k)
subplot(224)
impz(num,den,40)
grid on;
title('h(n)')
```

运行结果如图3-2～图3-4所示。

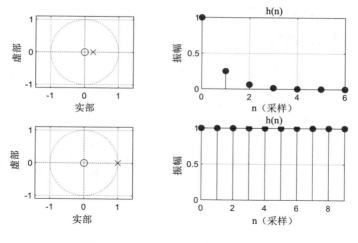

图 3-2　（a）和（b）系统结果图

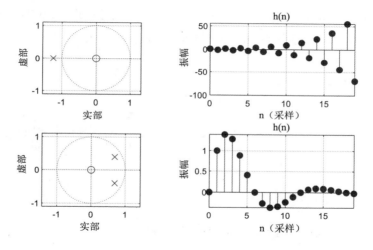

图 3-3　（c）和（d）系统结果图

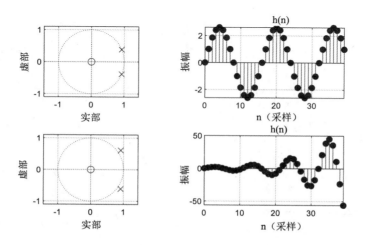

图 3-4　（e）和（f）系统结果图

从结果可以看出，零级点距离越远，系统越不稳定。

3.4.2　Z域系统函数频域分析

对于某因果稳定的离散系统，如果激励序列为正弦序列：

$$x(n) = A\sin(\omega_0 n)u(n) \tag{3-61}$$

则系统的稳态响应为：

$$y_{ss}(n) = A\left|H(e^{j\omega})\right|\sin[\omega n + \varphi(\omega)]u(n) \tag{3-62}$$

定义离散系统的频率响应为：

$$H(e^{j\omega}) = H(z)\big|_{z=e^{j\omega}} = \left|H(e^{j\omega})\right|e^{j\varphi(\omega)} \tag{3-63}$$

其中，$\left|H(e^{j\omega})\right|$ 称为离散系统的幅频特性；$\varphi(\omega)$ 称为离散系统的相频特性；$H(e^{j\omega})$ 是以 2π 为周期的周期函数，只要分析 $H(e^{j\omega})$ 在 $|\omega|\leqslant\pi$ 范围内的情况，便可分析出系统的整个频率特性。

MATLAB 提供了求离散时间系统频率响应特性的函数 freqz，调用 freqz 的形式主要有两种。一种形式为

```
[H,w]=freqz(B,A,N)
```

其中 B 与 A 分别表示 $H(z)$ 的分子与分母多项式的系数向量；N 为正整数，默认值为 512；返回值 ω 包含 $[0,\pi]$ 范围内的 N 个频率等分点；返回值 H 则是离散时间系统频率响应 $H(e^{j\omega})$ 在 $0\sim\pi$ 范围内 N 个频率处对应的值。

另一种形式为

```
[H,w]=freqz(B,A,N, 'whole')
```

与第一种方式的不同之处在于角频率的范围由 $0\sim\pi$ 扩展到 $0\sim2\pi$。

【例3-5】　绘制如下系统的频率响应曲线：

$$H(z) = \frac{z-0.5}{z}$$

程序代码如下：

```
>> B=[1 -0.5];
A =[1 0];
[H,w]=freqz(B,A,400,'whole');
Hf=abs(H);
Hx=angle(H);
clf
subplot(121)
plot(w,Hf)
title('离散系统幅频特性曲线')
xlabel('频率');ylabel('幅度')
grid on
subplot(122)
```

```
plot(w,Hx)
xlabel('频率');ylabel('幅度')
grid on
title('离散系统相频特性曲线')
```

运行结果如图 3-5 所示。

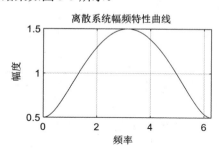
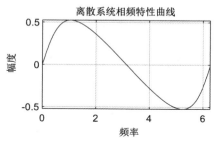

图 3-5　离散系统频率响应曲线

利用几何向量求解离散系统的频率响应，设：

$$e^{j\omega} - p_i = A_i e^{j\theta_i}$$
$$e^{j\omega} - q_j = B_j e^{j\psi_j} \tag{3-64}$$

那么离散系统的频率响应为：

$$H(e^{j\omega}) = \frac{\prod\limits_{j=1}^{M} B_j e^{j(\psi_1+\psi_2+\cdots+\psi_M)}}{\prod\limits_{i=1}^{N} A_i e^{j(\theta_1+\theta_2+\cdots+\theta_N)}} = \left|H(e^{j\omega})\right| e^{j\varphi(\omega)} \tag{3-65}$$

系统的幅频特性和相频特性为：

$$\left|H(e^{j\omega})\right| = \frac{\prod\limits_{j=1}^{M} B_j}{\prod\limits_{i=1}^{N} A_i} \tag{3-66}$$

$$\varphi(\omega) = \sum\limits_{j=1}^{M} \psi_j - \sum\limits_{i=1}^{N} \theta_i \tag{3-67}$$

利用 MATLAB 求解频率响应的过程如下：

1）根据系统函数 $H(z)$ 定义分子、分母多项式系数向量 B 和 A。

2）调用前述的 ljdt 函数求出 $H(z)$ 的零极点，并绘出零极点图。

3）定义 z 平面单位圆上的 k 个频率分点。

4）求出 $H(z)$ 所有的零点和极点到这些等分点的距离。

5）求出 $H(z)$ 所有的零点和极点到这些等分点向量的相角。

6）求出系统的 $\left|H(e^{j\omega})\right|$ 和 $\varphi(\omega)$。

7）绘制指定范围内系统的幅频曲线和相频曲线。

下面是实现上述过程的实用函数 dplxy，它有 4 个参数：k 为用户定义的频率等分点数目，B

和 A 分别为系统函数分子、分母多项式系数向量，r 为程序绘制的频率特性曲线的频率范围
（$0 \sim r \times \pi$）。

```
function dplxy(k,r,A,B)
p=roots(A);                      % 求极点
q=roots(B);                      % 求零点
figure
ljdt(A,B)                        % 画零极点图
grid on;
w=0:r*pi/k:r*pi;
y=exp(i*w);                      % 定义单位圆上的 k 个频率等分点
N=length(p);                     % 求极点个数
M=length(q);                     % 求零点个数
yp=ones(N,1)*y;                  % 定义行数为极点个数的单位圆向量
yq=ones(M,1)*y;                  % 定义行数为零点个数的单位圆向量
vp=yp-p*ones(1,k+1);             % 定义极点到单位圆上各点的向量
vq=yq-q*ones(1,k+1);             % 定义零点到单位圆上各点的向量
Ai=abs(vp);                      % 求出极点到单位圆上各点的向量的模
Bj=abs(vq);                      % 求出零点到单位圆上各点的向量的模
Ci=angle(vp);                    % 求出极点到单位圆上各点的向量的相角
Dj=angle(vq);                    % 求出零点到单位圆上各点的向量的相角
fai=sum(Dj,1)-sum(Ci,1);         % 求系统相频响应
H=prod(Bj,1)./prod(Ai,1);        % 求系统幅频响应
figure
subplot(121);
plot(w,H);
% 绘制幅频特性曲线
title('离散系统幅频特性曲线')
xlabel('角频率')
ylabel('幅度')
grid on;
subplot(133)
plot(w,fai)
title('离散系统相频特性曲线')
grid on;
xlabel('角频率')
ylabel('相位')
```

【例 3-6】 已知某离散系统的系统函数为 $H(z)=\dfrac{5/4(1-z^{-1})}{1-1/4z^{-1}}$，绘制出该系统的零极点图及
频率响应特性。

程序代码如下：

```
>> A=[1 -1/4];
B=[5/4 -5/4];
dplxy(500,2,A,B)
```

运行结果如图 3-6 和图 3-7 所示。

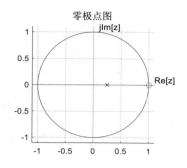

图 3-6　零极点图

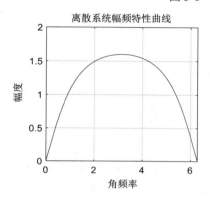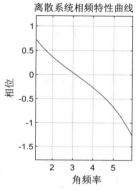

图 3-7　离散系统频率响应曲线

3.4.3　Z 域系统差分函数求解

连续函数 $f(t)$ 经过采样后，获得采样函数 $f(kT)$，那么一阶向前和向后的差分形式分别为：

$$\Delta f(k) = f(k+1) - f(k) \tag{3-68}$$

$$\nabla f(k) = f(k) - f(k-1) \tag{3-69}$$

二阶向前和向后的差分形式分别为：

$$\begin{aligned}\Delta^2 f(k) &= \Delta f(k+1) \\ &= f(k+2) - 2f(k+1) + f(k)\end{aligned} \tag{3-70}$$

$$\begin{aligned}\nabla^2 f(k) &= \nabla[\Delta f(k)] \\ &= f(k) - 2f(k-1) + f(k-2)\end{aligned} \tag{3-71}$$

根据上式推导向前和向后的 n 阶差分形式分别为：

$$\Delta^n f(k) = \Delta^{n-1} f(k+1) - \Delta^{n-1} f(k) \tag{3-72}$$

$$\nabla^n f(k) = \nabla^{n-1} f(k) - \nabla^{n-1} f(k-1) \tag{3-73}$$

连续系统的时间序列方程为：

$$\mathrm{d}^2 c(t)/\mathrm{d}t^2 + a\mathrm{d}c(t)/\mathrm{d}t + bc(t) = kr(t) \tag{3-74}$$

上式中的微分用差分替代，则有：

$$d^2c(t)/dt^2 = \Delta^2 c(t) = c(k+2) - 2c(k+1) + c(k)$$
$$dc(t)/dt = c(k+1) - c(k)$$

（3-75）

推广到离散时间系统，$c(k)$ 代替 $c(t)$，$r(k)$ 代替 $r(t)$，则有：

$$[c(k+2) - 2c(k+1) + c(k)] + a[c(k+1) - c(k)] + bc(k) = kr(k)$$

（3-76）

整理得：

$$c(k+2) + (a-2)c(k+1) + (1-a+b)c(k) = kr(k)$$

（3-77）

由此可以推导一般离散系统的差分方程为：

$$c(k+n) + a_1 c(k+n-1) + a_2 c(k+n-2) + \cdots + a_n c(k)$$
$$= b_o r(k+m) + b_1 r(k+m-1) + \cdots + b_m r(k)$$

（3-78）

差分方程的解也分为通解与特解：通解是与方程初始状态有关的解；特解与外部输入有关，它描述系统在外部输入作用下的强迫运动。

【例 3-7】 求解差分方程 $y(n) - 0.4y(n-1) - 0.45y(n-2) = 0.45x(n) + 0.4x(n-1) - x(n-2)$，其中 $x(n) = 0.8^n \varepsilon(n)$，初始状态 $y(-1) = 0$，$y(-2) = 1$，$x(-1) = 1$，$x(-2) = 2$。

程序代码如下：

```
>> num=[0.45 0.4 -1];
den =[1 -0.4 -0.45];
x0=[1 2];y0=[0 1];
N=50;
n=[0:N-1]';
x=0.8.^n;
Zi=filtic(num,den,y0,x0);
[y,Zf]=filter(num,den,x,Zi);
plot(n,x,'r-',n,y,'b--');
title('响应');
xlabel('n');ylabel('x(n)-y(n)');
legend('输入x','输出y');
grid;
```

运行结果如图 3-8 所示。

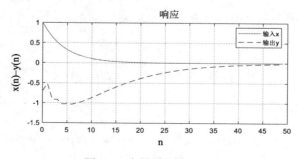

图 3-8 离散系统差分方程解

【例 3-8】 编制程序求解下列两个系统差分方程的单位脉冲响应,并绘出其图形。

$$y[n]+0.75y[n-1]+0.125y[n-2]=x[n]-x[n-1]$$
$$y[n]=0.25\{x[n-1]+x[n-2]+x[n-3]+x[n-4]\}$$

程序代码如下:

```
>> N=32;
x_delta=zeros(1,N);
x_delta(1)=1;
p=[1,-1,0]
d=[1,0.75,0.125];
h1_delta=filter(p,d,x_delta);
subplot(4,1,1);
stem(0:N-1,h1_delta,'r');hold off;
xlabel('方程1的单位脉冲响应');
x_unit=ones(1,N);
h1_unit=filter(p,d,x_unit);
subplot(4,1,2);
stem(0:N-1,h1_unit,'r');hold off;
xlabel('方程1的阶跃脉冲响应');
p1=[0,0.25,0.25,0.25,0.25];
% d1=[1,0,0,0,0];
d1=[1];
h2_delta=filter(p1,d1,x_delta);
subplot(4,1,3);
stem(0:N-1,h2_delta,'r');hold off;
xlabel('方程2的单位脉冲响应');
h2_unit=filter(p1,d1,x_unit);
subplot(4,1,4);
stem(0:N-1,h2_unit,'r');hold off;
xlabel('方程2的阶跃脉冲响应');
```

运行结果如图 3-9 所示。

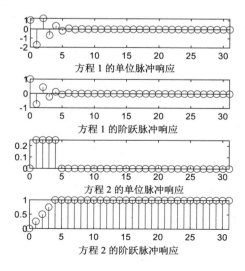

图 3-9 方程的脉冲响应

3.5 本章小结

利用差分方程可以求离散系统的结构及瞬态解。为了分析系统的另外一些重要特性，如稳定性和频率响应等，需要研究离散时间系统的 Z 变换（类似于模拟系统的拉氏变换），它是分析离散系统和离散信号的重要工具。

Z 变换可以说是针对离散信号和系统的拉普拉斯变换，在离散时间信号与系统的理论研究中，Z 变换是一种重要的数学工具，Z 变换的性质反映了信号的 n 域特性与 z 域特性的关系。

利用 Z 变换的基本性质可以方便地求出一些常用离散信号的变换式，它可以把离散系统的数学模型（差分方程）转化成简单的代数方程，而使其求解过程简化。

第 4 章　傅里叶变换

傅里叶变换能将满足一定条件的某个函数表示成三角函数（正弦或余弦函数）或者它们的积分的线性组合。在不同的研究领域，傅里叶变换具有多种不同的变体形式，如连续傅里叶变换和离散傅里叶变换。最初傅里叶分析是作为热过程的解析分析的工具被提出的。但随着傅里叶变换的丰富和发展，极大地促进了信息科学的丰富和发展。现代的信息科学和技术离不开傅里叶变换的理论和方法。

学习目标：

- 熟练掌握傅里叶变换的几种可能形式
- 熟练运用周期序列的离散傅里叶级数
- 熟练掌握有限长序列的离散傅里叶变换
- 熟练掌握有限长序列的离散傅里叶变换的应用

◢ 4.1　傅里叶变换的形式

对于有限长序列，也可以用序列的傅里叶变换和 Z 变换来分析和表示，但还有一种方法更能反映序列的有限长这个特点，即离散傅里叶变换。

离散傅里叶变换除了作为有限长序列的一种傅里叶表示法在理论上相当重要之外，而且由于存在着计算离散傅里叶变换的有效快速算法，因此离散傅里叶变换在各种数字信号处理的算法中起着核心的作用。

傅里叶变换就是建立以时间为自变量的"信号"与以频率为自变量的"频率函数"之间的某种变换关系，都是指在分析如何综合一个信号时，各种不同频率的信号在合成信号时所占的比重。

如连续时间周期信号 $f(t) = f(t + mT)$，可以用指数形式的傅里叶级数来表示，可以分解成不同次谐波的叠加，每个谐波都有一个幅值，表示该谐波分量所占的比重。傅里叶表示形式为：

$$f(t) = \sum_{n=-\infty}^{\infty} F_n \mathrm{e}^{jn\Omega t} \Leftrightarrow F_n = \frac{1}{T} \int_{-T/2}^{T/2} f(t) \mathrm{e}^{-jn\Omega t} \mathrm{d}t \tag{4-1}$$

例如周期性矩形脉冲，其频谱为：

$$F_n = \frac{\tau}{T} \frac{\sin(n\pi\tau/T)}{n\pi\tau/T}, n = 0, \pm 1, \cdots \tag{4-2}$$

对于非周期信号，如门函数，存在这样的关系式：

$$f(t) = \frac{1}{2\pi} \int_{-\infty}^{\infty} F(jw) \mathrm{e}^{j\omega t} \mathrm{d}\omega \Leftrightarrow F(j\omega) = \int_{-\infty}^{\infty} f(t) \mathrm{e}^{-j\omega t} \mathrm{d}t \tag{4-3}$$

时域非周期连续，频率连续非周期。

例如序列的傅里叶变换，变换关系为：

$$X(\mathrm{e}^{\mathrm{j}\omega}) = \sum_{n=-\infty}^{\infty} x(n)\mathrm{e}^{-\mathrm{j}\omega n}, \quad x(n) = \frac{1}{2\pi}\int_{-\pi}^{\pi} X(\mathrm{e}^{\mathrm{j}\omega})\mathrm{e}^{\mathrm{j}\omega n}\mathrm{d}\omega \tag{4-4}$$

时域为非周期离散序列，频域为周期为 2π 的连续周期函数。

以上三种傅里叶变换都符合傅里叶变换所谓的建立以时间为自变量的"信号"与以频率为自变量的"频率函数"之间的某种变换关系。

不同形式是因为时间域的变量和频域的变量是连续的还是离散出现的。这三种傅里叶变换因为总有一个域里是连续函数，而不适合利用计算机来计算。如果时间域里是离散的，而频域也是离散的，就会适合在计算机上应用了。

4.2 序列的傅里叶变换

4.2.1 周期序列的离散傅里叶级数

对于周期信号，通常都可以用傅里叶级数来描述，如连续时间周期信号：

$$f(t) = f(t + mT) \tag{4-5}$$

用指数形式的傅里叶级数来表示为：

$$f(t) = \sum_{n=-\infty}^{\infty} F_n \mathrm{e}^{\mathrm{j}n\Omega t} \tag{4-6}$$

可以看成信号被分解成不同次谐波的叠加，每个谐波都有一个幅值，表示该谐波分量所占的比重。其中 $\mathrm{e}^{\mathrm{j}\Omega t}$ 为基波，基频为 $\Omega = 2\pi/T$（T 为周期）。

设 $\tilde{x}(n)$ 是周期为 N 的一个周期序列，即 $\tilde{x}(n) = \tilde{x}(n+rN)$，$r$ 为任意整数，用指数形式的傅里叶级数表示应该为 $\tilde{x}(n) = \sum_{k=-\infty}^{\infty} \tilde{X}_k \mathrm{e}^{\mathrm{j}k\omega_0 n}$，其中 $\omega_0 = 2\pi/N$ 是基频，基频序列为 $\mathrm{e}^{\mathrm{j}\omega_0 n}$。

下面来分析一下第 $(K+rN)$ 次谐波 $\mathrm{e}^{\mathrm{j}(k+rN)\omega_0 n}$ 和第 k 次谐波 $\mathrm{e}^{\mathrm{j}k\omega_0 n}$ 之间的关系。因为 $\omega_0 = 2\pi/N$，代入表达式中，得到 $\mathrm{e}^{\mathrm{j}(k+rN)\omega_0 n} = \mathrm{e}^{\mathrm{j}k\omega_0 n}$，$r$ 为任意整数。

这说明 $K+rN$ 次谐波能够被第 k 次谐波代表，也就是说，在所有的谐波成分中，只有 N 个是独立的，用 N 个谐波就可以完全表示出 $\tilde{x}(n)$。K 的取值从 $0 \sim N–1$。这样 $\tilde{x}(n) = \frac{1}{N}\sum_{k=0}^{N-1} \tilde{X}_k \mathrm{e}^{\mathrm{j}k\omega_0 n}$，$\frac{1}{N}$ 是为了计算的方便而加入的。

下面来看 $\tilde{X}_k$ 如何根据 $\tilde{x}(n)$ 来求解的。先来证明复指数的正交性：

$$\sum_{n=0}^{N-1} \mathrm{e}^{\mathrm{j}\left(\frac{2\pi}{N}\right)(k-r)n} = \begin{cases} 1 & k-r = mN, m\text{为整数} \\ 0 & \text{其他} \end{cases} \tag{4-7}$$

其中该表达式是对 n 求和，而表达式的结果取决于 $k-r$ 的值。

在 $\tilde{x}(n) = \frac{1}{N}\sum_{k=0}^{N-1} \tilde{X}_k \mathrm{e}^{\mathrm{j}k\omega_0 n}$ 两边都乘以 $\mathrm{e}^{-\mathrm{j}(2\pi/N)rn}$，于是有：

$$\sum_{n=0}^{N-1} \tilde{x}(n) e^{-j(2\pi/N)rn} = \sum_{n=0}^{N-1} \frac{1}{N} \sum_{k=0}^{N-1} \tilde{X}_k e^{j(2\pi/N)(k-r)n} \tag{4-8}$$

交换求和顺序，再根据前面证明的正交性结论可以得出：

$$\tilde{X}(k) = \sum_{n=0}^{N-1} \tilde{x}(n) e^{-j\frac{2\pi}{N}kn} \tag{4-9}$$

从 $\tilde{X}(k)$ 的表达式可以看出，$\tilde{X}(k)$ 是周期为 N 的周期序列，即 $\tilde{X}(k) = \tilde{X}(k+N)$。上式即为周期序列的傅里级数。

4.2.2 非周期序列和周期序列的关系

非周期序列（非周期序列不一定是有限长序列）具有傅里叶变换 $X(e^{j\omega})$ 的形式，周期序列的 DFS 系数对应 $X(e^{j\omega})$ 在频率上等间隔的采样。

考虑非周期序列 $x(n)$ 的傅里叶变换为 $X(e^{j\omega})$，并且假定序列 $\tilde{X}(k)$ 是通过对 $X(e^{j\omega})$ 在 $2\pi k/N$ 频率处采样得到的（$\tilde{X}(k)$ 是构造出来的一个序列），即 $\tilde{X}(k) = X(e^{j(2\pi/N)k})$。

因为傅里叶变换是 ω 的周期函数，周期为 2π，所以得出的序列是 k 的周期函数，周期为 N。

这样，可以看出样本序列 $\tilde{X}(k)$ 是周期序列，周期为 N，它可以是一个序列 $\tilde{x}(n)$ 的离散傅里叶级数的系数序列。为了得到 $\tilde{x}(n)$，可以将 $\tilde{X}(k)$ 代入公式中：

$$\tilde{x}(n) = \frac{1}{N} \sum_{k=0}^{N-1} \tilde{X}(k) W_N^{-kn} \tag{4-10}$$

已经假定存在 $x(n)$ 的傅里叶变换，所以 $X(e^{j\omega}) = \sum_{m=-\infty}^{\infty} x(m) e^{-j\omega m}$，于是有：

$$\tilde{x}(n) = \sum_{m=-\infty}^{\infty} x(m) \left[\frac{1}{N} \sum_{k=0}^{N-1} W_N^{-k(n-m)} \right] \tag{4-11}$$

从 $\frac{1}{N} \sum_{k=0}^{N-1} W_N^{-k(n-m)} = \begin{cases} 1 & n-m = rN \\ 0 & \tilde{x}(n) = \sum\limits_{r=-\infty}^{\infty} x(n-rN) = \sum\limits_{r=-\infty}^{\infty} x(n+rN) \end{cases}$ 可以看出，与 $\tilde{X}(k)$ 对应的周期序列 $\tilde{x}(n)$ 是把无数多个平移后的 $x(n)$ 加在一起形成的，$\tilde{X}(k)$ 是对 $X(e^{j\omega})$ 采样得到的。N 为序列 $\tilde{X}(k)$ 的周期，而不是非周期序列 $x(n)$ 的长度 M。

这样就可能出现这种情况，当序列 $\tilde{X}(k)$ 的周期 N 大于非周期序列 $x(n)$ 的长度 M 时，延时后的 $x(n)$ 序列没有重叠在一起，并且周期序列 $\tilde{x}(n)$ 的一个周期就是 $x(n)$，这时符合一个周期序列的傅里叶级数的系数就是一个周期上的傅里叶变换的采样值。

如果 $N < M$ 时，平移后的 $x(n)$ 序列相互重叠，$\tilde{x}(n)$ 的一个周期不再与 $x(n)$ 的周期相同，但式子 $\tilde{X}(k) = X(e^{j(2\pi/N)k})$ 依然成立。这和我们讨论过的时域采样定理有点类似，当 $N \geq M$ 时，原来的序列 $x(n)$ 可以从 $\tilde{x}(n)$ 中抽取一个周期来恢复，同样，傅里叶变换 $X(e^{j\omega})$ 也可以从频率上以 $2\pi/N$ 等间隔的采样来恢复。

当 $N < M$ 时，序列 $x(n)$ 就不能从 $\tilde{x}(n)$ 中抽取一个周期来恢复，$X(e^{j\omega})$ 也不能由它的采样来恢复。这主要是采样的点数不够。但只要 $x(n)$ 是有限长的，就可以选择采样点数，避免混叠。

也就是说，只要 $x(n)$ 是有限长，就没有必要知道在所有频率处的 $X(e^{j\omega})$ 值。如果给出一个有

限长序列 $x(n)$，就能根据 $\tilde{x}(n) = \sum\limits_{r=-\infty}^{\infty} x(n+rN)$ 形成一个周期序列，从而可以用傅里叶级数来表示。

另外，如果给出傅里叶系数 $\tilde{X}(k)$，就可以求出 $\tilde{x}(n)$，取出其主值序列得到 $x(n)$。

当利用傅里叶级数以这种方式来表示有限长序列时，就称它为离散傅里叶变换（DFT），所以在讨论或应用 DFT 时应明白，通过傅里叶变换的采样值来表示，实际上是用一个周期序列来表示有限长序列，该周期序列的一个周期就是我们要表示的有限长序列。

【例 4-1】 设 $x(n)$ 为长度 $N=8$ 的矩形序列，用 MATLAB 程序分析快速傅里叶变换（FFT）取不同长度时 $x(n)$ 的频谱变化。程序代码如下：

```
>> x=[1,1,1,1,1,1,1,1];
N=12;
y1=fft(x,N);
n=0:N-1;
subplot(3,1,1);
stem(n,abs(y1),'.k');axis([0,9,0,6]);
title('N=12');
N=32;
y2=fft(x,N);
n=0:N-1;
subplot(3,1,2);
stem(n,abs(y2),'.k');axis([0,40,0,6]);
title('N=32');
N=64;
y3=fft(x,N);
n=0:N-1;
subplot(3,1,3);
stem(n,abs(y3),'.k');axis([0,80,0,6]);
title('N=64');
```

运行结果如图 4-1 所示。

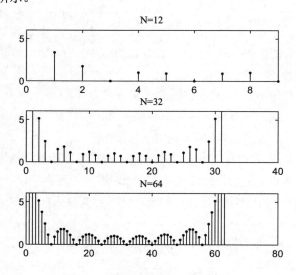

图4-1 不同长度傅里叶变换图

4.2.3 有限长序列的线性卷积和圆周卷积

已知 $x_1(n)$、$x_2(n)$，作线性卷积 $y(n) = x_1(n) * x_2(n) = \sum_m x_1(m)x_2(n-m)$，其中 $0 \leqslant m \leqslant N-1$，

$0 \leqslant n-m \leqslant M-1$，得出 $0 \leqslant n \leqslant M+N-2$，即 $y(n)$ 长度最大为 $M+N-1$。

对 $x_1(n)$、$x_2(n)$ 分别补零，使之长度为 L，然后进行 L 点周期卷积（圆周卷积等于周期卷积的主值区间）。这样有：$\tilde{x}_1(n) = \sum_{q=-\infty}^{\infty} x_1(n+qL)$，$\tilde{x}_2(n) = \sum_{k=-\infty}^{\infty} x_2(n+kL)$，则进行周期为 L 的周期卷积得：

$$
\begin{aligned}
\tilde{f}_L(n) &= \tilde{x}_1(n) \otimes \tilde{x}_2(n) = \sum_{m=0}^{N-1} \tilde{x}_1(m)\tilde{x}_2(n-m) \\
&= \sum_{m=0}^{L-1} \left(\sum_{q=-\infty}^{\infty} x_1(n+qL) \sum_{k=-\infty}^{\infty} x_2(n-m+kL) \right) \\
&= \sum_{m=0}^{L-1} \sum_{k=-\infty}^{\infty} x_1(m)x_2(n-m+kL) = \sum_{k=-\infty}^{\infty} \sum_{m=0}^{L-1} x_1(m)x_2(n+kL-m) \\
&= \sum_{k=-\infty}^{\infty} y(n+kL)
\end{aligned}
\tag{4-12}
$$

上式说明了有限长序列 $x_1(n)$、$x_2(n)$ 的线性卷积的周期延拓构成了周期序列 $\tilde{x}_1(n)$、$\tilde{x}_2(n)$ 的周期卷积，其中 $\tilde{x}_1(n)$ 和 $\tilde{x}_2(n)$ 分别是由有限长序列 $x_1(n)$、$x_2(n)$ 形成的。这要 L 满足一定条件，线性卷积就等于周期卷积的主值周期，这也正好是圆周卷积的结果。也就是说，只要 $L \geqslant N+M-1$，线性卷积就等于圆周卷积。写出线性卷积和圆周卷积的定义式。

因为在实际情况中，处理的多半是信号通过一个线性时不变系统，求输出的信号形式。即实际情况中常常要求线性卷积，而知道圆周卷积可以在某种条件下代替线性卷积，并且圆周卷积有快速算法，所以常利用圆周卷积来计算线性卷积。

4.2.4 有限长序列的傅里叶表示

有限长序列可看作是周期序列的一个周期。周期序列和有限长序列的关系可表示成：

$$
\tilde{x}(n) = x((n))_N \tag{4-13}
$$

$$
x(n) = \tilde{x}(n)R_N(n) \tag{4-14}
$$

同样，离散傅里叶级数系数 $\tilde{X}(k)$ 也是一个周期为 N 的周期序列，我们将与有限长序列 $x(n)$ 相联系的傅里叶系数选取为与 $\tilde{X}(k)$ 的一个周期相对应的有限长序列，则有以下关系：

$$
\tilde{X}(k) = X((k))_N \tag{4-15}
$$

$$
X(k) = \tilde{X}(k)R_N(k) \tag{4-16}
$$

$\tilde{X}(k)$ 和 $\tilde{x}(n)$ 相联系的关系式为：

$$
\tilde{x}(n) = \frac{1}{N} \sum_{k=0}^{N-1} \tilde{X}_k \mathrm{e}^{jk\omega_0 n} \tag{4-17}
$$

$$\tilde{X}(k) = \sum_{n=0}^{N-1} \tilde{x}(n) \mathrm{e}^{-\mathrm{j}\frac{2\pi}{N}kn} \tag{4-18}$$

因为两个式子中的求和都只涉及 $0 \sim (N-1)$ 这个区间，所以根据前面有限长序列和周期序列的关系可以得到：

$$X(k) = \sum_{n=0}^{N-1} x(n) W_N^{kn} R_N(k) \tag{4-19}$$

$$x(n) = \frac{1}{N} \sum_{k=0}^{N-1} X(k) W_N^{-kn} R_N(n) \tag{4-20}$$

即 $X(k) = \tilde{X}(k) R_N(k)$，$x(n) = \tilde{x}(n) R_N(n)$。

分析有限长序列 $x(n)$ 进行一次离散傅里叶变换（DFT）运算所需的运算量：

$$X(k) = DFT[x(n)] = \sum_{n=0}^{N-1} x(n) w_N^{nk} \qquad k = 0,1,\cdots,N-1 \tag{4-21}$$

一般，$x(n)$ 和 w_N^{nk} 都是复数，因此，每计算一个 $X(k)$ 值，要进行 N 次复数相乘，和 $N-1$ 次复数相加，$X(k)$ 一共有 N 个点，故完成全部 DFT 运算，需要 N_2 次复数相乘和 $N(N-1)$ 次复数相加，在这些运算中，乘法比加法复杂，需要的运算时间多，尤其是复数相乘，每个复数相乘包括 4 个实数相乘和两个实数相加，每个复数相加包括两个实数相加，每计算一个 $X(k)$ 要进行 $4N$ 次实数相乘和 $2N+2(N-1) = 2(2N-1)$ 次实数相加，因此，整个 DFT 运算需要 $4N^2$ 实数相乘和 $2N(2N-1)$ 次实数相加。

从上面的分析看到，在 DFT 运算中，不论是乘法还是加法，运算量均与 N^2 成正比。因此，N 较大时，运算量十分可观。离散傅里叶反变换（IDFT）与离散傅里叶变换（DFT）的运算结构相同，只是多乘一个常数 $1/N$，所以二者的计算量相同。

【例 4-2】 已知序列 $x_a(t) = \mathrm{e}^{-1000|t|}$，求其傅里叶变换。程序代码如下：

```
>> Dt=0.00005;t=-0.005:Dt:0.005;                % 模拟信号
xa=exp(-1000*abs(t));
Wmax=2*pi*2000;K=500;k=0:1:K;W=k*Wmax/K;    % 傅里叶变换
Xa=xa*exp(-j*t'*W)*Dt;Xa=real(Xa);
W=[-fliplr(W),W(2:501)];
Xa=[fliplr(Xa),Xa(2:501)];
figure
subplot(2,1,1);plot(t*1000,xa,'.');
xlabel('t(s)');ylabel('x(t)');
title('模拟信号');
subplot(2,1,2);plot(W/(2*pi*1000),Xa*1000,'.');
xlabel('f(kHz)');ylabel('X(jw)*1000');
title('序列傅里叶变换');
```

运行结果如图 4-2 所示。

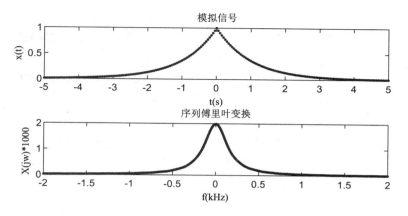

图4-2　序列的傅里叶变换

4.3　离散傅里叶变换

对于有限长序列，也可以用序列的傅里叶变换和 Z 变换来分析和表示，但还有一种方法更能反映序列的有限长这个特点，即离散傅里叶变换（DFT）。离散傅里叶变换除了作为有限长序列的一种傅里叶表示法在理论上相当重要之外，由于存在着计算离散傅里叶变换的有效快速算法，因此离散傅里叶变换在各种数字信号处理的算法中起着核心的作用。

DFT 的主要应用之一就是分析连续时间信号的频率成分，如在语音的分析和处理中，语音信号的频率分析有助于音腔谐振的辨识与建模。

4.3.1　傅里叶级数和傅里叶变换

描述周期现象最简单的周期函数是物理学上所说的谐波函数，它是由正弦或者余弦函数来表示的：

$$y(t) = A\cos(\omega t + \varphi) \tag{4-22}$$

利用三角公式，上式可以写成：

$$y(t) = A\cos\varphi\cos\omega t - A\sin\varphi\sin t \tag{4-23}$$

由于 φ 是常数，令 $a=A\cos\varphi$，$b=-A\sin\varphi$，那么可以得到：

$$y(t) = a\cos\omega t + b\sin\omega t \tag{4-24}$$

其中：

$$A = \sqrt{a^2 + b^2}，\quad \varphi = \arctan(-\frac{b}{a}) \tag{4-25}$$

从这里可以看出：一个带初相位的余弦函数可以看成是有一个不带初相位的正弦函数与一个不带初相位的余弦函数的合成。

谐波函数是周期函数中最简单的函数，它描述的也是最简单的周期现象，实际碰到的周期现象往往要比它复杂很多。但这些复杂的函数都可以近似分解成不同频率的正弦函数和余弦函数。下面介绍一种复杂的函数分解为一系列不同频率的正弦函数和余弦函数的方法。

法国数学家傅里叶发现，任何周期函数都可以用正弦函数和余弦函数构成的无穷级数来表示（选择正弦函数与余弦函数作为基函数是因为它们是正交的），后世称为傅里叶级数，是一种特殊的三角级数。

在高等代数中有这样一个问题，将一个周期为 $2l$ 的函数分解成傅里叶级数，给出的解答式为：

$$f(x) = \frac{a_0}{2} + \sum_{n=1}^{\infty} (a_n \cos \frac{n\pi x}{l} + b_n \sin \frac{n\pi x}{l}) \tag{4-26}$$

其中：

$$a_0 = \frac{1}{l} \int_{-l}^{l} f(x) \mathrm{d}x, \ a_n = \frac{1}{l} \int_{-l}^{l} f(x) \cos \frac{n\pi x}{l} \mathrm{d}x, \ b_n = \frac{1}{l} \int_{-l}^{l} f(x) \sin \frac{n\pi x}{l} \mathrm{d}x \tag{4-27}$$

如果 $f(x)$ 是奇函数，积分上下限相互对称，则此时 $f(x) \cos \frac{n\pi x}{l}$ 项成为奇函数，可以知道 a_n 均为零，得到的傅里叶正弦级数为：

$$f(x) = \sum_{n=1}^{\infty} b_n \sin \frac{n\pi x}{l} \tag{4-28}$$

上式中 b_n 的积分可以简写为：

$$b_n = \frac{2}{l} \int_{0}^{l} f(x) \sin \frac{n\pi x}{l} \mathrm{d}x \tag{4-29}$$

如果 $f(x)$ 是偶函数，同样因为积分上下限相互对称，这时 $f(x) \sin \frac{n\pi x}{l}$ 为奇函数，故 b_n 均为零，得到的傅里叶级数是余弦级数：

$$f(x) = \frac{a_0}{2} + \sum_{n=1}^{\infty} a_n \cos \frac{n\pi x}{l} \tag{4-30}$$

式中，a_n 可以简写为：

$$a_n = \frac{2}{l} \int_{0}^{l} f(x) \cos \frac{n\pi x}{l} \mathrm{d}x \tag{4-31}$$

现在我们将上述公式应用于离散的傅里叶级数中。

1）在信号处理中，我们遇到的常常不是一个函数，而是一个离散的数列。举一个例子，已知等间隔时间采样的时间序列 $\{x_0, x_1, x_2, \cdots, x_{N-1}\}$，在这里数据的个数是 N，一般取 N 为偶数，如果取 2 的对数对应的偶数能够加快计算速度。

下面对取值范围进行改造。首先，我们得到的数字信号只能在正的时间段取值，在负的时间段不能取值。但由于我们取的是无限长的周期序列，周期为 $2l$，因此，我们把取值范围 $(-l, l)$ 修改为 $(0, 2l)$，这样就可以避免在负的时间段取值。

2）由于处理的是离散的数据序列，因此不能再用积分，而应用积分的离散形式，用求和来表示，即：

$$\int_0^{2l} \to \sum_{k=1}^{N} x_k \tag{4-32}$$

3）我们在 $(0,2l)$ 里等间隔取了 N 个取值点，采样时间间隔为 $dx \to \Delta t$，其中 $l = \dfrac{N\Delta t}{2}$。

有了上述修正，我们可以得到：

$$f(x) \to \{x_0, x_1, x_2, \cdots, x_{N-1}\} \tag{4-33}$$

$$\frac{n\pi x}{l} \to \frac{k\pi \mathrm{i}\Delta t}{\dfrac{N\Delta t}{2}} = \frac{2\pi ki}{N} \tag{4-34}$$

所以式（4-26）的离散形式为：

$$x_i = \frac{a_0}{2} + \sum_{k=1}^{m}\left(a_k \cos\frac{2\pi ki}{N} + b_k \sin\frac{2\pi ki}{N}\right) \tag{4-35}$$

式中：

$$a_0 = \frac{1}{\dfrac{N\Delta t}{2}}\sum_{i=0}^{N-1} x_i = \frac{2}{N}\sum_{i=0}^{N-1} x_i \tag{4-36}$$

$$a_k = \frac{1}{\dfrac{N\Delta t}{2}}\sum_{i=0}^{N-1} x_i \cos\frac{2\pi ki}{N} = \frac{2}{N}\sum_{i=0}^{N-1} x_i \cos\frac{2\pi ki}{N} \tag{4-37}$$

$$b_k = \frac{1}{\dfrac{N\Delta t}{2}}\sum_{i=0}^{N-1} x_i \sin\frac{2\pi ki}{N} = \frac{2}{N}\sum_{i=0}^{N-1} x_i \sin\frac{2\pi ki}{N}, k=1,2,3,\cdots,m \tag{4-38}$$

在实际数据处理中，k 一般取 $\dfrac{N}{2}$，此时波的周期最小，获得的频率范围最大，所以想要获得高频率的信号，就需要缩短采样间隔。

【例 4-3】　已知复正弦序列 $x_1(n) = \mathrm{e}^{\mathrm{j}\frac{\pi}{8}n} R_N(n)$，余弦序列 $x_2(n) = \cos\left(\dfrac{\pi}{8}n\right) R_N(n)$，分别对序列求当 $N=16$ 和 $N=8$ 时的 DFT，并绘出幅频特性曲线，并分析两种 N 值下 DFT 是否有差别，及其产生的原因。

程序代码如下：

```
>> N=16;N1=8;
n=0:N-1;k=0:N1-1;
x1n=exp(j*pi*n/8);      % 产生 x1(n)
X1=fft(x1n,N);          % 计算 N 点 DFT[x1(n)]
X2=fft(x1n,N1);         % 计算 N1 点 DFT[x1(n)]
x2n=cos(pi*n/8);        % 产生 x2(n)
X3=fft(x2n,N);          % 计算 N 点 DFT[x2(n)]
X4=fft(x2n,N1);         % 计算 N1 点 DFT[x2(n)]
subplot(2,2,1);
stem(n,abs(X1),'.');
axis([0,20,0,20]);
```

```
ylabel('|X1(k)|')
title('16 点的 DFT[x1(n)]')
subplot(2,2,2);
stem(n,abs(X3),'.');
axis([0,20,0,20]);
ylabel('|X2(k)|')
title('16 点的 DFT[x2(n)]')
subplot(2,2,3);
stem(k,abs(X2),'.');
axis([0,20,0,20]);
ylabel('|X1(k)|')
title('8 点的 DFT[x1(n)]')
subplot(2,2,4);
stem(k,abs(X4),'.');
axis([0,20,0,20]);
ylabel('|X2(k)|')
title('8 点的 DFT[x2(n)]')
```

运行结果如图 4-3 所示。

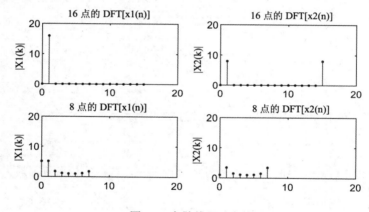

图4-3 离散傅里叶变换

N 点离散傅里叶变换的一种物理解释是：$X(k)$ 是 $x(n)$ 以 N 为周期的周期延拓序列的离散傅里叶级数系数 $\widetilde{X}(k)$ 的主值区间序列，即 $X(k) = \widetilde{X}(k)R_N(k)$。

当 $N=16$ 时，$x_1(n)$ 和 $x_2(n)$ 正好分别是 $e^{j\frac{\pi}{8}n}$、$\cos\left(\frac{\pi}{8}n\right)$ 的一个周期，所以 $x_1(n)$ 和 $x_2(n)$ 的周期延拓序列就是这两个单一频率的正弦序列，其离散傅里叶级数的系数分别如图 4-3 中的 16 点的 DFT[x1(n)] 和 16 点的 DFT[x2(n)] 所示。

当 $N=8$ 时，$x_1(n)$ 和 $x_2(n)$ 正好分别是 $e^{j\frac{\pi}{8}n}$、$\cos\left(\frac{\pi}{8}n\right)$ 的半个周期，所以 $x_1(n)$ 和 $x_2(n)$ 的周期延拓序列就不再是单一频率的正弦序列，而是含有丰富的谐波成分，其离散傅里叶级数的系数与 $N=16$ 时的差别很大，因此对信号进行谱分析的时候，一定要截取整个周期，否则会得到错误的频谱。

4.3.2 离散傅里叶级数的性质

离散傅里叶级数的某些性质对于它在信号处理问题中的成功使用至关重要，因为离散傅里叶级数（DFS）与 Z 变换和序列的傅里叶变换关系密切，所以很多性质和 Z 变换的性质相似，而 DFS 和周期性序列联系在一起，所以存在一些重要差别。

另外，在 DFS 表达式中，时域和频域之间存在完全的对偶性，而在序列的傅里叶变换和 Z 变换的表示式中这一点不存在。

考虑两个周期序列 $\tilde{x}_1(n)$、$\tilde{x}_2(n)$，其周期均为 N，且 $\tilde{x}_1(n) \leftrightarrow \tilde{X}_1(k)$，$\tilde{x}_2(n) \leftrightarrow \tilde{X}_2(k)$。

1．线性

$a\tilde{x}_1(n) + b\tilde{x}_2(n) \leftrightarrow a\tilde{X}_1(k) + b\tilde{X}_2(k)$，周期也为 N。

2．序列的移位

$\tilde{x}(n) \leftrightarrow \tilde{X}(k)$，那么 $\tilde{x}(n-m) \leftrightarrow W_N^{km}\tilde{X}(k)$。证明：

$$\sum_{n=0}^{N-1}\tilde{x}(n-m)W_N^{nk} = \sum_{i=m}^{N-1+m}\tilde{x}(i)W_N^{ki}W_N^{-mk}(i=m+n) = W_N^{-mk}\sum_{i=0}^{N-1}\tilde{x}(i)W_N^{ki} = W_N^{-mk}\tilde{X}(k)$$

3．调制特性

因为周期序列的傅里叶级数的系数序列也是一个周期序列，所以有类似的结果，l 为整数，有 $W_N^{-nl}\tilde{x}(n) \leftrightarrow \tilde{X}(k-l)$。证明：

$$\sum_{n=0}^{N-1}W_N^{-nl}\tilde{x}(n)W_N^{kn} = \sum_{n=0}^{N-1}\tilde{x}(n)W_N^{(k-l)n} = \tilde{X}(k-l)$$

4．对称性

给出几个定义：

（1）共轭对称序列

满足 $x_e(n) = x_e^*(-n)$ 的序列 $x_e(n)$。

（2）共轭反对称序列

满足 $x_o(n) = -x_o^*(-n)$ 的序列 $x_o(n)$。

（3）偶对称序列和奇对称序列

$x_e(n)$ 和 $x_o(n)$ 为实序列，且满足 $x_e(n) = x_e(-n)$ 和 $x_o(n) = -x_o(-n)$。

（4）任何一个序列都可以表示成一个共轭对称序列和一个共轭反对称序列的和（对于实序列，就是偶对称序列和奇对称序列的和）

即有 $x(n) = x_e(n) + x_o(n)$，其中：

$$x_e(n) = (x(n) + x^*(-n))/2, \quad x_o(n) = (x(n) - x^*(-n))/2$$

下面为对称性：

$$\tilde{x}^*(n) \leftrightarrow \tilde{X}^*(-k); \quad \tilde{x}^*(-n) \leftrightarrow \tilde{X}^*(k); \quad \tilde{x}_e(n) = (\tilde{x}(n) + \tilde{x}^*(n))/2 \leftrightarrow \mathrm{Re}(\tilde{X}(k))$$

5．周期卷积

如果 $\tilde{Y}(k) = \tilde{X}_1(k) \cdot \tilde{X}_2(k)$，则 $\tilde{y}(n) = \sum_{m=0}^{N-1}\tilde{x}_1(n)\tilde{x}_2(n-m) = \sum_{m=0}^{N-1}\tilde{x}_2(m)\tilde{x}_1(n-m)$。这是一个卷积和公式，

但与线性卷积有所不同，首先在有限区间 $0 \leqslant m \leqslant N-1$ 上求和，即在一个周期内求和，对于在区间 $0 \leqslant m \leqslant N-1$ 以外的 m 值，$\tilde{x}_2(n-m)$ 的值在该区间上周期地重复。

4.3.3 离散傅里叶变换的性质

1. 线性

注意特殊情况下如何确定线性组合后序列的长度。以长度大的为周期，对于任意常数 $a_m (1 \leqslant m \leqslant M)$，有 $\text{DFT}\left[\sum_{m=1}^{M} a_m x_m(n)\right] \Leftrightarrow \sum_{m=1}^{M} a_m \text{DFT}\left[x_m(n)\right]$。

2. 序列的圆周/循环移位

定义：$y(n) = x((n-m))_N R_N(n)$。

圆周/循环移位定理：

若 $\text{DFT}\left[x(n)\right] = X(k)$，$y(n) = x((n-m))_N R_N(n)$，则 $\text{DFT}\left[y(n)\right] = W_N^{mk} X(k)$。

形式与离散傅里叶级数（DFS）的周期移位相同，表明序列圆周移位后的离散傅里叶变换（DFT）为 $X(k)$ 乘上相移因子 W_N^{mk}，即时域中圆周移 m 位，仅使频域信号产生 W_N^{mk} 的相移，而幅度频谱不发生改变，即 $\left\|W_N^{mk} X(k)\right\| = \left|X(k)\right|$。

3. 圆周卷积和循环卷积定理

$x_1(n)$ 和 $x_2(n)$ 的长度都为 N，如果 $Y(k) = X_1(k)X_2(k)$，则：

$$
\begin{aligned}
y(n) &= \left[\sum_{m=0}^{N-1} x_1(m)x_2((n-m))_N\right] R_N(n) \\
&= \left[\sum_{m=0}^{N-1} x_2(m)x_1((n-m))_N\right] R_N(n) \\
&= x_1(n) \otimes x_2(n)
\end{aligned}
\tag{4-39}
$$

根据定理可以求出圆周卷积，当然求圆周卷积可以借助离散傅里叶反变换（IDFT）来计算，即 $\text{IDFT}\left[Y(k)\right] = y(n)$。

可见圆周卷积与周期卷积的关系，在主值区的结果相同，所以求圆周卷积可以把序列延拓成周期序列，进行周期卷积，然后取主值即可。

4.3.4 频率采样

在前面我们讨论过周期序列的离散傅里叶级数的系数 $\tilde{X}(k)$ 的值和 $\tilde{x}(n)$ 的一个周期的 Z 变换在单位圆（序列的傅里叶变换）的 N 个均匀点上的采样值相等。这其实就是频域的采样。因此，我们得到一个结论：可以用 N 个点的 $X(k)$ 来代表序列的傅里叶变换。但是要注意，不是所有的序列都可以这样。

已经证明过 $\tilde{x}(n) = \sum_{r=-\infty}^{\infty} x(n+rN)$，即周期序列可以看作是非周期序列以某个 N 为周期进行延拓而成的。只有在 N 大于非周期序列 $x(n)$ 的长度时，延拓后才不会发生重叠。所以要求 $x(n)$ 为有限长序列，且长度小于等于 N，这样我们就可以用 $\tilde{X}(k)$ 来代表 $X(\mathrm{e}^{\mathrm{j}\omega})$。

其实 $\tilde{X}(k)$ 的一个周期就可以代表 $X(\mathrm{e}^{\mathrm{j}\omega})$。所以我们只看一个周期，即 $X(k)$。分析如何用 $X(k)$ 来表示 $X(\mathrm{e}^{\mathrm{j}\omega})$。

有限长序列 $x(n)$（$0 \leqslant n \leqslant N-1$）的 Z 变换为：

$$
\begin{aligned}
X(z) &= \sum_{n=0}^{N-1}\left[\frac{1}{N}\sum_{k=0}^{N-1}X(k)W_N^{-kn}\right]z^{-n} = \frac{1}{N}\sum_{k=0}^{N-1}X(k)\left[\sum_{n=0}^{N-1}W_N^{-kn}z^{-n}\right] \\
&= \frac{1}{N}\sum_{k=0}^{N-1}X(k)\frac{1-W_N^{-Nk}z^{-N}}{1-W_N^{-k}z^{-1}} = \frac{1-z^{-N}}{N}\sum_{k=0}^{N-1}\frac{X(k)}{1-W_N^{-k}z^{-1}}
\end{aligned}
\tag{4-40}
$$

这就是用 N 个频率采样值来恢复 $X(z)$ 的插值公式。上式中把 Z 换成 $\mathrm{e}^{\mathrm{j}\omega}$ 就变成用 N 个频率采样值来恢复 $X(\mathrm{e}^{\mathrm{j}\omega})$ 的插值公式。

下面介绍利用 DFT 计算连续时间信号时可能出现的几个问题。

1. 频率响应的混叠失真

采样定理要求 $f_s > 2f_h$，一般取 $f_s = (2.5 \sim 3.0)f_h$。若不满足该条件，则会产生频域响应的周期。

延拓分量重叠现象，即频率响应的混叠失真。根据 $f_0 = f_s / N$，若增加 f_s，而 N 固定时，则 f_0 要增加，导致分辨率下降。反之，要提高分辨率，即 f_0 减小，当 N 给定时，则导致 f_s 减小。若想不发生混叠，则 f_h 要减小。这样要想兼顾 f_h 和 f_0，只有增加 N。得到 $N = f_s / f_0 > (2f_h) / f_0$，这是实现 DFT 算法必须满足的最低条件。

2. 频谱泄漏

实际情况下，我们取的信号都是有限长的，即对原始序列进行加窗处理，使之成为有限长，时域的乘积对应频域的卷积，造成频谱的泄漏。

减少泄漏的方法：可以取更长的数据（与原始数据越相近），缺点是运算量加大。可以选择窗的形状，从而使窗谱的旁瓣能量更小。后面我们会学到。

3. 栅栏效应

离散傅里叶变换（DFT）上看到的谱线都是离散的，而从序列的傅里叶变换知道谱线是连续的，所以相当于看到谱的一些离散点，而不是全部。感觉像是透过栅栏看到的情景，称为栅栏效应。

4. 频率分辨率

增加分辨率只有通过加大采样点 N，但不是补零的方式来增加 N，因为补零不是原始信号的有效信号。

【例 4-4】 已知模拟信号 $x_a(t) = \mathrm{e}^{-1000|t|}$，分别取采样频率为 5000Hz 和 1000Hz 时，绘出其傅里叶变换图。

程序代码如下：

```
>> Dt=0.00005;t=-0.005:Dt:0.005;    % 模拟信号
xa=exp(-1000*abs(t));
Ts=0.0002;n=-25:1:25;               % 离散时间信号
x=exp(-1000*abs(n*Ts));
```

```
K=500;k=0:1:K;w=pi*k/K;
% 离散时间傅里叶变换
X=x*exp(-j*n'*w);X=real(X);
w=[-fliplr(w),w(2:501)];
X=[fliplr(X),X(2:501)];
figure
subplot(2,1,1);
plot(t*1000,xa,'.');
ylabel('x1(t)'); xlabel('t');
title ('离散信号');
hold on
stem(n*Ts*1000,x);hold off
subplot(2,1,2);
plot(w/pi,X,'.');
ylabel('X1(jw)'); xlabel('f');
title('离散时间傅里叶变换');
Ts=0.001;n=-25:1:25;
% 离散时间信号
x=exp(-1000*abs(n*Ts));
K=500;k=0:1:K;w=pi*k/K;
% 离散时间傅里叶变换
X=x*exp(-j*n'*w);X=real(X);
w=[-fliplr(w),w(2:501)];
X=[fliplr(X),X(2:501)];
figure
subplot(2,1,1);
plot(t*1000,xa,'.');
ylabel('x2(t)'); xlabel('t');
title ('离散信号');
hold on
stem(n*Ts*1000,x);hold off
subplot(2,1,2);
plot(w/pi,X,'.');
ylabel('X2(jw)'); xlabel('f');
title('离散时间傅里叶变换');
```

运行结果如图 4-4 和图 4-5 所示。

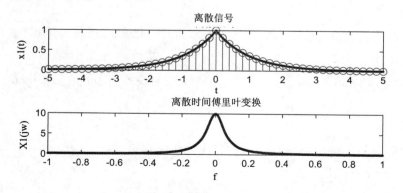

图4-4　采样频率为5000Hz时的傅里叶变换

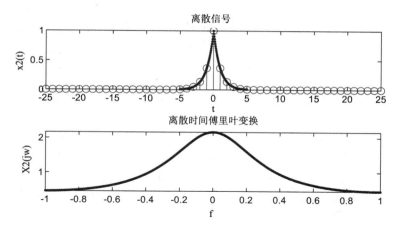

图4-5　采样频率为1000Hz时的傅里叶变换

【例 4-5】　对上例中产生的离散序列 $x_1(n)$ 和 $x_2(n)$，采用 sinc 函数进行内插重构。

程序代码如下：

```
>> Ts1=0.0002;Fs1=1/Ts1;n1=-25:1:25;nTs1=n1*Ts1;    % 离散时间信号
x1=exp(-1000*abs(nTs1));
Ts2=0.001;
Fs2=1/Ts2;
n2=-5:1:5;
nTs2=n2*Ts2;
x2=exp(-1000*abs(nTs2));
Dt=0.00005;t=-0.005:Dt:0.005;   % 模拟信号重构
xa1=x1*sinc(Fs1*(ones(length(nTs1),1)*t-nTs1'*ones(1,length(t))));
xa2=x2*sinc(Fs2*(ones(length(nTs2),1)*t-nTs2'*ones(1,length(t))));
subplot(2,1,1);
plot(t*1000,xa1,'.');
ylabel('x1(t)'); xlabel('t');
title('从 x1(n)重构模拟信号 x1(t)');
hold on
stem(n1*Ts1*1000,x1);
hold off
subplot(2,1,2);
plot(t*1000,xa2,'.');
ylabel('x2(t)'); xlabel('t');
title('从 x2(n)重构模拟信号 x2(t)');
hold on
stem(n2*Ts2*1000,x2);
hold off
```

运行结果如图 4-6 所示。

将重构后的模拟信号曲线与原始模拟信号曲线进行比较，可以看出用离散信号 $x_1(n)$ 重构出的模拟信号与原始信号误差很小，而用离散信号 $x_2(n)$ 重构出的模拟信号误差较大，这是因为它的采样频率为 1000Hz，不满足采样定理，因此采样信号的频谱发生混叠造成采样信号不能无失真地恢复出原始信号。

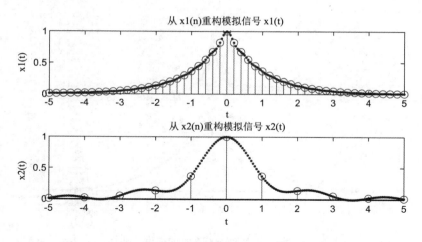

图4-6　重构模拟信号效果图

4.4　快速傅里叶变换

快速傅里叶变换（FFT）是计算离散傅里叶变换（DFT）的一种快速有效的方法。从前面的讨论中看到，有限长序列在数字技术中占有很重要的地位。有限长序列的一个重要特点是其频域也可以离散化，即 DFT。

虽然频谱分析和 DFT 运算很重要，但在很长一段时间里，由于 DFT 运算复杂，并没有得到真正的运用，而频谱分析仍大多采用模拟信号滤波的方法，直到 1965 年首次提出 DFT 运算的一种快速算法以后，情况才发生了根本变化，人们开始认识到 DFT 运算的一些内在规律，从而很快地发展和完善了一套高速有效的运算方法——快速傅里叶变换（FFT）算法。FFT 的出现，使 DFT 的运算大大简化，运算时间缩短了一到二个数量级，使 DFT 的运算在实际中得到广泛应用。

考察 DFT 与 IDFT 的运算发现，利用以下两个特性可减少运算量：

1）系数 $w_N^{nk} = \mathrm{e}^{-\mathrm{j}\frac{2\pi}{N}nk}$ 是一个周期函数，它的周期性和对称性可用来改进运算，提高计算效率。

$$w_N^{n(N-k)} = w_N^{k(N-n)} = w_N^{-nk} \tag{4-41}$$

$$w_N^{N/2} = -1 , \quad w_N^{(k+N/2)} = -w_N^{k} \tag{4-42}$$

利用这些周期性和对称性，使 DFT 运算中有些项可以合并。

2）利用 w_N^{nk} 的周期性和对称性，把长度为 N 点的大点数的 DFT 运算依次分解为若干个小点数的 DFT。因为 DFT 的计算量与 N^2 呈正比，N 越小，计算量就越小。FFT 算法正是基于这样的基本思想发展起来的。它有多种形式，但基本上可以分为两类：时间抽取法和频率抽取法。

4.4.1　按时间抽取的 FFT 算法

先从一个特殊情况开始，假定 N 是 2 的整数次方，首先将序列 $x(n)$ 分解为两组，一组为偶数项，另一组为奇数项：

$$\begin{cases} x(2r) = x_1(r) \\ x(2r+1) = x_2(r) \end{cases} \qquad r = 0,1,\cdots,N/2-1 \tag{4-43}$$

将 DFT 运算也相应地分为两组：

$$\begin{aligned} x(k) = \mathrm{DFT}\big[x(n)\big] &= \sum_{n=0}^{N-1} x(n) w_N^{nk} \\ &= \sum_{\substack{偶数 n=0}}^{N-2} x(n) w_N^{nk} + \sum_{\substack{奇数 n=1}}^{N-1} x(n) w_N^{nk} \\ &= \sum_{r=0}^{N/2-1} x(2r) w_N^{2rk} + \sum_{r=0}^{N/2-1} x(2r+1) w_N^{(2r+1)k} \\ &= \sum_{r=0}^{N/2-1} x(2r) w_N^{2rk} + w_N^{k} \sum_{r=0}^{N/2-1} x(2r+1) w_N^{2rk} \end{aligned} \tag{4-44}$$

根据对称性可知：

$$w_N^{2n} = \mathrm{e}^{-\mathrm{j}\frac{2\pi}{N}2n} = \mathrm{e}^{-\mathrm{j}\frac{2\pi}{N/2}n} = w_{N/2}^{n} \tag{4-45}$$

因此有：

$$\begin{aligned} X\big(k\big) &= \sum_{r=0}^{N/2-1} x(2r) W_{N/2}^{rk} + W_N^{k} \sum_{r=0}^{N/2-1} x(2r+1) W_{N/2}^{rk} \\ &= G\big(k\big) + W_N^{k} H\big(k\big) \end{aligned} \tag{4-46}$$

其中：$G\big(k\big) = \sum\limits_{r=0}^{N/2-1} x(2r) W_{N/2}^{rk}$ ，$H\big(k\big) = \sum\limits_{r=0}^{N/2-1} x(2r+1) W_{N/2}^{rk}$ 。注意到，$H(k)$、$G(k)$ 有 $N/2$ 个点，即 $k = 0,1,\cdots,N/2-1$ ，还必须应用系数 w_N^{nk} 的周期性和对称性。由对称性可知：

$$w_{N/2}^{r(N/2+k)} = w_{N/2}^{rk} \tag{4-47}$$

$$W_N^{(k+N/2)} = -W_N^{k} \tag{4-48}$$

那么：

$$X\left(k+\frac{N}{2}\right) = G\big(k\big) - W_N^{k} H\big(k\big), \qquad k = 0,1,\cdots,\frac{N}{2}-1 \tag{4-49}$$

可见，一个 N 点的 DFT 被分解为两个 $N/2$ 点的 DFT，这两个 $N/2$ 点的 DFT 再合成为一个 N 点 DFT：

$$\begin{aligned} X\left(k+\frac{N}{2}\right) &= G\big(k\big) - W_N^{k} H\big(k\big), \qquad k = 0,1,\cdots,\frac{N}{2}-1 \\ X\left(k+\frac{N}{2}\right) &= G\big(k\big) - W_N^{k} H\big(k\big), \qquad k = 0,1,\cdots,\frac{N}{2}-1 \end{aligned} \tag{4-50}$$

以此类推，可以继续分下去，这种按时间抽取的算法是在输入序列分成越来越小的子序列上执行 DFT 运算，最后再合成为 N 点的 DFT。

由于这种方法每一步分解都是按输入时间序列属于偶数还是奇数来抽取的，因此称为"按时间抽取法"或"时间抽取法"。

下面介绍时间抽取法 FFT 的运算特点。

1. 蝶形运算

对于 $N = 2^M$，总是可以通过 M 次分解最后成为 2 点的 DFT 运算。这样构成从 $x(n)$ 到 $X(k)$ 的 M 级运算过程，每一级运算都由 $N/2$ 个蝶形运算构成。

因此，每一级运算都需要 $N/2$ 次复乘和 N 次复加，这样经过时间抽取后，M 级运算总共需要的运算为：$\dfrac{N}{2}\log_2 N$ 次复数乘法和 $N\log_2 N$ 次复数加法。

2. 原位计算

当数据输入存储器中以后，每一级运算的结果仍然存储在同一组存储器中，直到最后输出，中间无须其他存储器，这叫原位计算。每一级运算均可在原位进行，这种原位运算结构可以节省存储单元，降低设备成本，还可以节省寻址的时间。

3. 序数重排

对按时间抽取 FFT 的原位运算结构，当运算完毕时，正好顺序存放着 $x(0), x(4), x(2), x(6), \cdots, x(7)$，因此可直接按顺序输出，但这种原位运算的输入 $x(n)$ 却不能按这种自然顺序存入存储单元中，而是按 $x(0), x(4), x(2), x(6), \cdots, x(7)$ 的顺序存入存储单元，这种顺序看起来相当杂乱，然而它也是有规律的。当用二进制表示这个顺序时，它正好是"码位倒置"的顺序。

在实际运算中，一般直接将输入数据 $x(n)$ 按码位倒置的顺序排好输入很不方便，总是先按自然顺序输入存储单元，再通过变址运算将自然顺序的存储转换成码位倒置顺序的存储，然后进行 FFT 的原位计算。目前有许多通用 DSP 芯片支持这种码位倒置的寻址功能。

【例 4-6】 已知 $x(n) = R_4(n)$，$X(\mathrm{e}^{\mathrm{j}\omega}) = FT[x(n)] = \dfrac{1 - \mathrm{e}^{-\mathrm{j}4\omega}}{1 - \mathrm{e}^{-\mathrm{j}\omega}}$，绘制相应的幅频和相频曲线，并计算 N=8 和 N=16 时的 DFT。

程序代码如下：

```
>> N1=8;N2=16;      % 两种 FFT 的变换长度
n=0:N1-1;k1=0:N1-1; k2=0:N2-1;
w=2*pi*(0:2047)/2048;
Xw= (1-exp(-j*4*w))./(1-exp(-j*w));
% 对 x(n)的频谱函数采样 2048 个点可以近似地看作连续的频谱
xn=[(n>=0)&(n<4)];   % 产生 x(n)
X1k=fft(xn,N1);      % 计算 N1=8 点的 X1(k)
X2k=fft(xn,N2);      % 计算 N2=16 点的 X2(k)
subplot(3,2,1);
plot(w/pi,abs(Xw));
xlabel('w/pi');ylabel('X1');
subplot(3,2,2);
plot(w/pi,angle(Xw));
axis([0,2,-pi,pi]);
line([0,2],[0,0]);
xlabel('w/pi'); ylabel('X2');
```

```
subplot(3,2,3);
stem(k1,abs(X1k),'.');
xlabel('k(w=2pik/N1)');ylabel('|X1(k)|');
hold on
plot(N1/2*w/pi,abs(Xw))
% 图形上叠加连续频谱的幅度曲线
subplot(3,2,4);
stem(k1,angle(X1k));
axis([0,N1,-pi,pi]);
line([0,N1],[0,0]);
xlabel('k(w=2pik/N1)');ylabel('Arg[X1(k)]');
hold on
plot(N1/2*w/pi,angle(Xw))
% 图形上叠加连续频谱的相位曲线
subplot(3,2,5);
stem(k2,abs(X2k),'.');
xlabel('k(w=2pik/N2)');ylabel('|X2(k)|');
hold on
plot(N2/2*w/pi,abs(Xw))
subplot(3,2,6);
stem(k2,angle(X2k),'.');
axis([0,N2,-pi,pi]);
line([0,N2],[0,0]);
xlabel('k(w=2pik/N2)') ;ylabel('Arg[X2(k)]');
hold on
plot(N2/2*w/pi,angle(Xw))
```

运行结果如图4-7所示。

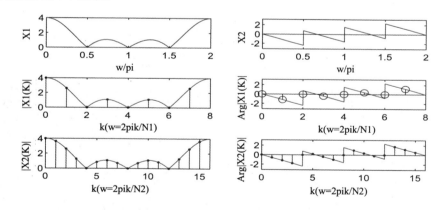

图4-7 傅里叶变换与采样的关系

4.4.2 按频率抽取的 FFT 算法

对于 $N=2^M$ 情况下的另一种普遍使用的 FFT 结构是频率抽取法。

对于频率抽取法，输入序列不是按偶奇数，而是按前后对半分开的，这样便将 N 点 DFT 写成前后两部分：

$$X(k) = \sum_{n=0}^{N/2-1} x(n)W_N^{nk} + \sum_{n=N/2}^{N-1} x(n)W_N^{nk}$$

$$= \sum_{n=0}^{N/2-1} x(n)W_N^{nk} + \sum_{n=0}^{N/2-1} x\left(n+\frac{N}{2}\right)W_N^{(n+\frac{N}{2})k} \qquad (4\text{-}51)$$

$$= \sum_{n=0}^{N/2-1} [x(n) + W_N^{(N/2)k} x(n+N/2)]W_N^{nk}$$

$$W_N^{N/2} = -1, W_N^{(N/2)k} = (-1)^k = \begin{cases} 1 & k\text{为偶数} \\ -1 & k\text{为奇数} \end{cases} \qquad (4\text{-}52)$$

进一步分解为偶数组和奇数组：

$$X(k) = \sum_{n=0}^{N/2-1} [x(n) + (-1)^k x(n+N/2)]W_N^{nk} \qquad (4\text{-}53)$$

$$X(2r) = \sum_{n=0}^{N/2-1} [x(n) + x(n+N/2)]W_N^{2nr}$$

$$= \sum_{n=0}^{N/2-1} [x(n) + x(n+N/2)]W_{N/2}^{2nr} \qquad (4\text{-}54)$$

$$X(2r+1) = \sum_{n=0}^{N/2-1} [x(n) - x(n+N/2)]W_N^{n(2r+1)}$$

$$= \sum_{n=0}^{N/2-1} [x(n) - x(n+N/2)]W_N^n W_{N/2}^{nr} \qquad (4\text{-}55)$$

令：

$$b(n) = x(n) + x(n+N/2)$$
$$b(n) = [x(n) - x(n+N/2]W_N^n \qquad (4\text{-}56)$$

于是有：

$$X(2r) = \sum_{n=0}^{N/2-1} a(n)W_{N/2}^{nr}$$

$$X(2r+1) = \sum_{n=0}^{N/2-1} b_2(n)W_{N/2}^{nr} \qquad (4\text{-}57)$$

这正是两个 $N/2$ 点的 DFT 运算，即将一个 N 点的 DFT 分解为两个 $N/2$ 点的 DFT。与时间抽取法一样，由于 $N = 2^M$，$N/2$ 仍是一个偶数，这样一个 $N = 2^M$ 点的 DFT 通过 M 次分解后，最后只剩下全部是 2 点的 DFT，2 点 DFT 实际上只有加减运算。

以上讨论的都是以 2 为基数的 FFT 算法，即 $N = 2^M$，这种情况实际上使用得最多。实际应用时，有限长序列的长度 N 很大程度上由人为因素确定，因此多数场合可取 $N = 2^M$，从而直接使用以 2 为基数的 FFT 算法。如 N 不能人为确定，N 的数值也不是以 2 为基数的整数次方，处理方法有两种，一种是补零，另一种是采用任意数为基数的 FFT 算法。

4.4.3　快速傅里叶变换的 MATLAB 实现

有限长序列可以通过离散傅里叶变换（DFT）将其频域也离散化成有限长序列。但其计算量太大，很难实时地处理问题，DFT 因此引出了快速傅里叶变换（FFT）。

1965 年，C006Foley 和 Tukey 提出了计算 DFT 的快速算法，将 DFT 的运算量减少了几个数量级。从此，对 FFT 算法的研究便不断深入，数字信号处理这门新兴学科也随 FFT 的出现而迅速发展。

根据对序列分解与选取方法的不同而产生了 FFT 的多种算法,基本算法是基 2DIT 和基 2DIF。FFT 在离散傅里叶反变换（IDFT）、线性卷积和线性相关等方面也有重要应用。

FFT 是离散傅里叶变换的快速算法,它是根据离散傅里叶变换的奇、偶、虚、实等特性对离散傅里叶变换的算法进行改进获得的。它对傅里叶变换的理论并没有新的发现,但是对于在计算机系统或者数字系统中应用离散傅里叶变换可以说是进了一大步。

设 $x(n)$ 为 N 项的复数序列,由 DFT 变换,任一 $X(m)$ 的计算都需要 N 次复数乘法和 $N-1$ 次复数加法,而一次复数乘法等于 4 次实数乘法和两次实数加法,一次复数加法等于两次实数加法,假设把一次复数乘法和一次复数加法定义成一次"运算"（4 次实数乘法和 4 次实数加法）,那么求出 N 项复数序列的 $X(m)$,即 N 点 DFT 变换大约就需要 N^2 次运算。

当 $N=1024$ 点甚至更多的时候,需要 $N^2=1048576$ 次运算,在 FFT 中,利用 W_N 的周期性和对称性,把一个 N 项序列（设 $N=2k$, k 为正整数）,分为两个 $N/2$ 项的子序列,每个 $N/2$ 点 DFT 变换需要 $(N/2)^2$ 次运算,再用 N 次运算把两个 $N/2$ 点的 DFT 变换组合成一个 N 点的 DFT 变换。

这样变换以后,总的运算次数就变成 $N+2*(N/2)^2=N+N^2/2$ 。继续上面的例子, $N=1024$ 时,总的运算次数就变成了 525312 次,节省了大约 50%的运算量。而如果我们将这种"一分为二"的思想不断进行下去,直到分成两两一组的 DFT 运算单元,那么 N 点的 DFT 变换就只需要 $N\log2^N$ 次运算, N 在 1024 点时,运算量仅有 10240 次,是先前的直接算法的 1%,点数越多,运算量的节约就越大,这是 FFT 的优越性。

计算离散傅里叶变换的快速方法有按时间抽取的 FFT 算法和按频率抽取的 FFT 算法。前者是将时域信号序列按偶奇分排,后者是将频域信号序列按偶奇分排。它们都借助于两个特点:一个特点是周期性;另一个特点是对称性,这里符号*代表共轭。这样,便可以把离散傅里叶变换的计算分成若干步进行,计算效率大为提高。

在 MATLAB 程序中,可以直接利用内部的函数 fft 进行运算,这个函数是机器语言,不是 MATLAB 指令写成的,因此它的执行速度非常快。快速傅里叶变换的调用格式为:

```
y=fft(x)
```

在此格式中,x 是采样的样本,可以是一个向量,也可以是一个矩阵,y 是 x 的快速傅里叶变换。在实际操作中,会对 x 进行补零操作,使 x 的长度等于 2 的整数次幂,这样能提高程序的计算速度。

快速傅里叶变换的另一种调用格式为:

```
y=fft(x,n)
```

与上一种调用不同的是,多了一项样本 x 的长度 n,这样能通过改变 n 值来直接对样本进行补零或者截断的操作。

ifft 函数用来计算序列的逆傅里叶变换,MATLAB 信号处理工具箱中提供的快速傅里叶反变换（IFFT）的调用格式为:

```
y=ifft(X),  y=ifft(X,n)
```

在此格式中,X 为需要进行逆变换的信号,多数情况下是复数,y 为快速傅里叶反变换的输出。

【例 4-7】　已知信号 $x(t)=0.7*\sin(2*\text{pi}*f1*t)+\sin(2*\text{pi}*f2*t)$,其中 $f1=50\text{Hz}$,

$f2 = 120\text{Hz}$，采样频率为 1000Hz，输出信号 $y(t) = x(t) + 2 * \text{rand}n(\text{size}(t))$。依照上述条件，绘制 $y(t)$ 经过快速傅里叶变换后的频谱图。

实现的 MATLAB 程序代码如下：

```
>> Fs = 1000;      % 采样频率
T = 1/Fs;          % 采样时间
L = 1000;
t = (0:L-1)*T;
x = 0.7*sin(2*pi*50*t) + sin(2*pi*120*t);
y = x + 2*randn(size(t));
subplot(121);
plot(Fs*t(1:50),y(1:50))
title('时域图')
xlabel('t(s)')
ylabel('y(t)')
NFFT = 2^nextpow2(L);
Y = fft(y,NFFT)/L;
f = Fs/2*linspace(0,1,NFFT/2+1);
subplot(122);
plot(f,2*abs(Y(1:NFFT/2+1)))
title('频谱')
xlabel('f')
ylabel('|Y(f)|')
```

运行结果如图 4-8 所示。

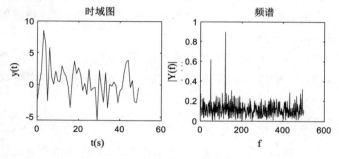

图4-8   快速傅里叶变换

【例 4-8】   设 $x(n)$ 是两个正弦信号及白噪声的叠加，试用 FFT 文件对其进行频谱分析。

程序代码如下：

```
% 产生两个正弦加白噪声
>> N=512;
f1=.1;f2=.2;fs=1;
a1=5;a2=3;
w=2*pi/fs;
x=a1*sin(w*f1*(0:N-1))+a2*sin(w*f2*(0:N-1))+randn(1,N);
% 应用 FFT 求频谱
subplot(2,1,1);
plot(x(1:N/4));
title('原始信号');
```

```
f=-0.5:1/N:0.5-1/N;
X=fft(x);
subplot(2,1,2);
plot(f,fftshift(abs(X)));
title('频域信号');
```

运行结果如图 4-9 所示。

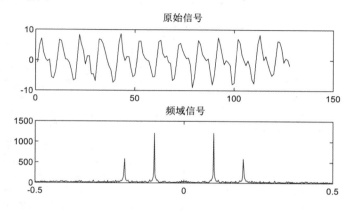

图4-9 频谱分析图

【例 4-9】 设 $x(n) = \cos(0.45\pi n) + \cos(0.55\pi n)$ 。

1）取 8 个采样点，求 $X_1(k)$ 。

2）将 1）中的 $x(n)$ 补零加长到 100，求 $X_2(k)$ 。

3）增加采样值的个数，取 100，求 $X_3(k)$ ，分析其频谱状态。

程序代码如下：

```
>> N1=8;n1=0:N1-1;
x1=cos(0.45*pi*n1)+cos(0.55*pi*n1);
Xk1=fft(x1,8);
k1=0:N1-1;
w1=2*pi/10*k1;
subplot(3,2,1);
stem(n1,x1,'.');
axis([0,10,-2.5,2.5]);
title('信号 x(n),n=8')
subplot(3,2,2);
stem(w1/pi,abs(Xk1),'.');
axis([0,1,0,10]);
title('DFT[x(n)]')
N2=100;n2=0:N2-1;
x2=[x1(1:1:8) zeros(1,92)];
Xk2=fft(x2,N2)
k2=0:N2-1;w2=2*pi/100*k2;
subplot(3,2,3);
stem(n2,x2,'.');
axis([0,100,-2.5,2.5]);
```

```
title('信号 x(n)补零到 N=100')
subplot(3,2,4);
plot(w2/pi,abs(Xk2));
axis([0,1,0,10]);
title('DFT[x(n)]')
N3=100;n3=0:N3-1;
x3=cos(0.45*pi*n3)+cos(0.55*pi*n3);
Xk3=fft(x3,N3)
k3=0:N3-1;w3=2*pi/100*k3;
subplot(3,2,5);
stem(n3,x3,'.');
axis([0,100,-2.5,2.5]);
title('信号 x(n),n=100')
subplot(3,2,6);
plot(w3/pi,abs(Xk3),'.');
axis([0,1,0,60]);
title('DFT[x(n)]')
```

运行结果如图 4-10 所示。

可以看出，当取 $n=8$ 时，从相应的图中几乎无法看出有关信号频谱的信息；将 $x(n)$ 补 92 个零后作 $N=100$ 点的 DFT，从相应的 $X(k)$ 图中可以看出，这时的谱线相当密集，故称为高密度谱线图，但是从中很难看出信号的频谱部分；对 $x(n)$ 加长采样数据，得到长度为 $N=100$ 的序列，此时相应的 $X(k)$ 图中可以清晰地看到信号的频谱成分，这称为高分辨频谱。

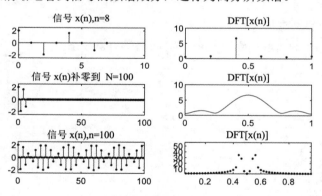

图4-10　高密度频谱与高分辨频谱

4.5　Chirp-Z 变换

采用 FFT 可以计算出全部 N 点的 DFT 值，但有的时候不需要计算整个单位圆上 Z 变换的采样，如对于窄带信号，只需要对信号所在的一段频带进行分析，这时希望频谱的采样集中在这一频带内，以获得较高的分辨率，而频带以外的部分可以不考虑。

有的时候对其他围线上的 Z 变换采样感兴趣，例如在语音信号处理中，需要知道 Z 变换的极点所在的频率，如极点位置离单位圆较远，则其单位圆上的频谱就很平滑，如果采样不是沿单位圆，而是沿一条接近这些极点的弧线进行，则在极点所在频率上将出现明显的尖峰，由此可较准确地测定极点频率。

螺旋线采样是一种适合这种需要的变换，且可以采用 FFT 来快速计算，这种变换也称作 Chirp-Z 变换。令 $z_k = AW^{-k}$，则对于采样点 M 有：

$$\begin{cases} A = A_o \mathrm{e}^{j\theta_0} \\ W = W_o \mathrm{e}^{-j\varphi_0} \end{cases} \tag{4-58}$$

其中 A_o 表示起始采样点的半径长度，通常小于 1；W_o 表示螺旋线的伸展率，小于 1 时则线外伸，大于 1 时则线内缩（反时针），等于 1 时则表示半径为 A_o 的一段圆弧；θ_0 表示起始采样点 z_0 的相角；φ_0 表两相邻点之间的等分角。

序列的 Z 变换公式为：

$$X(z_k) = \sum_{n=0}^{N-1} x(n) z_k^{-n} \tag{4-59}$$

将 $z_k = AW^{-k}$ 代入可以得到：

$$X(z_k) = \sum_{n=0}^{N-1} x(n) A^{-n} W^{nk} = W^{\frac{k^2}{2}} \sum_{n=0}^{N-1} x(n) A^{-n} W^{\frac{n^2}{2}} W^{-\frac{(k-n)^2}{2}} \tag{4-60}$$

定义 $g(n) = x(n) A^{-n} W^{\frac{n^2}{2}}$，$h(n) = W^{-\frac{n^2}{2}}$，那么有：

$$\begin{aligned} X(z_k) &= W^{\frac{k^2}{2}} \sum_{n=0}^{N-1} g(n) h(k-n) \\ &= W^{\frac{k^2}{2}} g(k) * h(k) \qquad k = 0,1,\cdots,M-1 \end{aligned} \tag{4-61}$$

以上运算转换为卷积形式，从而可采用 FFT 进行，这样可以大大提高计算速度。系统的单位脉冲响应 $h(n) = W^{-\frac{n^2}{2}}$ 与频率随时间成线性增加的线性调频信号相似，因此称为 Chirp-Z 变换。

【例 4-10】　利用 Chirp-Z 变换计算滤波器 h 在 120～220Hz 的频率特性，并比较 CZT 和 FFT 函数。

程序代码如下：

```
>> h=fir1(30,125/500,boxcar(31));
Fs=1000;
f1=120;
f2=220;
m=1024;
w=exp(-j*2*pi*(f2-1)/(m*Fs));
a=exp(j*2*pi*f1/Fs);
y=fft(h,m);
z=czt(h,m,w,a);
fy=(0:length(y)-1)'*Fs/length(y);
fz=(0:length(z)-1)'*(f2-f1)/length(z)+f1;
subplot(2,1,1)
plot(fy(1:500),abs(y(1:500)));
title('fft');
```

```
subplot(2,1,2)
plot(fz,abs(z));
title('czt');
```

运行结果如图 4-11 所示。

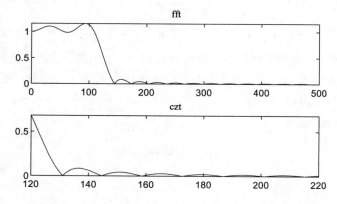

图4-11　利用Chirp-Z变换计算滤波器频率响应特性

4.6　傅里叶变换的应用

　　傅里叶变换在物理学、数论、组合数学、信号处理、概率论、统计学、密码学、声学、光学、海洋学、结构动力学等领域都有着广泛的应用（例如在信号处理中，傅里叶变换的典型用途是将信号分解成幅值分量和频率分量）。

　　傅里叶变换将原来难以处理的时域信号转换成了易于分析的频域信号（信号的频谱），可以利用一些工具对这些频域信号进行处理、加工。最后还可以利用傅里叶反变换将这些频域信号转换成时域信号。

4.6.1　离散傅里叶反变换

　　以上所讨论的 FFT 算法可用于离散傅里叶反变换（IDFT）运算，简称为快速傅里叶反变换（IFFT）。

　　比较 IDFT 的定义式：

$$x(n) = \text{IDFT}[X(k)] = \frac{1}{N}\sum_{k=0}^{N-1} X(k)W_N^{-nk} \tag{4-62}$$

$$X(k) = \text{DFT}[x(n)] = \sum_{n=0}^{N-1} x(n)W_N^{nk} \tag{4-63}$$

　　把 DFT 中的每一个系数 W_N^{nk} 改为 W_N^{-nk}，最后乘以常数 $1/N$，则以上所讨论的时间抽取或频率抽取的 FFT 运算均可直接用于 IDFT 运算。但是需要改动 FFT 的程序和参数，第二种方法完全不需要改动 FFT 程序，而是直接利用它作 IFFT。

　　考虑到：

$$x^*(n) = \frac{1}{N}\sum_{k=0}^{N-1} X^*(k)W_N^{nk} \tag{4-64}$$

因而：

$$x(n) = \frac{1}{N} \left[\sum_{k=0}^{N-1} X^*(k) W_N^{nk} \right]^* = \frac{1}{N} \left\{ \mathrm{DFT}[X^*(k)] \right\}^* \tag{4-65}$$

这说明，只要先将 $X(k)$ 取共轭，就直接可以利用 FFT 的子程序，最后将运算结果取一次共轭，并乘以 $1/N$，就可以得到 $x(n)$ 值。

【例 4-11】　MATLAB 编程实现 FFT 变换及频谱分析。

程序代码如下：

```
% 正弦波
>> fs=100;              % 设定采样频率
N=128;
n=0:N-1;
t=n/fs;
f0=10;                  % 设定正弦信号频率
% 生成正弦信号
x=sin(2*pi*f0*t);
figure(1);
subplot(231);
plot(t,x);             % 生成正弦信号的时域波形
xlabel('t');
ylabel('y');
title('正弦信号 y=2*pi*10t 时域波形');
grid;
% 进行 FFT 变换并生成频谱图
y=fft(x,N);            % 进行 FFT 变换
mag=abs(y);            % 求幅值
f=(0:length(y)-1)'*fs/length(y);        % 进行对应的频率转换
figure(1);
subplot(232);
plot(f,mag);           % 生成频谱图
axis([0,100,0,80]);
xlabel('频率(Hz)');
ylabel('幅值');
title('正弦信号 y=2*pi*10t 幅频谱图 N=128');
grid;
% 求均方根谱
sq=abs(y);
figure(1);
subplot(233);
plot(f,sq);
xlabel('频率(Hz)');
ylabel('均方根谱');
title('正弦信号 y=2*pi*10t 均方根谱');
grid;
% 求功率谱
power=sq.^2;
figure(1);
```

```
subplot(234);
plot(f,power);
xlabel('频率(Hz)');
ylabel('功率谱');
title('正弦信号 y=2*pi*10t 功率谱');
grid;
% 求对数谱
ln=log(sq);
figure(1);
subplot(235);
plot(f,ln);
xlabel('频率(Hz)');
ylabel('对数谱');
title('正弦信号 y=2*pi*10t 对数谱');
grid;
% 用 IFFT 恢复原始信号
xifft=ifft(y);
magx=real(xifft);
ti=[0:length(xifft)-1]/fs;
figure(1);
subplot(236);
plot(ti,magx);
xlabel('t');
ylabel('y');
title('通过 IFFT 转换的正弦信号波形');
grid;
% 矩形波
fs=10;                % 设定采样频率
t=-5:0.1:5;
x=rectpuls(t,2);
x=x(1:99);
figure(2);
subplot(231);
plot(t(1:99),x);                    % 生成矩形波的时域波形
xlabel('t');
ylabel('y');
title('矩形波时域波形');
grid;
% 进行 FFT 变换并生成频谱图
y=fft(x);                % 进行 FFT 变换
mag=abs(y);              % 求幅值
f=(0:length(y)-1)'*fs/length(y);      % 进行对应的频率转换
figure(2);
subplot(232);
plot(f,mag);             % 生成频谱图
xlabel('频率(Hz)');
ylabel('幅值');
title('矩形波幅频谱图');
grid;
% 求均方根谱
```

```
sq=abs(y);
figure(2);
subplot(233);
plot(f,sq);
xlabel('频率(Hz)');
ylabel('均方根谱');
title('矩形波均方根谱');
grid;
% 求功率谱
power=sq.^2;
figure(2);
subplot(234);
plot(f,power);
xlabel('频率(Hz)');
ylabel('功率谱');
title('矩形波功率谱');
grid;
% 求对数谱
ln=log(sq);
figure(2);
subplot(235);
plot(f,ln);
xlabel('频率(Hz)');
ylabel('对数谱');
title('矩形波对数谱');
grid;
% 用 IFFT 恢复原始信号
xifft=ifft(y);
magx=real(xifft);
ti=[0:length(xifft)-1]/fs;
figure(2);
subplot(236);
plot(ti,magx);
xlabel('t');
ylabel('y');
title('通过 IFFT 转换的矩形波波形');
grid;
% 白噪声
fs=10;                          % 设定采样频率
t=-5:0.1:5;
x=zeros(1,100);
x(50)=100000;
figure(3);
subplot(231);
plot(t(1:100),x);               % 生成白噪声的时域波形
xlabel('t');
ylabel('y');
title('白噪声时域波形');
grid;
% 进行 FFT 变换并生成频谱图
```

```
y=fft(x);                      % 进行 FFT 变换
mag=abs(y);                    % 求幅值
f=(0:length(y)-1)'*fs/length(y);    % 进行对应的频率转换
figure(3);
subplot(232);
plot(f,mag);                   % 生成频谱图
xlabel('频率(Hz)');
ylabel('幅值');
title('白噪声幅频谱图');
grid;
% 求均方根谱
sq=abs(y);
figure(3);
subplot(233);
plot(f,sq);
xlabel('频率(Hz)');
ylabel('均方根谱');
title('白噪声均方根谱');
grid;
% 求功率谱
power=sq.^2;
figure(3);
subplot(234);
plot(f,power);
xlabel('频率(Hz)');
ylabel('功率谱');
title('白噪声功率谱');
grid;
% 求对数谱
ln=log(sq);
figure(3);
subplot(235);
plot(f,ln);
xlabel('频率(Hz)');
ylabel('对数谱');
title('白噪声对数谱');
grid;
% 用 IFFT 恢复原始信号
xifft=ifft(y);
magx=real(xifft);
ti=[0:length(xifft)-1]/fs;
figure(3);
subplot(236);
plot(ti,magx);
xlabel('t');
ylabel('y');
title('通过 IFFT 转换的白噪声波形');
grid;
```

运行结果如图 4-12～图 4-14 所示。

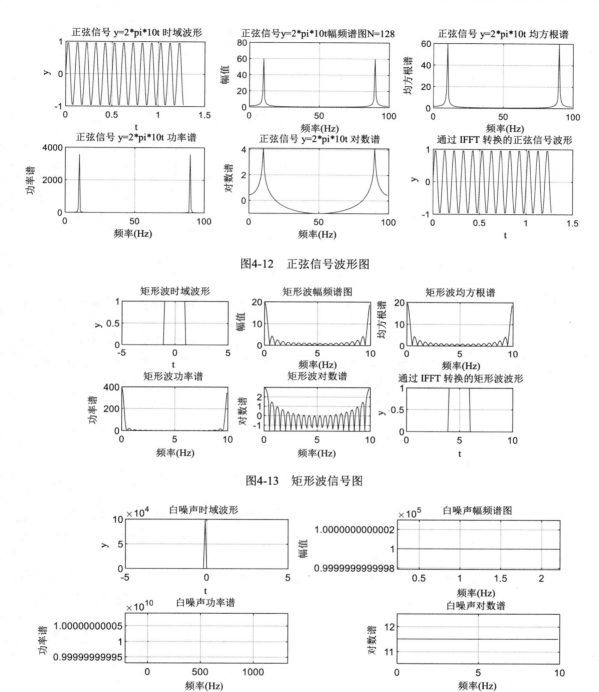

图4-12　正弦信号波形图

图4-13　矩形波信号图

图4-14　噪声信号图

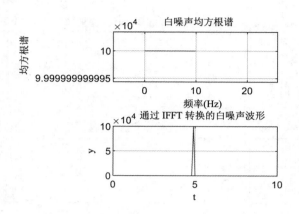

图4-14　噪声信号图（续）

4.6.2　线性卷积的 FFT 求法

线性卷积是求离散系统响应的主要方法之一，许多重要应用都建立在这一理论基础上，如卷积滤波等。

以前曾讨论了用圆周卷积计算线性卷积的方法，归纳为：将长为 N_2 的序列 $x(n)$ 延长到 L，补 $L-N_2$ 个零，将长为 N_1 的序列 $h(n)$ 延长到 L，补 $L-N_1$ 个零，如果 $L \geqslant N_1 + N_2 - 1$，则圆周卷积与线性卷积相等，此时可用 FFT 计算线性卷积，方法如下：

1）求 $X(k) = \text{FFT}\big[x(n)\big]$。

2）求 $H(k) = \text{FFT}\big[h(n)\big]$。

3）求 $Y(k) = H(k)X(k)$。

4）求 $y(n) = \text{IFFT}\big[Y(k)\big]$。

可见，只要进行二次 FFT、一次 IFFT 就可以完成线性卷积计算。计算表明，当 $L > 32$ 时，上述计算线性卷积的方法比直接计算线性卷积有明显的优越性，因此，也称上述循环卷积方法为快速卷积法。

上述结论适用于 $x(n)$、$h(n)$ 两个序列长度比较接近或相等的情况，如果 $x(n)$、$h(n)$ 两长度相差较多，例如 $h(n)$ 为某滤波器的单位脉冲响应，长度有限，用来处理一个很长的输入信号 $x(n)$，或者处理一个连续不断的信号，按上述方法有三个问题：

1）$h(n)$ 要补许多零再进行计算，计算量有很大的浪费，或者根本不能实现。

2）系统的存储量要求极高。

3）带来了很大的系统延迟。

为了克服上述三个问题，保持快速卷积法的优越性，可将 $x(n)$ 分为许多段，每段的长度与 $h(n)$ 接近，处理方法有两种：

1）重叠相加法：由分段卷积的各段相加构成总的卷积输出。

2）重叠保留：这种方法和第一种方法稍有不同，即将上面分段序列中补零的部分不是补零，而是保留原来的输入序列值，这时，若利用 DFT 实现 $h(n)$ 和 $x_i(n)$ 的循环卷积，则每段卷积结果中

有 $N_1 - 1$ 个点不等于线性卷积值，需舍去。重叠保留法与重叠相加法的计算量差不多，但省去了重叠相加法最后的相加运算。

【例 4-12】　用快速卷积法计算下面两个序列的卷积：

$$x(n) = \sin(0.5n)R_{15}(n) , \quad h(n) = 0.9^n R_{20}(n)$$

程序代码如下：

```
>> M=15;N=20;nx=1:15;nh=1:20;
xn=sin(0.5*nx);hn=0.9.^nh;
L=pow2(nextpow2(M+N-1));
Xk=fft(xn,L);
Hk=fft(hn,L);
Yk=Xk.*Hk;
yn=ifft(Yk,L);ny=1:L;
subplot(3,1,1);
stem(nx,xn,'.');title('x(n)');
subplot(3,1,2);
stem(nh,hn,'.');title('h(n)');
subplot(3,1,3);
stem(ny,real(yn),'.');title('y
(n)');
```

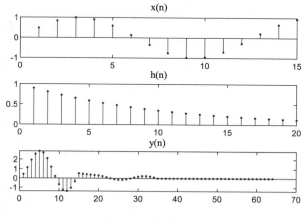

图4-15　卷积波形图

运行结果如图 4-15 所示。

4.6.3　相关系数的快速求法

相关的概念很重要，互相关运算广泛应用于信号分析与统计分析，如通过相关函数峰值的检测来测量两个信号的时延差等。

两个长为 N 的实离散时间序列 $x(n)$ 与 $y(n)$ 的互相关函数定义为：

$$r_{xy}(m) = \sum_{n=0}^{N-1} x(n-m)y(n) = \sum_{n=0}^{N-1} x(n)y(n+m) \tag{4-66}$$

卷积公式为：

$$f(m) = \sum_{n=0}^{N-1} x(m-n)y(n) = x(m) * y(m) \tag{4-67}$$

那么有：

$$r_{xy}(m) = \sum_{n=0}^{N-1} x(n-m)y(n) = \sum_{n=0}^{N-1} x[-(m-n)]y(n)$$
$$= x(-m) * y(m) \tag{4-68}$$

因为有 $\text{DFT}[x((-n))_N R_N(n)] = X^*(k)$ ，代入上式：

$$r_{xy}(m) = \sum_{n=0}^{N-1} x(n)y(n+\tau) = \frac{1}{N}\sum_{k=0}^{N-1} X^*(k)Y(k)\text{e}^{\text{j}\frac{2\pi}{N}k\tau} \tag{4-69}$$

可以推导出 $r_{xy}(m)$ 的傅里叶变换为：

$$R_{xy}(k) = X^*(k)Y(k) \tag{4-70}$$

其中 $X(k)=\text{DFT}[x(n)]$，$Y(k)=\text{DFT}[x(n)]$，$R_{xy}(k)=\text{DFT}[(r_{xy}(m))]$。

【例 4-13】　利用 FFT 求两个有限长序列的线性相关。

程序代码如下：

```
>> x=[1 3 -1 1 2 2 3 1]
y=[2 2 -1 1 2 1 -1 3];
k=length(x);
xk=fft(x,2*k);
yk=fft(y,2*k);
rm=real(ifft(conj(xk).*yk));
rm=[rm(k+2:2*k) rm(1:k)];
m=(-k+1):(k-1);
stem(m,rm)
xlabel('m'); ylabel('相关系数');
```

运行结果如图 4-16 所示。

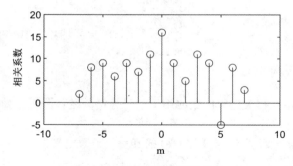

图4-16　两个序列的相关系数

▪ 4.7　离散余弦变换

离散余弦变换（Discrete Cosine Transform，DCT）是一种与傅里叶变换紧密相关的数学运算。在傅里叶级数展开式中，如果被展开的函数是实偶函数，那么其傅里叶级数中只包含余弦项，再将其离散化可导出余弦变换，因此称为离散余弦变换。在这里主要讲一维离散余弦变换。

$f(x)$ 为一维离散函数，$x = 0,1,\cdots,N-1$，它的离散余弦变换为：

$$F(0) = \frac{1}{\sqrt{N}} \sum_{x=0}^{N-1} f(x) \tag{4-71}$$

$$F(u) = \sqrt{\frac{2}{N}} \sum_{x=0}^{N-1} f(x) \cos\left[\frac{\pi}{2N}(2x+1)u\right] , \quad u = 1,2,\cdots,N-1 \tag{4-72}$$

反变换为：

$$f(x) = \frac{1}{\sqrt{N}}F(0) + \sqrt{\frac{2}{N}}\sum_{u=1}^{N-1}F(u)\cos\left[\frac{\pi}{2N}(2x+1)u\right], \quad x = 0,1,\cdots,N-1 \qquad (4\text{-}73)$$

令矩阵：

$$C = \sqrt{\frac{2}{N}}\begin{bmatrix} \sqrt{\frac{1}{2}} & \sqrt{\frac{1}{2}} & \cdots & \sqrt{\frac{1}{2}} \\ \cos\frac{\pi}{2N} & \cos\frac{3\pi}{2N} & \cdots & \cos\frac{(2N-1)\pi}{2N} \\ \vdots & \vdots & & \vdots \\ \cos\frac{(N-1)\pi}{2N} & \cos\frac{3(N-1)\pi}{2N} & \cdots & \cos\frac{(2N-1)(2N-1)\pi}{2N} \end{bmatrix}_{N\times N}$$

则有：

$$F = Cf \qquad (4\text{-}74)$$

$$f = C^T F \qquad (4\text{-}75)$$

【例 4-14】 离散余弦变换的具体实现。程序代码如下：

```
>> clear all;
clc;
close all;
n=1:100;
x=10*cos(2*pi*n/20)+20*cos(2*pi*n/30);
y=dct(x);
subplot(1,2,1),plot(x),title('原始信号');
subplot(1,2,2),plot(y),title('DCT 效果');
```

运行结果如图 4-17 所示。

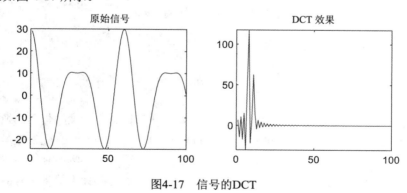

图4-17 信号的DCT

4.8 Gabor 函数

Gabor 变换属于加窗傅里叶变换，Gabor 函数可以在频域不同尺度、不同方向上提取相关的特征。另外，Gabor 函数与人眼的生物作用相仿，所以经常用于纹理识别，并取得了较好的效果。

4.8.1 Gabor 函数定义

Gabor 变换是 D. Gabor 于 1946 年提出的。经典傅里叶变换只能反映信号的整体特性（时域、频域），并要求信号满足平稳条件。

根据傅里叶变换公式：

$$\hat{f}(\omega) = \int_{-\infty}^{\infty} f(x) \mathrm{e}^{-\mathrm{i}\omega x} \mathrm{d}x \tag{4-76}$$

如果用傅里叶变换研究频域信息，必须知道信号时域上的信息。

另外，信号在某时刻的一个小的邻域内发生变化，那么信号的整个频谱都要受到影响，而频谱的变化从根本上来说无法标定发生变化的时间位置和发生变化的剧烈程度。也就是说，傅里叶变换对信号的齐性不敏感，不能给出在各个局部时间范围内部频谱上的谱信息描述。然而在实际应用中，齐性正是我们所关心的信号局部范围内的特性，如音乐、语音信号等。

为此，D.Gabor于1946年在他的论文中提出了一种新的变换方法——Gabor变换。如果对信号波形有一定的先验知识且可以据此选取合适的基函数，可以用Gabor变换对信号进行精确的检测统计计量。

设函数 f 为具体的高斯函数，且 $f \in L^2(R)$，则 Gabor 变换定义为：

$$G_f(a,b,\omega) = \int_{-\infty}^{\infty} f(t) g_a^*(t-b) \mathrm{e}^{-\mathrm{i}\omega t} \mathrm{d}t \tag{4-77}$$

其中 $g_a(t) = \dfrac{1}{2\sqrt{\pi a}} \exp\left(-\dfrac{t^2}{4a}\right)$ 是高斯函数，称为窗函数。其中 $a>0$，$b>0$。

$g_a(t-b)$ 是一个时间局部化的"窗函数"。其中，参数 b 用于平行移动窗口，以便于覆盖整个时域。

对参数 b 积分，则有：

$$\int_{-\infty}^{\infty} G_f(a,b,\omega) \mathrm{d}b = \hat{f}(\omega), \omega \in R \tag{4-78}$$

信号的重构表达式为：

$$f(t) = \frac{1}{2\pi} \int_{-\infty}^{\infty} \int_{-\infty}^{\infty} G_f(a,b,\omega) g_a(t-b) \mathrm{e}^{\mathrm{i}\omega t} \mathrm{d}\omega \mathrm{d}b \tag{4-79}$$

Gabor 取 $g(t)$ 为一个高斯函数有两个原因：一是高斯函数的傅里叶变换仍为高斯函数，这使得傅里叶逆变换也是用窗函数局部化，同时体现了频域的局部化；二是 Gabor 变换是最优的窗口傅里叶变换。其意义在于 Gabor 变换出现之后，才有了真正意义上的时间–频率分析。

即 Gabor 变换可以达到时域和频域局部化的目的：它能够在整体上提供信号的全部信息，又能提供在任一局部时间内信号变化剧烈程度的信息。简而言之，可以同时提供时域和频域局部化的信息。

经理论推导可以得出高斯窗函数条件下的窗口宽度与高度，且积为一固定值。

$$\left[b - \sqrt{a}, \quad b + \sqrt{a}\right] \times \left[\omega - \frac{1}{a\sqrt{a}}, \quad \omega - \frac{1}{a\sqrt{a}}\right] = \left(2\Delta G_{b,w}^a\right)\left(2\Delta H_{b,w}^a\right) = \left(2\Delta g_a\right)\left(2\Delta g_{1/4,a}\right) = 2 \tag{4-80}$$

由此，可以看出 Gabor 变换的局限性：时间频率的宽度对所有频率是固定不变的。实际要求是：窗口的大小应随频率而变化，频率越高，窗口越小，这才符合实际问题中高频信号的分辨率应比低频信号的分辨率低。

4.8.2　Gabor 函数的一般求法

1. 选取核函数

可根据实际需要选取适当的核函数，如高斯窗函数：

$$g(t) = \left(\frac{\sqrt{2}}{T}\right)^2 e^{-\pi\left(\frac{t}{T}\right)^2} \tag{4-81}$$

则其对偶函数 $\gamma(t)$ 为：

$$\gamma(t) = \left(\frac{1}{\sqrt{2T}}\right)^{\frac{1}{2}} \left(\frac{K_0}{\pi}\right)^{-\frac{3}{2}} e^{\pi\left(\frac{t}{T}\right)^2} \sum_{n+1/2>1/T} (-1)^n e^{-\pi(n+1/2)^2} \tag{4-82}$$

2. Gabor 变换

离散 Gabor 变换的表达式为：

$$G_{mn} = \int_{-\infty}^{\infty} \varphi(t) g^*(t - mT) e^{-jn\omega t} dt = \int_{-\infty}^{\infty} \varphi(t) g_{mn}^*(t) dt \tag{4-83}$$

$$\varphi(t) = \sum_{m=-\infty}^{\infty} \sum_{n=-\infty}^{\infty} G_{mn} \gamma(t - mT) e^{jn\omega t} = \sum_{m=-\infty}^{\infty} \sum_{n=-\infty}^{\infty} G_{mn} \gamma_{mn}(t) \tag{4-84}$$

其中，$g_{mn}(t) = g(t - mT) e^{jn\omega t}$，$\gamma(t)$ 是 $g(t)$ 的对偶函数，二者之间有如下双正交关系：

$$\int_{-\infty}^{\infty} \gamma(t) g^*(t - mT) e^{-jn\omega t} dt = \delta_m \delta_n \tag{4-85}$$

4.8.3　Gabor 变换的解析理论

　　Gabor 变换的解析理论就是由 $g(t)$ 求对偶函数 $\gamma(t)$ 的方法。

定义 $g(t)$ 的 Zak 变换为：

$$\text{Zak}[g(t)] = \hat{g}(t, \omega) = \sum_{k=-\infty}^{\infty} g(t - k) e^{-j2\pi k\omega} \tag{4-86}$$

可以证明对偶函数可由下式求出：

$$\gamma(t) = \int_0^1 \frac{d\omega}{g^*(t, \omega)} \tag{4-87}$$

有了对偶函数可以使计算更为简洁方便。

　　【例 4-15】　用 Gabor 函数分析 δ 双时间信号。

程序代码如下：

```
>> clear all
a=1/8;
m=2;  % 设定窗口尺度和超高斯函数阶数
```

```
t1=4;t2=5;
% 设定双信号的位置
% 绘制双信号的三维网格立体图
[t,W]=meshgrid([2:0.2:7],[0:pi/6:3*pi]);
% 设置时-频相平面网格点
Gs1=(1/(sqrt(2*pi)*a))*exp(-0.5*abs((t1-t)/a).^m).*exp(-i*W*t1);
Gs2=(1/(sqrt(2*pi)*a))*exp(-0.5*abs((t2-t)/a).^m).*exp(-i*W*t2);
Gs=Gs1+Gs2;
subplot(2,3,1);
% 绘制实部三维网格立体图
mesh(t,W/pi,real(Gs));
axis([2 7 0 3 -1/(sqrt(2*pi)*a) 1/(sqrt(2*pi)*a)]);
title('实部')
xlabel('t(s)'); ylabel('real(Gs)');
subplot(2,3,2);
% 绘制虚部三维网格立体图
mesh(t,W/pi,imag(Gs));
axis([2 7 0 3 -1/(sqrt(2*pi)*a) 1/(sqrt(2*pi)*a)]);
title('虚部')
xlabel('t(s)'); ylabel('imag(Gs)');
subplot(2,3,3);
% 绘制绝对值三维网格立体图
mesh(t,W/pi,abs(Gs));
axis([2 7 0 3 -1/(sqrt(2*pi)*a) 1/(sqrt(2*pi)*a)]);
title('绝对值')
xlabel('t(s)'); ylabel('abs(Gs)');
% 绘制双信号的二维灰度图
[t,W]=meshgrid([2:0.2:7],[0:pi/20:3*pi]);
% 设置时频相平面网格点
Gs1=(1/(sqrt(2*pi)*a))*exp(-0.5*abs((t1-t)/a).^m).*exp(-i*W*t1);
Gs2=(1/(sqrt(2*pi)*a))*exp(-0.5*abs((t2-t)/a).^m).*exp(-i*W*t2);
Gs=Gs1+Gs2;
subplot(2,3,4);
ss=real(Gs);ma=max(max(ss));
% 计算最大值
pcolor(t,W/pi,ma-ss);
title('实部最大值')
xlabel('t(s)'); ylabel('maxreal(Gs)');
colormap(gray(50));shading interp;
subplot(2,3,5);
ss=imag(Gs);ma=max(max(ss));
% 计算最大值
pcolor(t,W/pi,ma-ss);
title('虚部最大值')
xlabel('t(s)'); ylabel('maximag(Gs)');
colormap(gray(50));shading interp;
subplot(2,3,6);
ss=abs(Gs);ma=max(max(ss));
% 计算绝对值的最大值
pcolor(t,W/pi,ma-ss);
title('绝对值最大值')
xlabel('t(s)'); ylabel('maxabs(Gs)');
```

```
colormap(gray(50));
shading interp;
```

运行结果如图 4-18 所示。

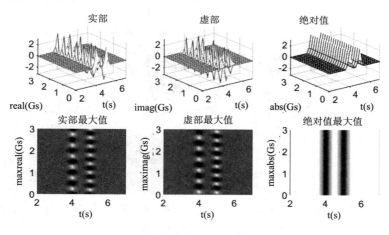

图4-18　Gabor变换

上例中信号：

$$s(t) = s_1(t) + s_2(t) = \delta(t - t_1) + \delta(t - t_1) \qquad (4-88)$$

Gabor 变换为：

$$
\begin{aligned}
G_s(\tau, \Omega) &= \int_{t=-\infty}^{\infty} \{s_1(t) + s_2(t)\} g(t - \tau) e^{-j\Omega t} \mathrm{d}t \\
&= G_{s_1}(\tau, \Omega) + G_{s_1}(\tau, \Omega) \\
&= g(t_1 - \tau) e^{-j\Omega t_1} + g(t_2 - \tau) e^{-j\Omega t_2}
\end{aligned} \qquad (4-89)
$$

显然，该函数是复函数。取窗口函数为实的超高斯函数：

$$g(t) = g_a^m(t) = \frac{1}{\sqrt{2\pi a}} \exp\left(-\frac{1}{2}\left|\frac{t}{a}\right|^m\right) \qquad (4-90)$$

则有：

$$
\begin{cases}
G_{s_1}(\tau, \Omega) = \dfrac{1}{\sqrt{2\pi a}} \exp\left(-\dfrac{1}{2}\left|\dfrac{t_1 - \tau}{a}\right|^m\right) \exp\left(-j t_1 \Omega\right) \\[4mm]
G_{s_2}(\tau, \Omega) = \dfrac{1}{\sqrt{2\pi a}} \exp\left(-\dfrac{1}{2}\left|\dfrac{t_2 - \tau}{a}\right|^m\right) \exp\left(-j t_2 \Omega\right)
\end{cases} \qquad (4-91)
$$

运行程序得到双 δ 信号的 Gabor 变换。图 4-18 正确反映了双 δ 信号的时频结构。取窗口函数中的尺度因子 $a = 1/8$，相对于两个纯时间信号的距离 $\Delta_t = |t_2 - t_1| = 1$ 是比较小的，如果再减小尺度因子 a，则变换更接近双δ信号的理想时频分布结构。下面增大尺度因子的值到 1/2，结果如图 4-19 所示。

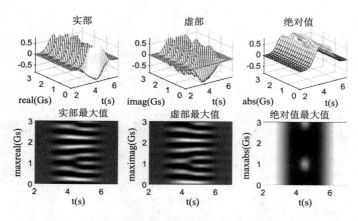

图4-19 增大尺度因子Gabor变换

可以看出信号在时间轴上发生重叠，直接影响时域的分辨，特别是幅值。但是此时还没分辨出有两个信号，如果进一步放大尺度因子，就很难分辨信号了。对于纯时间信号，或者瞬间即逝的短时间信号，尺度因子越小，对信号的时间分辨率越好。

下面选择阶数为 6 的超高斯窗口，结果如图 4-20 所示。

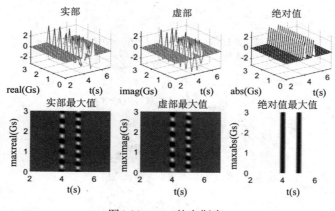

图4-20 m=6的高斯窗口

从图中可以明显看出，三维网格图和二维灰度完全等价了。

📊 4.9　本章小结

本章开始由时域转入变换域分析，首先讨论傅里叶变换。傅里叶变换是在傅里叶级数正交函数展开的基础上发展而产生的，这方面的问题也称为傅里叶分析（频域分析）。频域分析将时间变量变换成频率变量，揭示了信号内在的频率特性以及信号时间特性与其频率特性之间的密切关系。

傅里叶是解决实际问题的最卓越的工具，并且认为"对自然界的深刻研究是数学最富饶的源泉"。这一见解已成为数学史上强调通过实际应用发展数学的一种代表性的观点。

采用频域分析方法较之经典的时域分析方法有许多突出的优点。傅里叶分析方法是信号与系统分析中最基本、最重要的分析方法，它不仅求解简单，而且与实际信号的物理特性有本质的对应关系，如声音的强弱、色彩的明暗都直接与其频率分量有关。

第 5 章　IIR 滤波器的设计

IIR（Infinite Impulse Response）数字滤波器又名"无限脉冲响应（IIR）数字滤波器"或"递归滤波器"。顾名思义，该滤波器具有反馈，一般认为具有无限的脉冲响应。

数字滤波技术是数字信号处理中的一个重要环节，滤波器的设计则是信号处理的核心问题之一。数字滤波器是通过数字运算实现滤波的，具有处理精度高、稳定、灵活的特点，不存在阻抗匹配问题，可以实现模拟滤波器无法实现的特殊滤波功能。

数字滤波器根据其冲击响应函数的时域特性可分为两种，即无限脉冲响应数字滤波器和有限脉冲响应（FIR）数字滤波器。实现 IIR 滤波器的阶次较低，可以用较少的阶数获得很高的选择特性，所用的存储单元较少，效率高，精度高，而且能够保留一些模拟滤波器的优良性能，因此应用很广。

学习目标：

- 掌握数字滤波器的类型、性能指标以及设计基本步骤
- 掌握冲激响应不变法设计 IIR 数字滤波器的基本原理、实现步骤
- 掌握双线性变换法设计 IIR 数字滤波器的基本原理、实现步骤以及双线性变换法的优缺点
- 掌握模拟低通滤波器设计 IIR 数字滤波器的基本原理、实现步骤
- 掌握数字低通滤波器设计各类 IIR 数字滤波器的基本原理、实现步骤

■ 5.1　数字滤波器概述

FIR（Finite Impulse Response）数字滤波器指有限脉冲响应数字滤波器，这是一种在数字型信号处理领域中应用非常广泛的基础性滤波器元件，FIR 数字滤波器的特点是能够在输入具有任意幅频特性的数字信号后，保证输出数字信号的相频特性仍然保持严格线性。

另外，FIR 数字滤波器具有有限长的脉冲采样响应特性，比较稳定。因此，FIR 滤波器的应用要远远广于 IIR 滤波器，在信息传输领域、模式识别领域以及数字图像处理领域具有举足轻重的作用。但比较让人头疼的是，只有当 FIR 滤波器的阶数达到 IIR 滤波器的几倍到十几倍的时候，其幅度响应才能比肩 IIR 滤波器。

5.1.1　滤波器的分类

数字滤波器可以用差分方程、单位采样响应以及系统函数等表示。对于研究系统的实现方法，即它的运算结构来说，用框图表示最为直接。

一个给定的输入输出关系可以用多种不同的数字网络来实现。在不考虑量化影响时，这些不同的实现方法是等效的；但在考虑量化影响时，这些不同的实现方法在性能上就有差异。

因此，运算结构是很重要的，同一系统函数 $H(z)$ 运算结构的不同将会影响系统的精度、误差、稳定性、经济性以及运算速度等许多重要性能。IIR 滤波器与 FIR 滤波器在结构上有不同的特点，在设计时需综合考虑。

作为线形时不变系统的数字滤波器可以用系统函数来表示，而实现一个系统函数表达式所表示的系统可以使用两种方法：一种方法是采用计算机软件实现；另一种方法是用加法器、乘法器和延迟器等元件设计出专用的数字硬件系统，即硬件实现。

不论软件实现还是硬件实现，在滤波器设计过程中，由同一系统函数可以构成很多不同的运算结构。

对于无限精度的系数和变量，不同结构可能是等效的，与其输入和输出特性无关，但是在系数和变量精度有限的情况下，不同运算结构的性能就有很大的差异。因此，有必要对离散时间系统的结构有基本认识。

一个数字滤波器可以用系统函数表示为：

$$H(z) = \frac{\sum_{k=0}^{M} b_k z^{-k}}{1 - \sum_{k=1}^{N} a_k z^{-k}} = \frac{Y(z)}{X(z)} \tag{5-1}$$

由这样的系统函数可以得到表示系统输入与输出关系的常系数线形差分方程为：

$$y(n) = \sum_{k=0}^{N} b_k y(n-m) + \sum_{k=0}^{M} a_k x(n-m) \tag{5-2}$$

可见数字滤波器的功能就是把输入序列 $x(n)$ 通过一定的运算变换成输出序列 $y(n)$。不同的运算处理方法决定了滤波器实现结构的不同。

IIR 滤波器的单位采样响应 $h(n)$ 是无限长的，对于一个给定的线形时不变系统的系统函数，有着各种不同的等效差分方程或网络结构。

由于乘法是一种耗时运算，而每个延迟单元都要有一个存储寄存器，因此通常采用最少常数乘法器和最少延迟支路的网络结构，以便提高运算速度和减少存储器。然而，当需要考虑有限寄存器长度的影响时，采用的并不是最少乘法器和延迟单元的结构。

下面介绍 IIR 滤波器实现的基本结构。

1. IIR 滤波器的直接型结构

直接 I 型的系统输入输出关系的 N 阶差分方程为：

$$y(n) = \sum_{k=1}^{N} a_k y(n-k) + \sum_{k=0}^{M} b_k x(n-k) \tag{5-3}$$

结构的优点如下：

1）$\sum_{k=0}^{M} b_k x(n-k)$ 表示将输入及延时后的输入组成 M 节的延时网络，即横向延时网络，实现零点。

2）$\sum_{k=1}^{N} a_k y(n-k)$ 表示输出及其延时组成 N 节延时网络，实现极点。

3）直接 I 型需要 $N+M$ 级延时单元。

如果相同输出的延迟单元合并成一个，N 阶滤波器只需要 N 级延迟单元，这是实现 N 阶滤波器必需的最少数量的延迟单元。这种结构称为直接 II 型。有时将直接 I 型简称为直接型，将直接 II 型称为经典型。

结构的特点如下：

1）只需 N 个延时单元。

2）系数对滤波器的性能控制作用不明显。

3）极点对系数变化过于灵敏。

实际上通常很少采用上述两种结构来实现高阶系统，而是把高阶系统变成一系列不同组合的低阶系统（一、二阶）来实现。

在 MATLAB 中，提供 filter 函数实现 IIR 的直接形式。其调用格式是：

```
y=filter(b,a,X)
```

在命令中，b 表示系统传递函数的分子多项式的系数矩阵，a 表示系统传递函数的分母多项式的系数矩阵，x 表示输入序列，y 表示输出序列。

【例 5-1】　filter 函数用法示例。

```
>> data = [1:0.2:4]';
windowSize = 5;
filter(ones(1,windowSize)/windowSize,1,data)  % b=(1/5 1/5 1/5 1/5 1/5), a=1
```

运行的结果是：

```
ans =
    0.2000
    0.4400
    0.7200
    1.0400
    1.4000
    1.6000
    1.8000
    2.0000
    2.2000
    2.4000
    2.6000
    2.8000
    3.0000
    3.2000
    3.4000
    3.6000
```

【例 5-2】　用直接型实现系数函数为 $H(z) = \dfrac{1 - 3z^{-1} + 11z^{-2} + 27z^{-3} + 18z^{-4}}{1 + 16z^{-1} + 12z^{-2} + 2z^{-3} - 4z^{-4} - 2z^{-5}}$ 的 IIR 数字滤波器，求单位脉冲响应和单位阶跃响应的输出。

MATLAB 程序代码如下：

```
>> b=[1,-3,11,27,18];
a=[16,12,2,-4,-2];
N=25;
delta=impz(b,a,N);
x=[ones(1,5),zeros(1,N-5)];
h=filter(b,a,delta);
y = filter(b,a,x);
subplot(1,2,1);stem(h);title('直接型 h(n)');
subplot(1,2,2);stem(y);title('直接型 y(n)');
```

运行结果如图 5-1 所示。

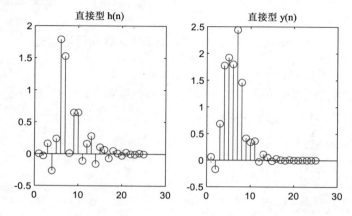

图5-1　直接型脉冲响应输出信号

2. IIR 滤波器的级联型结构

系统函数按零极点进行分解得：

$$H(z) = \frac{\sum_{k=0}^{M} b_k z^{-k}}{1 - \sum_{k=1}^{N} a_k z^{-k}} = A \frac{\prod_{k=1}^{M_1}(1-p_k z^{-1})\prod_{k=1}^{M_2}(1-q_k z^{-1})(1-q_k^* z^{-1})}{\prod_{k=1}^{N_1}(1-c_k z^{-1})\prod_{k=1}^{N_2}(1-d_k z^{-1})(1-d_k^* z^{-1})} \tag{5-4}$$

把共轭因子合并得：

$$H(z) = A \frac{\prod_{k=1}^{M_1}(1-p_k z^{-1})\prod_{k=1}^{M_2}(1+\beta_{1k} z^{-1}+\beta_{2k} z^{-2})}{\prod_{k=1}^{N_1}(1-c_k z^{-1})\prod_{k=1}^{N_2}(1-\alpha_{1k} z^{-1}-\alpha_{2k} z^{-1})} \tag{5-5}$$

$H(z)$ 完全分解成实系数的二阶因子形式：

$$H(z) = A\prod_{k} \frac{1+\beta_{1k} z^{-1}+\beta_{2k} z^{-1}}{1-\alpha_{1k} z^{-1}-\alpha_{2k} z^{-1}} = A\prod_{k} H_k(z) \tag{5-6}$$

实现方法：

1）当 $M=N$ 时，共有 $\left\lfloor \dfrac{N+1}{2} \right\rfloor$ 节。

2）如果有奇数个实零点，则有一个 β_{2k} 等于零。如果有奇数个实极点，则有一个 α_{2k} 等于零。

3）一阶、二阶基本节，整个滤波器级联。

特点：

1）系统实现简单，只需一个二阶节系统，通过改变输入系数即可完成。

2）极点位置可单独调整。

3）运算速度快（可并行进行）。

4）各二阶网络的误差互不影响，总的误差小，对字长要求低。

缺点：

不能直接调整零点，因为多个二阶节的零点并不是整个系统函数的零点，当需要准确地传输零点时，级联型最合适。

在 MATLAB 中给出直接型结构的系数，可以计算出相应级联结构的系数。

（1）级联型系统结构的实现

```
function y=casfilter(b0,B,A,x)
[K,L]=size(B);
N=length(x);
w=zeros(K+1,N);
w(1,:)=x;
for i=1:1:K
w(i+1,:)=filter(B(i,:),A(i,:),w(i,:));
end
y=b0*w(K+1,:);
% IIR 滤波器的级联型实现
% y=casfilter(b0,B,A,x)
% y 为输出
% b0=增益系数
% B=包含各因子系数 bk 的 K 行 3 列矩阵
% A=包含各因子系数 ak 的 K 行 3 列矩阵
% x 为输入
```

【例 5-3】   用级联结构实现系统函数：

$$H(z) = \frac{4(1+z^{-1})(1-1.4142136z^{-1}+z^{-2})}{(1-0.5z^{-1})(1+0.9z^{-1}+0.81z^{-2})}$$

用 MATLAB 实现函数 impseq(n0,n1,n2)，使函数实现产生一个 delta 函数，在 n0～n2 的地方，除了 n1 时值为 1，其余都为 0。该函数的格式为：

```
function [x,n]=impseq(n0,n1,n2)
% Generate x(n)=delta(n-n0);n1<=n<=n2
n=[n1:n2];
x=[(n-n0)==0];
```

其实现的 MATLAB 代码如下：

```
>> clear all
b0=4;
```

```
N=25;
B=[1,1,0;1,-1.4142136,1];
A=[1,-0.5,0;1,0.9,0.81];
delta=impseq(0,0,N);
x=[ones(1,5),zeros(1,N-5)];
h=casfilter(b0,B,A,delta);    % 级联型单位脉冲响应
y=casfilter(b0,B,A,x)         % 级联型输出响应
subplot(1,2,1);
stem(h);title('级联型 h(n)');
subplot(1,2,2);
stem(y);title('级联型 y(n)');
```

运行结果如图 5-2 所示。

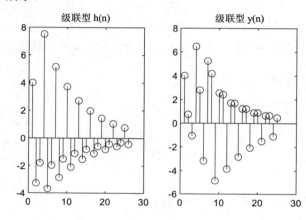

图5-2　级联型单位脉冲输出信号

（2）直接型系统结构转换为级联型系统结构

```
function [b0,B,A]=dir2cas(b,a)
% 变直接形式为级联形式
% [b0,B,A]=dir2cas(b,a)
% b0=增益系数
% B=包含各因子系数 bk 的 K 行 3 列矩阵
% A=包含各因子系数 ak 的 K 行 3 列矩阵
% b=直接型分子多项式系数
% a=直接型分母多项式系数
b0=b(1);b=b/b0;
a0=a(1);a=a/a0;
b0=b0/a0;
% 将分子、分母多项式系数的长度补齐进行计算
M=length(b);N=length(a);
if N>M
    b=[b zeros(1,N-M)];
elseif M>N
    a=[a zeros(1,M-N)];N=M;
else
    NM=0;
end
```

```
% 级联型系数矩阵初始化
K=floor(N/2);B=zeros(K,3);A=zeros(K,3);
if K*2==N
    b=[b 0];
    a=[a 0];
end
% 根据多项式系数利用函数 roots 求出所有的根
% 利用函数 cplxpair 按实部从小到大成对排序
broots=cplxpair(roots(b));
aroots=cplxpair(roots(a));
% 取出复共轭对的根，变换成多项式系数
for i=1:2:2*K
    Brow=broots(i:1:i+1,:);
    Brow=real(poly(Brow));
    B(fix(i+1)/2,:)=Brow;
    Arow=aroots(i:1:i+1,:);
    Arow=real(poly(Arow));
    A(fix(i+1)/2,:)=Arow;
end
```

【例 5-4】　用级联实现系统函数为 $H(z) = \dfrac{1 - 3z^{-1} + 11z^{-2} + 27z^{-3} + 18z^{-4}}{1 + 16z^{-1} + 12z^{-2} + 2z^{-3} - 4z^{-4} - z^{-5}}$ 的 IIR 数字滤波器，求单位脉冲响应和单位阶跃响应的输出。

其实现的 MATLAB 程序代码如下：

```
>> clear all;
n=0:5;
b=0.2.^n;
N=30;
B=[1,-3,11,27,18];
A=[16,12,2,-4,-1];
delta=impseq(0,0,N);
h=filter(b,1,delta);  % 直接型
x=[ones(1,5),zeros(1,N-5)];
y=filter(b,1,x);
subplot(221);stem(h);title('直接型 h(n)');
subplot(222);stem(y);title('直接型 y(n)');
[b0,B,A]=dir2cas(b,1)
h=casfilter(b0,B,A,delta);
y=casfilter(b0,B,A,x);
subplot(223);stem(h);title('级联型 h(n)');
subplot(224);stem(y);title('级联型 y(n)');
```

运行结果如图 5-3 所示。

（3）级联型转化为直接型

```
function [b,a]=cas2dir(b0,B,A)
% 级联型到直接型的转换
% a=直接型分子多项式系数
% b=直接型分母多项式系数
```

```
%  b0=增益系数
%  B=包含各因子系数 bk 的 K 行 3 列矩阵
%  A=包含各因子系数 ak 的 K 行 3 列矩阵
[K,L]=size(B);
b=[1];
a=[1];
for i=1:1:K
b=conv(b,B(i,:));
a=conv(a,A(i,:));
end
b=b*b0;
```

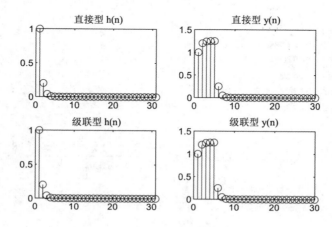

图5-3　直接型和级联型输出比较

【例 5-5】　用直接型结构实现系统函数为 $H(z)=\dfrac{4(1+z^{-1})(1-1.4142136z^{-1}+z^{-2})}{(1-0.5z^{-1})(1+0.9z^{-1}+0.81z^{-2})}$ 的 IIR 数字

滤波器，求单位脉冲响应和单位阶跃响应的输出。

其实现的 MATLAB 程序代码如下：

```
>> clear all
b0=4;
N=25;
B=[1,1,0;1,-1.4142136,1];
A=[1,-0.5,0;1,0.9,0.81];
delta=impseq(0,0,N);
x=[ones(1,5),zeros(1,N-5)];
[b,a]=cas2dir(b0,B,A)
h=filter(b,a,delta);          %  直接型单位脉冲响应
y=filter(b,a,x);              %  直接型输出响应
subplot(1,2,1);stem(h);
title('级联型 h(n)');
subplot(1,2,2);stem(y);
title('级联型 y(n)');
```

运行结果如图 5-4 所示。

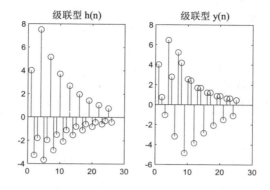

图5-4　直接型脉冲响应和输出信号

3. IIR 滤波器的并联型结构

将因式分解的 $H(z)$ 展开成部分分式的形式，得到并联 IIR 的基本结构：

$$H(z) = \frac{\sum\limits_{k=0}^{M} b_k z^{-k}}{1 - \sum\limits_{k=1}^{N} a_k z^{-k}} = \sum_{k=1}^{N_1} \frac{A_k}{1 - c_k z^{-1}} + \sum_{k=1}^{N_2} \frac{B_k(1 - g_k z^{-1})}{(1 - d_k z^{-1})(1 - d_k^* z^{-1})} + \sum_{k=0}^{M-N} G_k z^{-k} \qquad (5\text{-}7)$$

当 $M = N$ 时，$H(z)$ 表示为：

$$H(z) = G_0 + \sum_{k=1}^{N_1} \frac{A_k}{1 - c_k z^{-1}} + \sum_{k=1}^{N_2} \frac{\gamma_{0k} + \gamma_{1k} z^{-1}}{1 - \alpha_{1k} z^{-1} - \alpha_{2k} z^{-2}} \qquad (5\text{-}8)$$

共轭极点化成实系数二阶多项式表示方法：

$$H(z) = G_0 + \sum_{k=1}^{\left[\frac{N+1}{2}\right]} \frac{\gamma_{0k} + \gamma_{1k} z^{-1}}{1 - \alpha_{1k} z^{-1} - \alpha_{2k} z^{-2}} \qquad (5\text{-}9)$$

可以简化为：

$$H(z) = G_0 + \sum_{k=1}^{\left[\frac{N+1}{2}\right]} H_k(z) \qquad (5\text{-}10)$$

优点：

1）简化实现，用一个二阶节，通过变换系数就可以实现整个系统。

2）极点、零点可单独控制、调整，调整 α_{2k}、r_{2k} 只单独调整了第 i 对零点，调整 β_{1i}、β_{2i} 则单独调整了第 i 对极点。

3）各二阶节零点、极点的搭配可互换位置，优化组合以减小运算误差。

4）可流水线操作。

缺点：

二阶节电平难以控制，电平大易导致溢出，电平小则使信噪比减小。

（1）并联型结构的实现

```
function y=parfiltr(C,B,A,x)
```

```
%  IIR 滤波器的并联型实现
%  y= parfiltr(C,B,A,x)
%  y 为输出
%  C 为当 B 的长度等于 A 的长度时多项式的部分
%  B=包含各因子系数 bk 的 K 行二维实系数矩阵
%  A=包含各因子系数 ak 的 K 行三维实系数矩阵
%  x 为输入
  [K,L]=size(B);
N=length(x);
w=zeros(K+1,N);
w(1,:)=filter(C,1,x);
for i=1:1:K
    w(i+1,:)=filter(B(i,:),A(i,:),x);
end
y=sum(w);
```

【例 5-6】   用直接型结构实现系统函数为 $H(z) = \dfrac{-14-12z^{-1}}{1-2z^{-1}+3z^{-2}} + \dfrac{24-26z^{-1}}{1-z^{-1}+z^{-2}}$ 的 IIR 数字滤波器，求单位脉冲响应和单位阶跃响应的输出。

其实现的 MATLAB 程序代码如下：

```
>> clear
C=0;
N=25;
B=[-14,-12;24,26];
A=[1,-2,3;1,-1,1];
delta=impseq(0,0,N);
x=[ones(1,5),zeros(1,N-5)];
h=parfiltr(C,B,A,delta);    % 并联型单位脉冲响应，delta 指的是增量，差值
y=parfiltr(C,B,A,x);        % 并联型输出响应
subplot(1,2,1);stem(h);
title('并联型 h(n)');
subplot(1,2,2);stem(y);
title('并联型 y(n)');
```

运行结果如图 5-5 所示。

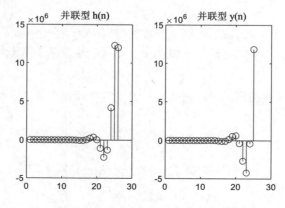

图5-5 并联型脉冲响应和输出信号

（2）直接型结构转换为并联型结构

```
function [C,B,A]=dir2par(b,a)
% 直接型结构转换为并联型
% [C,B,A]=dir2par(b,a)
% C 为当 b 的长度等于 a 的长度时多项式的部分
% B=包含各因子系数 bk 的 K 行二维实系数矩阵
% A=包含各因子系数 ak 的 K 行三维实系数矩阵
% b=直接型分子多项式系数
% a=直接型分母多项式系数
M=length(b);
N=length(a);
[r1,p1,C]=residuez(b,a);
p=cplxpair(p1,10000000*eps);
I=cplxcomp(p1,p);
r=r1(I);
K=floor(N/2);
B=zeros(K,2);
A=zeros(K,3);
if K*2==N
    for i=1:2:N-2
        Brow=r(i:1:i+1,:);
        Arow=p(i:1:i+1,:);
        [Brow,Arow]=residuez(Brow,Arow,[]);
        B(fix((i+1)/2),:)=real(Brow);
        A(fix((i+1)/2),:)=real(Arow);
    end
    [Brow,Arow]=residuez(r(N-1),p(N-1),[]);
    B(K,:)=[real(Brow) 0];
    A(K,:)=[real(Arow) 0];
else
    for i=1:2:N-1
        Brow=r(i:1:i+1,:);
        Arow=p(i:1:i+1,:);
        [Brow,Arow]=residuez(Brow,Arow,[]);
        B(fix((i+1)/2),:)=real(Brow);
        A(fix((i+1)/2),:)=real(Arow);
    end
end
```

在运行程序中，调用用户自定义编写的 **cplxcomp** 函数，把两个混乱的复数数组进行比较，返回一个数组的下标，用它重新给一个数组排序。其代码如下：

```
function I=cplxcomp(p1,p2)
% I=cplxcomp(p1,p2)
% 比较两个包含同样标量元素但(可能)有不同下标的复数对
% 本程序必须用在 cplxpair() 程序后，以便重新排序频率极点向量
% 及其相应的留数向量
% p2=cplxpair(p1)
I=[];
```

```
for j=1:length(p2)
for i=1:length(p1)
if (abs(p1(i)-p2(j))<0.0001)
I=[I,i];
end
end
end
I=I';
```

（3）并联型结构转换为直接型结构

```
function [b,a]=par2dir(C,B,A)
[K,L]=size(A);R=[];P=[];
% 并联型结构转换为直接型结构
% [b,a]=par2dir(C,B,A)
% C 为当 b 的长度等于 a 的长度时多项式的部分
% B=包含各因子系数 bk 的 K 行二维实系数矩阵
% A=包含各因子系数 ak 的 K 行三维实系数矩阵
% b=直接型分子多项式系数
% a=直接型分母多项式系数
for i=1:1:K
    [r,p,k]=residuez(B(i,:),A(i,:));
    R=[R:r];P=[P:p];
end
[b,a]=residuez(R,P,C);
b=b(:)';
a=a(:)';
```

【例 5-7】 设三阶滤波器的传输函数为：

$$H(z) = \frac{1 + 0.5814z^{-1} + 0.2114z^{-2}}{1 - 0.3984z^{-1} + 0.2475z^{-2} - 0.04322z^{-3}}$$

激励信号为：

$$x_1(n) = e^{-an} \cos n\omega_0 R_N(n) \qquad a=0.5, \quad \omega_0 = \frac{\pi}{2}, \quad N=40$$

根据给定的滤波器系统函数和参数值，用三种结构实现该 IIR 数字滤波器结构，使激励 $x_1(n)$ 通过该滤波器求出相应激励的响应，做出响应信号的图形和幅频、相频特性曲线，并判断该滤波器为何种滤波器（低通、高通、带通、带阻）。

实现激励 $x_1(n)$ 滤波的程序如下：

```
clear all
b=[1 0.5814 0.2114 0]
a=[1 -0.3984 0.2475 -0.04322]
delta=impseq(0,-10,10)
hdir=filter(b,a,delta)
[b0,B,A]=dir2cas(b,a)
hcas=casfilter(b0,B,A,delta)
[C,B,A]=dir2par(b,a)
```

```
hpar=parfiltr(C,B,A,delta)
n=[0:40]
x1=exp(-0.5.*n).*cos(n.*(pi./2))
y1=filter(b,a,x1)
y2=casfilter(b0,B,A,x1)
y3=parfiltr(C,B,A,x1)
subplot(2,2,1);
stem(x1,'.');
title('x1')
subplot(2,2,2);
plot(y1);
title('直接型')
subplot(2,2,3);
plot(y2);
title('级联型')
subplot(2,2,4);
plot(y3);
title('并联型')
figure
subplot(1,2,1);
plot(angle(y1));
title('直接型相频特性')
subplot(1,2,2);
plot(abs(y1));
title('直接型幅频特性')
figure
subplot(1,2,1);
plot(angle(y2));
title('级联型相频特性')
subplot(1,2,2);
plot(abs(y2));
title('级联型幅频特性')
figure
subplot(1,2,1);
plot(angle(y3));
title('并联型相频特性')
subplot(1,2,2);
plot(abs(y3));
title('并联型幅频特性')
```

运行程序后，各种结构输出结果如图 5-6 所示。

直接型滤波器输出信号的幅频特性如图 5-7 所示。

级联型滤波器输出信号的幅频特性如图 5-8 所示。

并联型滤波器输出信号的幅频特性如图 5-9 所示。

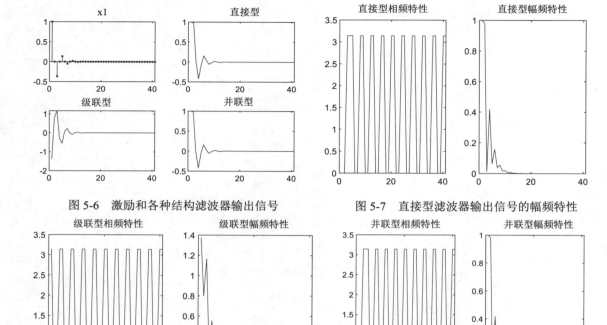

图 5-6　激励和各种结构滤波器输出信号　　　　图 5-7　直接型滤波器输出信号的幅频特性

图 5-8　级联型滤波器输出信号的幅频特性　　　　图 5-9　并联型滤波器输出信号的幅频特性

从图中可知，该滤波器为低通滤波器。

5.1.2　滤波器设计步骤

数字滤波器的设计方法有多种，如双线性变换法、窗函数设计法、插值逼近法和切比雪夫（Chebyshev）逼近法等。随着 MATLAB 软件尤其是 MATLAB 的信号处理工作箱的不断完善，不仅数字滤波器的计算机辅助设计有了可能，而且可以使设计达到最优化。

数字滤波器设计的基本步骤如下：

步骤 01 确定指标。

在设计一个滤波器之前，必须首先根据工程实际的需要确定滤波器的技术指标。在很多实际应用中，数字滤波器常常被用来实现选频操作。因此，指标的形式一般在频域中给出幅度和相位响应。

幅度指标主要以两种方式给出。第一种是绝对指标。它提供对幅度响应函数的要求，一般应用于 FIR 滤波器的设计。第二种是相对指标。它以分贝值的形式给出要求。

对于相位响应指标形式，通常希望系统在通频带中具有线性相位。运用线性相位响应指标进行滤波器设计具有如下优点：

1）只包含实数算法，不涉及复数运算。

2）不存在延迟失真，只有固定数量的延迟。

3）长度为 N 的滤波器（阶数为 $N-1$），计算量为 $N/2$ 数量级。因此，本文中滤波器的设计就以线性相位 FIR 滤波器的设计为例。

步骤 **02** 逼近。

确定了技术指标后，就可以建立一个目标的数字滤波器模型。通常采用理想的数字滤波器模型。之后，利用数字滤波器的设计方法设计出一个实际滤波器模型来逼近给定的目标。

步骤 **03** 性能分析和计算机仿真。

上两步的结果是得到以差分、系统函数或冲激响应描述的滤波器。根据这个描述就可以分析其频率特性和相位特性，以验证设计结果是否满足指标要求；或者利用计算机仿真实现设计的滤波器，再分析滤波结果来判断。

5.2 常用的模拟低通滤波器的特性

滤波器是一种具有频率选择性的电路，它具有区分输入信号的各种不同频率成分的功能。为了综合一个滤波器电路，基本的步骤分为逼近和实现。逼近方法有巴特沃斯逼近、切比雪夫逼近、椭圆逼近和贝塞尔逼近。这些逼近方法可直接用于低通滤波器综合，而对于高通、带通和带阻滤波器综合，要借助于频带变换。

5.2.1 振幅平方函数

为了方便学习数字滤波器，先讨论几种常用的模拟低通滤波器的设计方法，高通、带通、带阻等模拟滤波器可利用变量变换方法，由低通滤波器变换得到。

模拟滤波器的设计就是根据一组设计规范来设计模拟系统函数 $H_a(S)$，使其逼近某个理想滤波器特性。

考虑因果系统：

$$H_a(j\Omega) = \int_0^\infty h_a(t)e^{-j\Omega t}dt \tag{5-11}$$

式中 $h_a(t)$ 为系统的单位冲激响应，是实函数。

因此有：

$$H_a(j\Omega) = \int_0^\infty h_a(t)(\cos\Omega t - j\sin\Omega t)dt \tag{5-12}$$

不难得出：

$$H_a(-j\Omega) = H_a^*(j\Omega) \tag{5-13}$$

模拟滤波器振幅平方函数定义为：

$$A(\Omega^2) = \left|H_a(j\Omega)\right|^2 = H_a(j\Omega)H_a^*(j\Omega) \tag{5-14}$$

$$A(\Omega^2) = H_a(j\Omega)H_a(-j\Omega) = H_a(s)H_a(-s)\Big|_{s=j\Omega} \tag{5-15}$$

如果系统稳定：

$$A(\Omega^2) = A(-s^2)\Big|_{s=j\Omega} \tag{5-16}$$

为了保证 $H_a(s)$ 稳定，应选用 $A(-s^2)$ 在 s 平面的左半平面的极点作为 $H_a(s)$ 的极点。

5.2.2　模拟滤波器原型

　　IIR 数字滤波器在设计上可以借助成熟的模拟滤波器的成果，如巴特沃斯、切比雪夫和椭圆滤波器等，有现成的设计数据或图表可查，其设计工作量比较小，对计算工具的要求不高。在设计一个 IIR 数字滤波器时，我们根据指标先写出模拟滤波器的公式，然后通过一定的变换将模拟滤波器的公式转换成数字滤波器的公式。下面介绍几个模拟滤波器模型。

1. 巴特沃斯滤波器设计

　　巴特沃斯滤波器振幅平方函数为：

$$A(\Omega^2) = |H_a(j\Omega)|^2 = \frac{1}{1+\left(\dfrac{j\Omega}{j\Omega_c}\right)^{2N}} = \frac{1}{1+(\Omega/\Omega_c)^{2N}} \tag{5-17}$$

　　式中，N 为整数，称为滤波器的阶数，N 越大，通带和阻带的近似性越好，过渡带也越陡。
　　MATLAB 中提供的 buttap 函数用于计算 N 阶巴特沃斯归一化（3dB 截止频率 $\Omega_c=1$）模拟低通原型滤波器系统函数的零点、极点和增益因子。其调用格式是：

```
[z,p,k]=buttap(N)
```

　　其中，N 是欲设计的低通原型滤波器的阶次，z、p 和 k 分别是设计出的 G(p)的极点、零点及增益。
　　在已知设计参数 ω_p、ω_s、R_p、R_s 的情况下，可利用 buttord 命令求出所需要的滤波器的阶数和 3dB 截止频率，其格式为：

```
[n, Wn]=buttord[Wp,Ws,Rp,Rs]
```

　　其中，Wp、Ws、Rp、Rs 分别为通带截止频率、阻带起始频率、通带内波动、阻带内最小衰减。返回值 n 为滤波器的最低阶数，Wn 为 3dB 截止频率。
　　由巴特沃斯滤波器的阶数 n 以及 3dB 截止频率 Wn 可以计算出对应传递函数 H(z)的分子分母系数，MATLAB 提供的命令如下：

　　（1）巴特沃斯低通滤波器系数计算

```
[b, a]=butter(n,Wn)
```
，其中 b 为 H(z)的分子多项式系数，a 为 H(z)的分母多项式系数

　　（2）巴特沃斯高通滤波器系数计算

```
[b, a]=butter(n,Wn,'High')
```

　　（3）巴特沃斯带通滤波器系数计算

```
[b, a]=butter(n,[W1,W2])
```
，其中[W1,W2]为截止频率，是二元向量，需要注意该函数返回的是 2*n 阶滤波器系数

　　（4）巴特沃斯带阻滤波器系数计算

```
[b,a]=butter(ceil(n/2),[W1,W2],'stop')
```
，其中[W1,W2]为截止频率，是二元向量，需要注意该函数返回的也是 2*n 阶滤波器系数

【例5-8】 采样速率为8000Hz,要求设计一个低通滤波器,f_p=2100Hz,f_s=2500Hz,R_p=3dB,R_s=25dB。

程序代码如下:

```
>> clear all
fn=8000;  fp=2100;  fs=2500;  Rp=3;  Rs=25;
Wp=fp/(fn/2);%计算归一化角频率
Ws=fs/(fn/2);
[n,Wn]=buttord(Wp,Ws,Rp,Rs);
% 计算阶数和截止频率
[b,a]=butter(n,Wn);
% 计算H(z)分子、分母多项式系数
[H,F]=freqz(b,a,1000,8000);
% 计算H(z)的幅频响应, freqz(b,a,计算点数,采样速率)
subplot(2,1,1)
plot(F,20*log10(abs(H)))
xlabel('频率 (Hz)'); ylabel('幅值(dB)')
title('低通滤波器')
axis([0 4000 -30 3]);
grid on
subplot(2,1,2)
pha=angle(H)*180/pi;
plot(F,pha);
xlabel('频率 (Hz)'); ylabel('相位')
grid on
```

运行结果如图 5-10 所示。

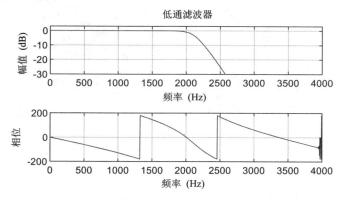

图5-10　低通滤波器的幅频特性和相频特性

【例5-9】 采样速率为8000Hz,要求设计一个高通滤波器,f_p=1000Hz,f_s=700Hz,R_p=3dB,R_s=20dB。

程序代码如下:

```
>> clear all
fn=8000;fp=1000; fs=700; Rp=3; Rs=20;
Wp=fp/(fn/2);    % 计算归一化角频率
Ws=fs/(fn/2);
```

```
[n,Wn]=buttord(Wp,Ws,Rp,Rs);
% 计算阶数和截止频率
[b,a]=butter(n,Wn,'high');
% 计算 H(z)分子、分母多项式系数
[H,F]=freqz(b,a,1000,8000);
% 计算 H(z)的幅频响应, freqz(b,a,计算点数,采样速率)
subplot(2,1,1)
plot(F,20*log10(abs(H)))
axis([0 4000 -30 3])
xlabel('频率 (Hz)'); ylabel('幅值(dB)')
title('高通滤波器')
grid on
subplot(2,1,2)
pha=angle(H)*180/pi;
plot(F,pha)
xlabel('频率 (Hz)'); ylabel('相位')
grid on
```

运行结果如图 5-11 所示。

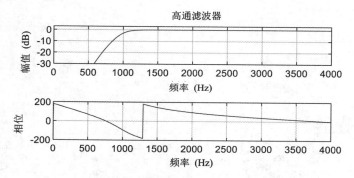

图5-11 高通滤波器幅频特性和相频特性

【例 5-10】 采样速率为 10000Hz，要求设计一个带通滤波器，f_p =[1000Hz,1500Hz]，f_s =[600Hz, 1900Hz]，R_p =3dB，R_s =20dB。

程序代码如下：

```
fn=10000; fp=[1000,1500]; fs=[600,1900]; Rp=3; Rs=20;
Wp=fp/(fn/2);
% 计算归一化角频率
Ws=fs/(fn/2);
[n,Wn]=buttord(Wp,Ws,Rp,Rs);
% 计算阶数和截止频率
[b,a]=butter(n,Wn);
% 计算 H(z)分子、分母多项式系数
[H,F]=freqz(b,a,1000,10000);
% 计算 H(z)的幅频响应, freqz(b,a,计算点数,采样速率)
subplot(2,1,1)
plot(F,20*log10(abs(H)))
axis([0 5000 -30 3])
xlabel('频率 (Hz)'); ylabel('幅值(dB)')
```

```
title('带通滤波器')
grid on
subplot(2,1,2)
pha=angle(H)*180/pi;
plot(F,pha)
xlabel('频率 (Hz)'); ylabel('相位')
grid on
```

运行结果如图 5-12 所示。

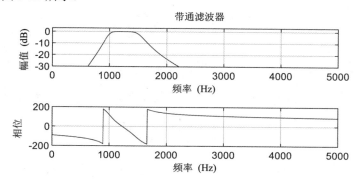

图5-12   带通滤波器的幅频特性和相频特性

【例 5-11】   采样速率为 10000Hz，要求设计一个带阻滤波器，f_p =[1000Hz, 1500Hz]，f_s =[1200Hz, 1300Hz]，R_p =3dB，R_s =30dB。

程序代码如下：

```
fn=10000;  fp=[1000,1500];  fs=[1200,1300];  Rp=3;  Rs=30;
Wp=fp/(fn/2);
% 计算归一化角频率
Ws=fs/(fn/2);
[n,Wn]=buttord(Wp,Ws,Rp,Rs);
% 计算阶数和截止频率
[b,a]=butter(n,Wn,'stop');
% 计算H(z)分子、分母多项式系数
[H,F]=freqz(b,a,1000,10000);
% 计算H(z)的幅频响应, freqz(b,a,计算点数,采样速率)
subplot(2,1,1)
plot(F,20*log10(abs(H)))
axis([0 5000 -35 3])
xlabel('频率 (Hz)'); ylabel('幅值(dB)')
title('带阻滤波器')
grid on
subplot(2,1,2)
pha=angle(H)*180/pi;
plot(F,pha)
xlabel('频率 (Hz)'); ylabel('相位')
grid on
```

运行结果如图 5-13 所示。

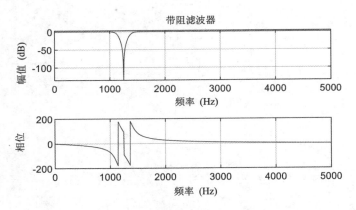

图5-13　带阻滤波器幅相频特性

使用 MATLAB 中的 iircomb 函数可以设计出峰值或谷值滤波器 H(z)的分子分母多项式系数，其格式为：

```
[num,den]=iircomb(n,bw,ab,'type')
```

其中，num、den 分别为 H(z)的分子、分母系数；n 为梳状滤波器阶数，在数字归一化频率 0～2pi 区间，梳状滤波器开槽数等于 n+1；bw 为滤波器开槽的 ab dB 带宽，默认 ab＝−3dB；type 可以是 notch 或 peak，notch 为开槽性梳状滤波器，peak 为峰值性梳状滤波器。

【例5-12】 在采样频率为 8000Hz 的条件下设计一个在 $500Hz, 1000Hz, 2000Hz, \cdots, n \times 500Hz$ 的地方开槽的陷波，陷波带宽（−3dB 处）为 60Hz。

程序代码如下：

```
Fs=8000;                % 采样速率
Ts=1/Fs;
f0=500;                 % 开槽基频率
bw=60/(Fs/2);           % 归一化开槽带宽
ab=-3;                  % 开槽带宽位置处的衰减
n=Fs/f0;                % 计算滤波器阶数
[num,den]=iircomb(n,bw,ab,'notch');
% 计算H(z)分子分母多项式系数
[H,F]=freqz(num,den,2000,8000);
% 计算滤波器的幅频响应
subplot(2,1,1)
plot(F,20*log10(abs(H)))
axis([0 5000 -35 3])
xlabel('频率 (Hz)');
ylabel('幅值(dB)')
title('梳状滤波器')
grid on
subplot(2,1,2)
pha=angle(H)*180/pi;
plot(F,pha)
xlabel('频率 (Hz)'); ylabel('相位')
grid on
```

运行结果如图 5-14 所示。

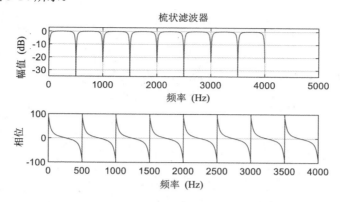

图5-14　梳状滤波器幅相频特性

【例 5-13】　设计一个模拟巴特沃斯低通滤波器，它在 30rad/s 处具有 1dB 或更好的波动，在 50rad/s 处具有至少 30dB 的衰减。求出级联形式的系统函数，画出滤波器的幅度响应、对数幅度响应、相位响应和脉冲响应图。

程序代码如下：

```
Wp=30;Ws=50;Rp=1;As=30;
% 技术指标
Ripple=10^(-Rp/20);
Attn=10^(-As/20);
[b,a]=afd_butt(Wp,Ws,Rp,As)
% 巴特沃斯低通滤波器
[C,B,A]=sdir2cas(b,a)
% 计算二阶节系数，级联型实现
[db,mag,pha,w]=freqs_m(b,a,50);
% 计算幅频响应
[ha,x,t]=impulse(b,a);
% 计算模拟滤波器的单位脉冲响应
figure(1);clf;
subplot(1,2,1);plot(w,mag);title('幅值响应');
xlabel('模拟频率(rad/s)');
ylabel('幅度');
axis([0,50,0,1.1])
set(gca,'XTickMode','manual','XTick',[0,30,40,50]);
set(gca,'YTickMode','manual','YTick',[0,Attn,Ripple,1]);
grid
subplot(1,2,2);plot(w,db);title('幅度(dB)');
xlabel('模拟频率(rad/s)');
ylabel('分贝数');
axis([0,50,-40,5])
set(gca,'XTickMode','manual','XTick',[0,30,40,50]);
set(gca,'YTickMode','manual','YTick',[-40,-As,-Rp,0]);
grid
figure
subplot(1,2,1);plot(w,pha/pi);
```

```
title('相位响应');
xlabel('模拟频率(rad/s)');
ylabel('弧度');
axis([0,50,-1.1,1.1])
set(gca,'XTickMode','manual','XTick',[0,30,40,50]);
set(gca,'YTickMode','manual','YTick',[-1,-0.5,0,0.5,1]);
grid
subplot(1,2,2);plot(t,ha);
title('脉冲响应');
xlabel('时间(s)');
ylabel('ha(t)');
axis([0,max(t)+0.05,min(ha),max(ha)+0.025]);
set(gca,'XTickMode','manual','XTick',[0,0.1,max(t)]);
set(gca,'YTickMode','manual','YTick',[0,0.1,max(ha)]);
grid
```

巴特沃斯模拟滤波器的设计子程序：

```
function[b,a]=afd_butt(Wp,Ws,Rp,As)
if Wp<=0
    error('Passband edge must be larger than 0')
end
if Ws<=Wp
    error('Stopband edge must be larger than Passed edge')
end
if (Rp<=0)||(As<0)
    error('PB ripple and /0r SB attenuation must be larger than 0')
end
N=ceil((log10((10^(Rp/10)-1)/(10^(As/10)-1)))/(2*log10(Wp/Ws)));
OmegaC=Wp/((10^(Rp/10)-1)^(1/(2*N)));
[b,a]=u_buttap(N,OmegaC);
```

非归一化巴特沃斯模拟低通滤波器原型子程序：

```
function [b,a]=u_buttap(N,OmegaC)
[z,p,k]=buttap(N);
p=p*OmegaC;
k=k*OmegaC^N;
B=real(poly(z));
b0=k;
b=k*B;
a=real(poly(p));
```

计算系统函数的幅度响应和相位响应子程序：

```
function [db,mag,pha,w]=freqs_m(b,a,wmax)
w=[0:1:500]*wmax/500;
H=freqs(b,a,w);
mag=abs(H);
db=20*log10((mag+eps)/max(mag));
pha=angle(H);
```

直接型转换成级联型子程序：

```
function [C,B,A]=sdir2cas(b,a)
Na=length(a)-1;Nb=length(b)-1;
b0=b(1);b=b/b0;
a0=a(1);a=a/a0;
C=b0/a0;
p=cplxpair(roots(a));K=floor(Na/2);
if K*2==Na
    A=zeros(K,3);
    for n=1:2:Na
        Arow=p(n:1:n+1,:);Arow=poly(Arow);
        A(fix((n+1)/2),:)=real(Arow);
    end
elseif Na==1
    A=[0 real(poly(p))];
else
    A=zeros(K+1,3);
    for n=1:2:2*K
        Arow=p(n:1:n+1,:);Arow=poly(Arow);
        A(fix((n+1)/2),:)=real(Arow);
    end
    A(K+1,:)=[0 real(poly(p(Na)))];
end
z=cplxpair(roots(b));K=floor(Nb/2);
if Nb==0
    B=[0 0 poly(z)];
elseif K*2==Nb
    B=zeros(K,3);
    for n=1:2:Nb
        Brow=z(n:1:n+1,:);Brow=poly(Brow);
        B(fix((n+1)/2),:)=real(Brow);
    end
elseif Nb==1
    B=[0 real(poly(z))];
else
    B=zeros(K+1,3);
    for n=1:2:2*K
        Brow=z(n:1:n+1,:);Brow=poly(Brow);
        B(fix((n+1)/2),:)=real(Brow);
    end
    B(K+1,:)=[0 real(poly(z(Nb)))];
end
```

运行结果如图 5-15 和图 5-16 所示。

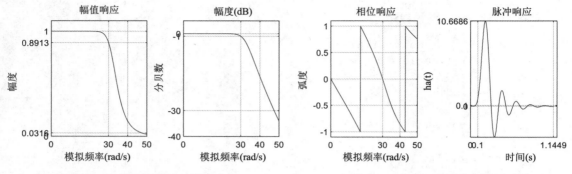

图 5-15　巴特沃斯滤波器模拟响应 1　　　　图 5-16　巴特沃斯滤波器模拟响应 2

输出结果如下：

```
b =
   3.8682e+13
a =
   1.0e+13 *
    0.0000    0.0000    0.0000    0.0000    0.0000    0.0001    0.0036
0.0613    0.6888    3.8682
C =
   3.8682e+13
B =
     0     0     1
A =
   1.0e+03 *
    0.0010    0.0608    1.0458
    0.0010    0.0495    1.0458
    0.0010    0.0323    1.0458
    0.0010    0.0112    1.0458
        0    0.0010    0.0323
```

2. 切比雪夫滤波器设计

巴特沃斯滤波器在通带内的幅度特性是单调下降的，如果阶次一定，则在靠近截止 Ω_c 处，幅度下降很多，或者说，为了使通带内的衰减足够小，需要的阶次 N 很高。为了克服这一缺点，采用切比雪夫多项式来逼近所希望的 $|H(j\Omega)|^2$。切比雪夫滤波器的 $|H(j\Omega)|^2$ 在通带范围内是等幅起伏的，所以在同样的通常内衰减要求下，其阶数较巴特沃斯滤波器要小。

切比雪夫滤波器的振幅平方函数为：

$$A(\Omega^2) = |H_a(j\Omega)|^2 = \frac{1}{1+\varepsilon^2 V_N\left(\dfrac{\Omega}{\Omega_c}\right)} \tag{5-18}$$

式中，Ω_c 为有效通带截止频率；ε 是与通带波纹有关的参量，ε 越大，波纹越大，$0<\varepsilon<1$；V_N 为 N 阶切比雪夫多项式。

$$V_N(x) = \begin{cases} \cos(N\arccos x) & |x| \leqslant 1 \\ \cosh(N\operatorname{arccosh} x) & |x| > 1 \end{cases} \tag{5-19}$$

切比雪夫 II 型滤波器的振幅平方函数为：

$$| H(j\Omega) |^2 = \cfrac{1}{1+\varepsilon^2 T_N^2 \left(\cfrac{\Omega}{\Omega_c} \right)^{-1}}$$

（5-20）

MATLAB 提供了 cheblap 函数设计切比雪夫 I 型低通滤波器。cheblap 函数的语法为：

```
[z,p,k]=cheblap(n,rp)
```

其中，n 为滤波器的阶数，rp 为通带的幅度误差。返回值分别为滤波器的零点、极点和增益。

【例 5-14】　设计一个低通切比雪夫 I 型模拟滤波器，满足：通带截止频率 $\Omega_p = 0.2\pi\text{rad/s}$，通带波动 $\delta = 1\text{dB}$，阻带截止频率 $\Omega_p = 0.3\pi\text{rad/s}$，阻带衰减 $A_r = 16\text{dB}$。

程序代码如下：

```
Omegap=0.2*pi;Omegar=0.3*pi;Dt=1;Ar=16;
% 技术指标
[b,a]=afd_chb1(Omegap,Omegar,Dt,Ar);
% 切比雪夫 I 型模拟低通滤波器
[C,B,A]=sdir2cas(b,a)
% 级联型
[db,mag,pha,w]=freqs_m(b,a,pi);
% 计算幅频响应
[ha,x,t]=impulse(b,a);
% 计算模拟滤波器的单位脉冲响应
subplot(221);plot(w/pi,mag);
title('幅度响应|Ha(j\Omega)|');
grid on
subplot(222);plot(w/pi,db);
title('幅度响应(dB)');
grid on
subplot(223);plot(w/pi,pha/pi);
title('相位响应');
axis([0,1,-1,1]);
grid on
subplot(224);plot(t,ha);
title('单位脉冲响应 ha(t)');
axis([0,max(t),min(ha),max(ha)]);
grid on
```

切比雪夫 I 型模拟滤波器的设计子程序：

```
function [b,a]=afd_chb1(Omegap,Omegar,Dt,Ar)
if Omegap<=0
    error('通带边缘必须大于 0')
end
if Omegar<=Omegap
    error('阻带边缘必须大于通带边缘')
end
if (Dt<=0) || (Ar<0)
```

```
      error('通带波动或阻带衰减必须大于 0')
end
ep=sqrt(10^(Dt/10)-1);
A=10^(Ar/20);
OmegaC=Omegap;
OmegaR=Omegar/Omegap;
g=sqrt(A*A-1)/ep;
N=ceil(log10(g+sqrt(g*g-1))/log10(OmegaR+sqrt(OmegaR*OmegaR-1)));
fprintf('\n***切比雪夫Ⅰ型模拟低通滤波器阶次=%2.0f\n',N);
[b,a]=u_chblap(N,Dt,OmegaC);
```

非归一化切比雪夫Ⅰ型模拟低通滤波器原型子程序：

```
function [b,a]=u_chblap(N,Dt,OmegaC);
[z,p,k]=cheb1ap(N,Dt);
a=real(poly(p));
aNn=a(N+1);
p=p*OmegaC;
a=real(poly(p));
aNu=a(N+1);
k=k*aNu/aNn;
b0=k;
B=real(poly(z));
b=k*B;
```

运行结果如下：

```
***切比雪夫Ⅰ型模拟低通滤波器阶次= 4
C =
    0.0383
B =
     0     0     1
A =
    1.0000    0.4233    0.1103
    1.0000    0.1753    0.3895
```

运行结果效果图如图 5-17 所示。

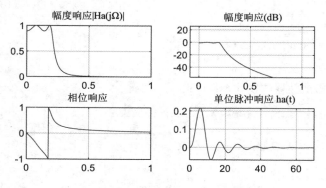

图5-17　低通切比雪夫Ⅰ型模拟滤波器

MATLAB 提供了 cheb2ap 函数设计切比雪夫 Ⅱ 型低通滤波器。cheb2ap 函数的语法为：

```
[z,p,k]=cheb2ap(n,rp)
```

其中 n 为滤波器的阶数，rp 为通带的波动。返回值 z、p、k 分别为滤波器的零点、极点和增益。

【例 5-15】　设计一个低通切比雪夫II型模拟滤波器，满足：通带截止频率 $\Omega_p = 0.2\pi\text{rad/s}$，通带波动 $\delta = 1\text{dB}$，阻带截止频率 $\Omega_p = 0.3\pi\text{rad/s}$，阻带衰减 $A_r = 16\text{dB}$。

程序代码如下：

```
Omegap=0.2*pi;Omegar=0.3*pi;Dt=1;Ar=16;
% 技术指标
[b,a]=afd_chb2(Omegap,Omegar,Dt,Ar);
% 切比雪夫II型模拟低通滤波器
[C,B,A]=sdir2cas(b,a)
% 级联型
[db,mag,pha,w]=freqs_m(b,a,pi);
% 计算幅频响应
[ha,x,t]=impulse(b,a);
% 计算模拟滤波器的单位脉冲响应
subplot(221);plot(w/pi,mag);title('幅度响应|Ha(j\Omega)|');
grid on
subplot(222);plot(w/pi,db);title('幅度响应(dB)');
grid on
subplot(223);plot(w/pi,pha/pi);title('相位响应');
axis([0,1,-1,1]);
grid on
subplot(224);plot(t,ha);title('单位脉冲响应 ha(t)');
axis([0,max(t),min(ha),max(ha)]);
grid on
```

切比雪夫 II 型模拟滤波器的设计子程序：

```
function [b,a]=afd_chb2(Omegap,Omegar,Dt,Ar)
if Omegap<=0
    error('通带边缘必须大于 0')
end
if Omegar<=Omegap
    error('阻带边缘必须大于通带边缘')
end
if (Dt<=0) || (Ar<0)
    error('通带波动或阻带衰减必须大于 0')
end
ep=sqrt(10^(Dt/10)-1);
A=10^(Ar/20);
OmegaC=Omegap;
OmegaR=Omegar/Omegap;
g=sqrt(A*A-1)/ep;
N=ceil(log10(g+sqrt(g*g-1))/log10(OmegaR+sqrt(OmegaR*OmegaR-1)));
fprintf('\n***切比雪夫 II 型模拟低通滤波器阶次=%2.0f\n',N);
[b,a]=u_chb2ap(N,Ar,OmegaC);
```

非归一化切比雪夫 II 型模拟低通滤波器原型子程序：

```
function [b,a]=u_chb2ap(N,Ar,OmegaC);
[z,p,k]=cheb2ap(N,Ar);
a=real(poly(p));
aNn=a(N+1);
p=p*OmegaC;
a=real(poly(p));
aNu=a(N+1);
k=k*aNu/aNn;
b0=k;
B=real(poly(z));
b=k*B;
```

运行结果如下：

```
    ***切比雪夫 II 型模拟低通滤波器阶次= 4
C =
   0.0247
B =
   1.0000        0.0000        6.8284
   1.0000        0.0000        1.1716
A =
   1.0000    1.3014    0.6554
   1.0000    0.2480    0.3015
```

运行结果如图 5-18 所示。

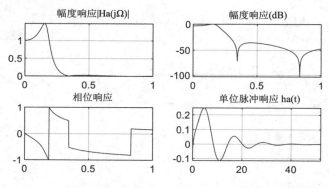

图5-18　低通切比雪夫II型模拟滤波器

3. 椭圆滤波器（考尔滤波器）设计

椭圆滤波器（Elliptic Filter）又称考尔滤波器（Cauer Filter），是带通带和阻带等波纹的一种滤波器。椭圆滤波器相比其他类型的滤波器，在阶数相同的条件下有着最小的通带和阻带波动。它在通带和阻带的波动相同，这一点区别于在通带和阻带都平坦的巴特沃斯滤波器，以及通带平坦、阻带等波纹或是阻带平坦、通带等波纹的切比雪夫滤波器。

椭圆滤波器振幅平方函数为：

$$A(\Omega^2) = \left| H_a(j\Omega) \right|^2 = \frac{1}{1 + \varepsilon^2 R_N^2(\Omega, L)} \tag{5-21}$$

其中，$R_N(\Omega, L)$ 为雅可比椭圆函数，L 为一个表示波纹性质的参量。

特点：

1）椭圆低通滤波器是一种零点、极点型滤波器，它在有限频率范围内存在传输零点和极点。

2）椭圆低通滤波器的通带和阻带都具有等波纹特性，因此通带、阻带逼近特性良好。

3）对于同样的性能要求，椭圆低通滤波器比前两种滤波器需要的阶数都低，而且它的过渡带比较窄。

MATLAB 实现如下：

```
function [b,a]=afd_elip(Wp,Ws,Rp,As)
% 椭圆模拟低通滤波器设计
% [b,a]=afd_elip(Wp,Ws,Rp,As);
% b = Ha(s)
% a = Ha(s)
% Wp = 通带频率 rad/s; Wp > 0
% Ws = 阻带频率 rad/s; Ws > Wp > 0
% Rp = 通带中的振幅波动 +dB; (Rp > 0)
% As = 阻带衰减 +dB; (As > 0)
if Wp<=0
    error('Passband edge must be larger than 0')
end
if Ws<=Wp
    error('Stopband edge must be larger than Passband edge')
end
if (Rp<=0) || (As<0)
    error('PB ripple and /or SB attenuation must be larger than 0')
end
ep=sqrt(10^(Rp/10)-1);
A=10^(As/20);
OmegaC=Wp;
k=Wp/Ws;
k1=ep/sqrt(A*A-1);
capk=ellipke([k.^2 1-k.^2]);
capk1=ellipke([(k1.^2) 1-(k1.^2)]);
N=ceil(capk(1)*capk1(2)/(capk(2)*capk1(1)));
fprintf('\n*** Elliptic Filter Order = %2.0f \n',N)
[b,a]=u_elipap(N,Rp,As,OmegaC);
```

另外，MATLAB 的信号处理工具箱提供了设计椭圆滤波器的函数：ellipord 函数和 ellip 函数。ellipord 函数的功能是求滤波器的最小阶数，其调用格式为：

```
[n,Wp]=ellipord(Wp,Ws,Rp,Rs)
```

- n：椭圆滤波器的最小阶数。
- Wp：椭圆滤波器通带截止角频率。
- Ws：椭圆滤波器阻带起始角频率。
- Rp：通带波纹（dB）。
- Rs：阻带最小衰减（dB）。

ellip 函数的功能是设计椭圆滤波器，其调用格式为：

```
[b,a]=ellip(n,Rp,Rs,Wp)
[b,a]=ellip(n,Rp,Rs,Wp,'ftype')
```

返回长度为 n+1 的滤波器系数行向量 b 和 a。

【例 5-16】 调用信号产生函数 mstg 产生由三路抑制载波调幅信号相加构成的复合信号 st，该函数还会自动绘图显示 st 的时域波形和幅频特性曲线，三路信号时域混叠，无法在时域分离，但频域是分离的，所以可以通过滤波的方法在频域分离。

要求将 st 中三路调幅信号分离，通过观察 st 的幅频特性曲线，分别确定可以分离 st 中三路抑制载波单频调幅信号的三个滤波器（低通滤波器、带通滤波器、高通滤波器）的通带截止频率和阻带截止频率。要求滤波器的通带最大衰减为 0.1dB，阻带最小衰减为 60dB。

程序代码如下：

```
function myplot(B,A)
% 计算时域离散系统损耗函数并绘图
[H,W]=freqz(B,A,1000);
m=abs(H);
plot(W/pi,20*log10(m/max(m)));grid on;
xlabel('\omega/\pi');ylabel('幅度(db)');
axis([0,1,-80,5]);title('损耗函数曲线');

function tplot(xn,T,yn)
% 时域序列连续曲线绘图
% xn:信号数据序列；yn:绘图信号的纵坐标名称
n=0:length(xn)-1;t=n*T;
plot(t,xn);
xlabel('t/s');ylabel(yn);
axis([0,t(end),min(xn),1.2*max(xn)]);

function st=mstg
% 产生信号序列向量 st，并显示 st 的时域波形和频谱
% st=mstg 返回三路调幅信号相加形成的混合信号，长度 N=1600
N=1600;
% N 为信号 st 的长度
Fs=10000;T=1/Fs;Tp=N*T;
% 采样频率 Fs=10kHz，Tp 为采样时间
t=0:T:(N-1)*T;k=0:N-1;f=k/Tp;
fc1=Fs/10;    % 第 1 路调幅信号的载波频率 fc1=1000Hz
fm1=fc1/10;   % 第 1 路调幅信号的调制信号频率 fm1=100Hz
fc2=Fs/20;    % 第 2 路调幅信号的载波频率 fc2=500Hz
fm2=fc2/10;   % 第 2 路调幅信号的调制信号频率 fm2=50Hz
fc3=Fs/40;    % 第 3 路调幅信号的载波频率 fc3=250Hz
fm3=fc3/10;   % 第 3 路调幅信号的调制信号频率 fm3=25Hz
xt1=cos(2*pi*fm1*t).*cos(2*pi*fc1*t);   % 产生第 1 路调幅信号
xt2=cos(2*pi*fm2*t).*cos(2*pi*fc2*t);   % 产生第 2 路调幅信号
xt3=cos(2*pi*fm3*t).*cos(2*pi*fc3*t);   % 产生第 3 路调幅信号
st=xt1+xt2+xt3; % 三路调幅信号相加
fxt=fft(st,N);  % 计算信号 st 的频谱
% 以下为绘图部分，绘制 st 的时域波形和幅频特性曲线
```

```
subplot(2,1,1)
plot(t,st);grid;xlabel('t/s');ylabel('s(t)');
axis([0,Tp/8,min(st),max(st)]);title('(a) s(t)的波形')
subplot(2,1,2)
stem(f,abs(fxt)/max(abs(fxt)),'.');grid;title('(b) s(t)的频谱')
axis([0,Fs/5,0,1.2]);
xlabel('f/Hz');ylabel('幅度')
```

IIR 数字滤波器设计及软件实现：

```
>> clear all;
close all
Fs=10000;T=1/Fs;
% 采样频率
% 调用信号产生函数 mstg 产生由三路抑制载波调幅信号相加构成的复合信号 st
st=mstg;
% 低通滤波器设计与实现
fp=280;fs=450;
wp=2*fp/Fs;ws=2*fs/Fs;rp=0.1;rs=60;
% DF 指标（低通滤波器的通带和阻带边界频率）
[N,wp]=ellipord(wp,ws,rp,rs);
% 调用 ellipord 计算椭圆 DF 阶数 N 和通带截止频率 wp
[B,A]=ellip(N,rp,rs,wp);
% 调用 ellip 计算椭圆带通 DF 系统函数系数向量 B 和 A
y1t=filter(B,A,st);
% 滤波器软件实现
% 低通滤波器设计与实现绘图部分
figure(2);subplot(2,1,1);
myplot(B,A);
% 调用绘图函数 myplot 绘制损耗函数曲线
yt='y_1(t)';
subplot(2,1,2);tplot(y1t,T,yt);
% 调用绘图函数 tplot 绘制滤波器输出波形
% 带通滤波器设计与实现
fpl=440;fpu=560;fsl=275;fsu=900;
wp=[2*fpl/Fs,2*fpu/Fs];ws=[2*fsl/Fs,2*fsu/Fs];rp=0.1;rs=60;
[N,wp]=ellipord(wp,ws,rp,rs);
% 调用 ellipord 计算椭圆 DF 阶数 N 和通带截止频率 wp
[B,A]=ellip(N,rp,rs,wp);
% 调用 ellip 计算椭圆带通 DF 系统函数系数向量 B 和 A
y2t=filter(B,A,st);
% 滤波器软件实现
figure(3);
subplot(2,1,1);myplot(B,A);
subplot(2,1,2);yt='y_2(t)';tplot(y2t,T,yt);
% 高通滤波器设计与实现
fp=890;fs=600;
wp=2*fp/Fs;ws=2*fs/Fs;rp=0.1;rs=60;
% DF 指标（低通滤波器的通带和阻带边界频率）
[N,wp]=ellipord(wp,ws,rp,rs);
% 调用 ellipord 计算椭圆 DF 阶数 N 和通带截止频率 wp
```

```
[B,A]=ellip(N,rp,rs,wp,'high');
% 调用 ellip 计算椭圆带通 DF 系统函数系数向量 B 和 A
y3t=filter(B,A,st);
% 滤波器软件实现
figure(4);
subplot(2,1,1);myplot(B,A);
subplot(2,1,2);yt='y_3(t)';tplot(y3t,T,yt);
```

实验结果如图 5-19～图 5-22 所示。

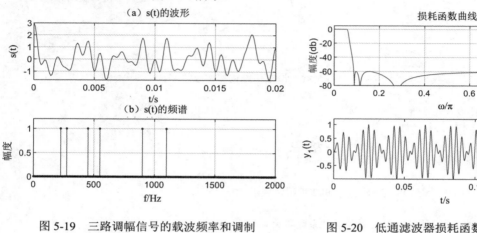

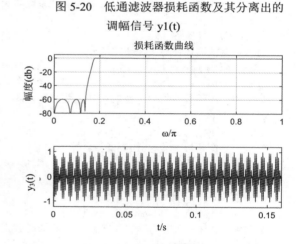

图 5-19　三路调幅信号的载波频率和调制
　　　　　信号频率

图 5-20　低通滤波器损耗函数及其分离出的
　　　　　调幅信号 y1(t)

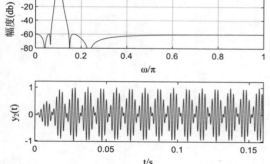

图 5-21　带通滤波器损耗函数及其分离出的
　　　　　调幅信号 y2(t)

图 5-22　高通滤波器损耗函数及其分离出的
　　　　　调幅信号 y3(t)

观察上面的各图可知，三路调幅信号的载波频率分别为 250Hz、500Hz、1000Hz。带宽（也可以由信号产生函数 mstg 清单看出）分别为 50Hz、100Hz、200Hz。所以，分离混合信号 st 中三路抑制载波单频调幅信号的三个滤波器（低通滤波器、带通滤波器、高通滤波器）的指标参数分别选取如下：

对载波频率为 250Hz 的调幅信号，可以用低通滤波器分离，其指标为：

通带截止频率 $f_p = 280\text{Hz}$，通带最大衰减 $\alpha_p = 0.1\text{dB}$。

阻带截止频率 $f_s = 450\text{Hz}$，阻带最小衰减 $\alpha_s = 60\text{dB}$。

对载波频率为 500Hz 的调幅信号，可以用带通滤波器分离，其指标为：

通带截止频率 $f_{pl} = 440\text{Hz}$ ，$f_{pu} = 560\text{Hz}$ ，通带最大衰减 $\alpha_p = 0.1\text{dB}$ 。

阻带截止频率 $f_{sl} = 275\text{Hz}$ ，$f_{su} = 900\text{Hz}$ ，阻带最小衰减 $\alpha_s = 60\text{dB}$ 。

对载波频率为 1000Hz 的调幅信号，可以用高通滤波器分离，其指标为：

通带截止频率 $f_p = 890\text{Hz}$ ，通带最大衰减 $\alpha_p = 0.1\text{dB}$ 。

阻带截止频率 $f_s = 550\text{Hz}$ ，阻带最小衰减 $\alpha_s = 60\text{dB}$ 。

说明：

1）为了使滤波器阶数尽可能低，每个滤波器的边界频率选择原则是使滤波器过渡带宽尽可能宽。

2）与信号产生函数 mstg 相同，采样频率 Fs=10kHz。

3）为了滤波器阶数最低，选用椭圆滤波器。

5.3　根据模拟滤波器设计 IIR 滤波器

利用模拟滤波器设计数字滤波器，就是从已知的模拟滤波器传递函数 $H_a(s)$ 设计数字滤波器传递函数 $H(z)$ ，这是一个由 s 平面到 z 平面的映射变换，这种映射变换应遵循两个基本原则：

1）$H(z)$ 的频率响应要能模仿 $H_a(s)$ 的频率响应，即 s 平面的虚轴应映射到 z 平面的单位圆上。

2）$H_a(s)$ 的因果稳定性映射到 $H(z)$ 后保持不变，即 s 平面从左半平面 Re{s}<0 映射到 z 平面的单位圆内 $|z| < 1$ 。

5.3.1　脉冲响应不变法

1. 基本原理

模拟滤波器到数字滤波器的转换可以在时域内实现，也可以在频域内实现。时域转换法是使数字滤波器的时域响应与模拟滤波器的时域采样值相等，具体方法有：脉冲响应不变法。

利用模拟滤波器理论设计数字滤波器，也就是使数字滤波器能模仿模拟滤波器的特性，这种模仿可从不同的角度出发。脉冲响应不变法是从滤波器的脉冲响应出发，使数字滤波器的单位脉冲响应序列 $h(n)$ 模仿模拟滤波器的冲击响应 $h_a(t)$ ，使 $h(n)$ 正好等于 $h_a(t)$ 的采样值，即：

$$h_a(nT) = h(n) \tag{5-22}$$

在公式中，T 为采样周期。

根据采样序列 Z 变换与模拟信号拉氏变换的关系，可得：

$$H(z)\big|_{z=\mathrm{e}^{sT}} = \frac{1}{T} \sum_{k=-\infty}^{\infty} H_a(s - \mathrm{j}k\Omega_s) = \frac{1}{T} \sum_{k=-\infty}^{\infty} H_a\left(s - \mathrm{j}\frac{2\pi}{T}k\right) \tag{5-23}$$

其中：

$$\begin{cases} s = \sigma + \mathrm{j}\Omega \\ z = r\mathrm{e}^{\mathrm{j}\omega} \end{cases} \Rightarrow \begin{cases} r = \mathrm{e}^{\sigma T} \\ \omega = \Omega T \end{cases}$$

上式表明，采用脉冲响应不变法将模拟滤波器变换为数字滤波器时，它所完成的 s 平面到 z 平面的变换正是以前讨论的拉氏变换到 Z 变换的标准变换关系，即首先对 $H_a(s)$ 进行周期延拓，然后经过 $Z = \mathrm{e}^{sT}$ 映射关系映射到 z 平面上。

$Z = \mathrm{e}^{sT}$ 的映射关系表明，s 平面上每一条宽为 $2\pi/T$ 的横带部分都将重叠地映射到 z 平面的整个平面上。每一横带的左半部分映射到 z 平面单位圆以内，每一横带的右半部分映射到 z 平面单位圆以外，$\mathrm{j}\Omega$ 轴映射在单位圆上，但 $\mathrm{j}\Omega$ 轴上的每一段 $2\pi/T$ 都对应绕单位圆一周。相应的频率变换关系为：

$$\omega = \Omega T \qquad (5\text{-}24)$$

显然，ω 和 T 呈线性关系。

2. 混叠失真

数字滤波器与模拟滤波器的频率响应之间的关系：

$$H(\mathrm{e}^{\mathrm{j}\omega}) = \frac{1}{T} \sum_{k=-\infty}^{\infty} H_a\left(\mathrm{j}\frac{\omega - 2\pi k}{T}\right) \qquad (5\text{-}25)$$

只有当模拟滤波器的频率响应是限带的，且带限于折叠频率以内，即：

$$H_a(\mathrm{j}\Omega) = 0 , \quad |\Omega| \geqslant \frac{\pi}{T} = \frac{\Omega_s}{2} \qquad (5\text{-}26)$$

才能不产生混叠失真，这时数字滤波器的频率响应才能不失真地重现模拟滤波器的频率响应（在折叠频率以内）：

$$H(\mathrm{e}^{\mathrm{j}\omega}) = \frac{1}{T} H_a\left(\mathrm{j}\frac{\omega}{T}\right), \quad |\omega| < \pi \qquad (5\text{-}27)$$

但任何一个实际的模拟滤波器，其频率响应都不可能是真正带限的，因此不可避免地存在频谱的交叠，即混淆，这时数字滤波器的频率响应将不同于原模拟滤波器的频率响应，而带有一定的失真。模拟滤波器频率响应在折叠频率以上衰减越大，失真则越小，这时采用脉冲响应不变法设计的数字滤波器才能得到良好的效果。

脉冲响应不变法适用于用部分分式表达的传递函数，若模拟滤波器的传递函数只有单阶极点，且分母的阶数高于分子的阶数（$N>M$），假设模拟滤波器的系统函数 $H_a(s)$ 只有单阶极点，且假定分母的阶次高于分子的阶次，则：

$$H_a(s) = \sum_{k=1}^{N} \frac{A_k}{s - s_k} \qquad (5\text{-}28)$$

其拉氏反变换为：

$$h_a(t) = F^{-1}[H_a(s)] = \sum_{k=1}^{N} A_k \mathrm{e}^{s_k t} u(t) \qquad (5\text{-}29)$$

其中，$u(t)$ 为单位阶跃函数。对 $h_a(t)$ 采样就得到数字滤波器的单位脉冲响应序列：

$$h(n) = h_a(nT) = \sum_{k=1}^{N} A_k e^{s_k nT} u(n) = \sum_{k=1}^{N} A_k (e^{s_k T})^n u(n) \tag{5-30}$$

再对 $h(n)$ 取 Z 变换，得到数字滤波器的传递函数：

$$H(z) = \sum_{n=-\infty}^{\infty} h(n) z^{-n} = \sum_{n=0}^{\infty} \sum_{k=1}^{N} A_k (e^{s_k T} z^{-1})^n$$
$$= \sum_{k=1}^{N} A_k \sum_{n=0}^{\infty} (e^{s_k T} z^{-1})^n = \sum_{k=1}^{N} \frac{A_k}{1 - e^{s_k T} z^{-1}} \tag{5-31}$$

为了使滤波器增益不随 T 变化，令：

$$h(n) = Th_a(nT) \tag{5-32}$$

所以有：

$$H(z) = \sum_{k=1}^{N} \frac{TA_k}{1 - e^{s_k T} z^{-1}} \tag{5-33}$$

此时：

$$H(e^{j\omega}) = \sum_{k=-\infty}^{\infty} H_a \left(j\frac{\omega}{T} - j\frac{2\pi}{T} k \right) \approx H_a \left(j\frac{\omega}{T} \right) \tag{5-34}$$

$H(e^{j\omega})$ 是 $H_a(j\Omega)$ 的周期延拓，因为 $H_a(j\Omega)$ 并不是带限的，即在超过频率 f_s 部分并不为 0，所以产生了混叠。当为低通或带通滤波器时，f_s 越大，则 $H_a(j\Omega)$ 的下一周期相隔越远，混叠也就越小。

当为带阻或高通滤波器时，$H_a(j\Omega)$ 在超过 $f_s / 2$ 频率部分全为通带，这样就不满足采样定理，发生了完全的混叠，所以脉冲响应不变法不能设计带阻或高通滤波器。

【例 5-17】 利用巴特沃斯模拟滤波器，通过脉冲响应不变法设计巴特沃斯数字滤波器，数字滤波器的技术指标为：

$$0.90 \leqslant \left| H(e^{j\omega}) \right| \leqslant 1.0, \quad 0 \leqslant |\omega| \leqslant 0.25\pi$$
$$\left| H(e^{j\omega}) \right| \leqslant 0.18, \quad 0.35\pi \leqslant |\omega| \leqslant \pi$$

采样周期为 T=2。

实现程序如下：

```
>> T=2;  % 设置采样周期为 2
fs=1/T;  % 采样频率为周期的倒数
Wp=0.25*pi/T;
Ws=0.35*pi/T;    % 设置归一化通带和阻带截止频率
Ap=20*log10(1/0.9);
As=20*log10(1/0.18);  % 设置通带最大和最小衰减
[N,Wc]=buttord(Wp,Ws,Ap,As,'s');
% 调用 butter 函数确定巴特沃斯滤波器阶数
[B,A]=butter(N,Wc,'s');
% 调用 butter 函数设计巴特沃斯滤波器
W=linspace(0,pi,400*pi);    % 指定一段频率值
```

```
hf=freqs(B,A,W);
% 计算模拟滤波器的幅频响应
subplot(2,1,1);
plot(W/pi,abs(hf)/abs(hf(1)));
% 绘出巴特沃斯模拟滤波器的幅频特性曲线
grid on;
title('巴特沃斯模拟滤波器');
xlabel('Frequency/Hz');
ylabel('Magnitude');
[D,C]=impinvar(B,A,fs);
% 调用脉冲响应不变法
Hz=freqz(D,C,W);
% 返回频率响应
subplot(2,1,2);
plot(W/pi,abs(Hz)/abs(Hz(1)));
% 绘出巴特沃斯数字低通滤波器的幅频特性曲线
grid on;
title('巴特沃斯数字滤波器');
xlabel('Frequency/Hz');
ylabel('Magnitude');
```

实验结果如图 5-23 所示。

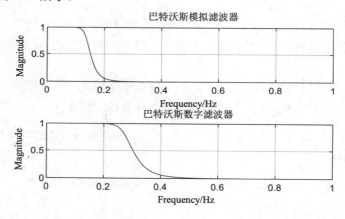

图5-23　脉冲响应不变法设计巴特沃斯数字滤波器

观察工作空间，可得模拟滤波器技术指标为 N=8，W_c=0.4446。

按照脉冲响应不变法的原理，只有当模拟滤波器的频率响应是带限于折叠频率以内时，才能使数字滤波器的频率响应在折叠频率以内，重现模拟滤波器的频率响应，不产生混叠失真。而对于高通和带阻滤波器，无论采样周期为多少，都无法满足这一条件。

【例 5-18】　设计低通数字滤波器，要求在通带内频率低于 0.3πrad 时，允许幅度误差在 1dB 以内，在频率 0.4πrad ~ πrad 的阻带衰减大于 15dB。用脉冲响应不变法设计数字滤波器，$T=1$，模拟滤波器采用切比雪夫 I 型滤波器原型。

程序代码如下：

```
>> Wp=0.3*pi;Wr=0.4*pi;Ap=1;Ar=15;T=1;
Omegap=Wp/T;Omegar=Wr/T;
```

```
[cs,ds]=afd_chb1(Omegap,Omegar,Ap,Ar)
[C,B,A]=sdir2cas(cs,ds);
[db,mag,pha,Omega]=freqs_m(cs,ds,pi);
subplot(234);plot(Omega/pi,mag);
title('模拟滤波器幅度响应|Ha(j\Omega)|'); grid on
[b,a]=imp_invr(cs,ds,T);
[h,n]=impz(b,a);
[C,B,A]=dir2par(b,a)
[db,mag,pha,grd,w]=freqz_m(b,a);
subplot(231);plot(w/pi,mag);
title('数字滤波器幅度响应|Ha(j\Omega)|');grid on
subplot(232);plot(w/pi,db);
title('数字滤波器幅度响应(dB)'); grid on
subplot(233);plot(w/pi,pha/pi);
title('数字滤波器相位响应'); grid on
subplot(235);plot(n,h);
title('脉冲响应');
grid on
```

脉冲响应不变法子程序：

```
function [b,a]=imp_invr(c,d,T)
[R,p,k]=residue(c,d);
p=exp(p*T);
[b,a]=residuez(R,p,k);
p=real(b).*T;
a=real(a);
```

数字滤波器响应子程序：

```
function [db,mag,pha,grd,w]=freqz_m(b,a);
[H,w]=freqz(b,a,1000,'whole');
H=(H(1:501))';w=(w(1:501))';
mag=abs(H);
db=20*log10((mag+eps)/max(mag));
pha=angle(H);
grd=grpdelay(b,a,w);
```

运行结果如图 5-24 所示。

运行结果如下：

```
    ***切比雪夫 I 型模拟低通滤波器阶次= 4
cs =
    0.1938
ds =
    1.0000    0.8980    1.2915    0.6217    0.2175
C =
    []
B =
  -0.1249   -0.1062
   0.1249    0.0937
```

```
A =
    1.0000   -1.0528    0.7687
    1.0000   -1.3500    0.5299
```

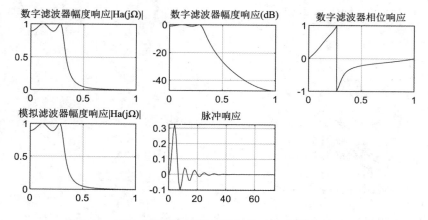

图5-24　脉冲响应不变法设计的切比雪夫I型数字滤波器

5.3.2　双线性变换法

脉冲响应不变法的主要缺点是频谱交叠产生的混淆,这是从 s 平面到 z 平面的标准变换 $Z = e^{sT}$ 的多值对应关系导致的。为了克服这一缺点,设想变换分为两步:

第一步: 将整个 s 平面压缩到 $s1$ 平面的一条横带里。

第二步: 通过标准变换关系将此横带变换到整个 z 平面上去。

由此建立 s 平面与 z 平面一一对应的单值关系,消除多值性,也就消除了混淆现象。

基本思想: 将非带限的模拟滤波器映射为最高频率为 $\dfrac{\pi}{T}$ 的带限模拟滤波器。

为了将 s 平面的 $j\Omega$ 轴压缩到 s_1 平面的 $j\Omega$ 轴上的 $-\dfrac{\pi}{T} \sim \dfrac{\pi}{T}$ 段上,可通过以下正切变换实现:

$$\omega = \frac{2}{T}\tan\left(\frac{\Omega}{2}\right) \tag{5-35}$$

s 平面到 z 平面的映射关系为:

$$j\omega = j\frac{2}{T}\tan\left(\frac{\Omega}{2}\right) = j\frac{2}{T}\frac{\sin\left(\dfrac{\Omega}{2}\right)}{\cos\left(\dfrac{\Omega}{2}\right)} = \frac{2}{T}\frac{e^{j\frac{\Omega}{2}} - e^{-j\frac{\Omega}{2}}}{e^{j\frac{\Omega}{2}} + e^{-j\frac{\Omega}{2}}} = \frac{2}{T}\frac{1 - e^{-j\Omega}}{1 + e^{-j\Omega}} \tag{5-36}$$

将 $s = j\Omega$, $z = e^{j\omega}$ 代入上式,得到单值映射关系为:

$$s = \frac{2}{T}\frac{1 - z^{-1}}{1 + z^{-1}} , \quad z = \frac{2/T + s}{2/T - s} \tag{5-37}$$

双线性变换法的主要优点是不存在频谱混叠。由于 s 平面与 z 平面一一单值对应, s 平面的虚轴(整个 $j\Omega$)对应 z 平面单位圆的一周, s 平面的 $\Omega = 0$ 对应于 z 平面的 $\omega = 0$, $\Omega = \infty$ 对应 $\omega \to \pi$,即数字滤波器的频率响应终止于折叠频率处,所以双线性变换不存在频谱混叠效应。

双线性变换法设计 DF 的步骤如下：

1）将数字滤波器的频率指标转换为模拟滤波器的频率指标。

2）由模拟滤波器的指标设计模拟滤波器的 $H(s)$。

3）利用双线性变换法将 $H(s)$ 转换为 $H(z)$。

【例 5-19】　利用巴特沃斯模拟滤波器，通过双线性变换法设计数字带阻滤波器，数字滤波器的技术指标为：

$$0.90 \leqslant \left|H(e^{j\omega})\right| \leqslant 1.0, \quad 0 \leqslant |\omega| \leqslant 0.25\pi$$

$$\left|H(e^{j\omega})\right| \leqslant 0.18, \quad 0.35\pi \leqslant |\omega| \leqslant 0.75\pi$$

$$0.90 \leqslant \left|H(e^{j\omega})\right| \leqslant 1.0, \quad 0.75 \leqslant |\omega| \leqslant \pi$$

采样周期为 T=1。

程序代码如下：

```
>> T=1;      % 设置采样周期为 1
fs=1/T;      % 采样频率为周期的倒数
wp=[0.25*pi,0.75*pi];
ws=[0.35*pi,0.65*pi];
 Wp=(2/T)*tan(wp/2);
Ws=(2/T)*tan(ws/2);      % 设置归一化通带和阻带截止频率
Ap=20*log10(1/0.9);
As=20*log10(1/0.18);
% 设置通带最大和最小衰减
[N,Wc]=buttord(Wp,Ws,Ap,As,'s');
% 调用 butter 函数确定巴特沃斯滤波器阶数
[B,A]=butter(N,Wc, 'stop','s');
% 调用 butter 函数设计巴特沃斯滤波器
W=linspace(0,2*pi,400*pi);
% 指定一段频率值
hf=freqs(B,A,W);
% 计算模拟滤波器的幅频响应
subplot(2,1,1);
plot(W/pi,abs(hf));
% 绘出巴特沃斯模拟滤波器的幅频特性曲线
grid on;
title('巴特沃斯模拟滤波器');
xlabel('Frequency/Hz');
ylabel('Magnitude');
[D,C]=bilinear(B,A,fs);
% 调用双线性变换法
Hz=freqz(D,C,W);
% 返回频率响应
subplot(2,1,2);
plot(W/pi,abs(Hz));
% 绘出巴特沃斯数字带阻滤波器的幅频特性曲线
grid on;
```

```
title('巴特沃斯数字滤波器');
xlabel('Frequency/Hz');
ylabel('Magnitude');
```

运行结果如图 5-25 所示。

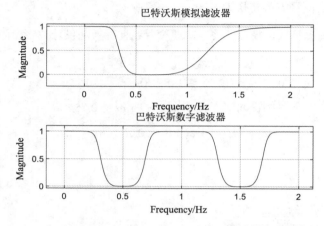

图5-25　双线性变换法设计数字带阻滤波器

【例 5-20】　设计低通数字滤波器，要求在通带内频带低于 $0.3\pi rad$ 时，允许幅度误差在 1dB 以内，在频率 $0.4\pi rad \sim \pi rad$ 的阻带衰减大于 18dB。用双线性变换法设计数字滤波器，$T=1$，模拟滤波器采用巴特沃斯滤波器原型。

实验程序代码如下：

```
>> Wp=0.3*pi;Wr=0.4*pi;Ap=1;Ar=18;T=1;
Omegap=(2/T)*tan(Wp/2);Omegar=(2/T)*tan(Wr/2);
[cs,ds]=afd_butt(Omegap,Omegar,Ap,Ar)
[C,B,A]=sdir2cas(cs,ds);
[db,mag,pha,Omega]=freqs_m(cs,ds,pi);
subplot(234);plot(Omega/pi,mag);
title('模拟滤波器幅度响应|Ha(j\Omega)|');
grid on
[b,a]=bilinear(cs,ds,T);
% 双线性变换法设计
[h,n]=impz(b,a);
[C,B,A]=dir2cas(b,a)
[db,mag,pha,grd,w]=freqz_m(b,a);
subplot(231);plot(w/pi,mag);
title('数字滤波器幅度响应|Ha(j\Omega)|');
grid on
subplot(232);plot(w/pi,db);
title('数字滤波器幅度响应(dB)');
grid on
subplot(233);plot(w/pi,pha/pi);
title('数字滤波器相位响应');
subplot(235);plot(n,h);
title('脉冲响应');
grid on
```

```
delta_w=2*pi/1000;
Ap=-(min(db(1:1:Wp/delta_w+1)))
Ar=-round(max(db(Wr/delta_w+1:1:501)))
```

运行结果如图 5-26 所示。

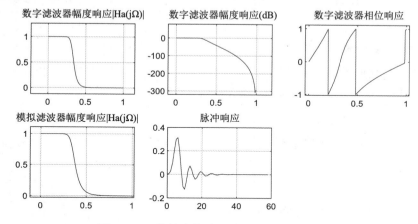

图5-26 双线性变换法设计巴特沃斯滤波器

程序输出如下：

```
cs =
    2.2855
ds =
    1.0000     5.6838    16.1526    29.7846    38.8353    36.6216    24.4193
10.5650    2.2855
C =
    5.7054e-04
B =
    1.0000    2.0699    1.0725
    1.0000    1.9983    1.0008
    1.0000    1.9301    0.9324
    1.0000    2.0017    0.9992
A =
    1.0000   -0.5784    0.0918
    1.0000   -0.6214    0.1729
    1.0000   -0.7202    0.3594
    1.0000   -0.9091    0.7161
Ap =
    1.0000
Ar =
    19
```

▶ 5.4   从模拟滤波器低通模型到数字滤波器

对于模拟滤波器，已经形成了许多成熟的设计方案，如巴特沃斯滤波器，切比雪夫滤波器，考尔（椭圆函数）滤波器，每种滤波器都有自己的一套准确的计算公式，同时，也已制备了大量归一化的设计表格和曲线，为滤波器的设计和计算提供了许多方便。因此，在模拟滤波器的设计中，只要掌握原型变换，就可以通过归一化低通原型的参数去设计各种实际的低通、高通、带通或带阻滤波器。

这一套成熟、有效的设计方法也可通过前面所讨论的各种变换应用于数字滤波器的设计。主要包括以下两种方法：

1．两步法（模拟–模拟–数字）

1）把一个归一化的模拟低通滤波器原型经过模拟频带变换成所需类型的模拟滤波器。

2）通过脉冲响应不变法或双线性变换法转换为所需类型的数字滤波器。

2．一步法（模拟–数字）

直接从模拟低通归一化原型通过一定的频率变换关系，一步完成各类数字滤波器的设计。

5.4.1 低通变换

通过模拟原型设计数字滤波器的 4 个步骤：

1）确定数字滤波器的性能要求，确定各临界频率 $\{\omega_k\}$。

2）由变换关系将 $\{\omega_k\}$ 映射到模拟域，得出模拟滤波器的临界频率值 $\{\Omega_k\}$。

3）根据 $\{\Omega_k\}$ 设计模拟滤波器的 $H_a(s)$。

4）把 $H_a(s)$ 变换成 $H(z)$（数字滤波器系统函数）。

【例 5-21】 设采样周期 $T = 250\mu s(f_s = 4\text{kHz})$，设计一个三阶巴特沃斯低通滤波器，其 3dB 截止频率 $f_c = 1\text{kHz}$。分别用脉冲响应不变法和双线性变换法求解。

实现程序如下：

```
>> [B,A]=butter(3,2*pi*1000,'s');
[num1,den1]=impinvar(B,A,4000);
[h1,w]=freqz(num1,den1);
[B,A]=butter(3,2/0.00025,'s');
[num2,den2]=bilinear(B,A,4000);
[h2,w]=freqz(num2,den2);
f=w/pi*2000;
plot(f,abs(h1),'-.',f,abs(h2),'-');
grid;
xlabel('频率/Hz ')
ylabel('幅值')
```

运行结果如图 5-27 所示。

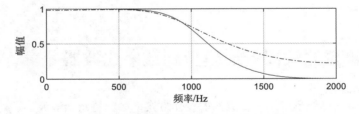

图5-27 三阶巴特沃斯数字滤波器的频率响应

对于双线性变换法，由于频率的非线性变换，使截止区的衰减越来越快，最后在折叠频率处（$Z=-1$，$\omega=\pi$）形成一个三阶传输零点，这个三阶零点正是模拟滤波器在 $\Omega=\infty$ 处的三阶传输零点通过映射形成的。因此，双线性变换法使过渡带变窄，对频率的选择性有所改善，而脉冲响应不变法存在混淆，且没有传输零点。

5.4.2　高通变换

设计高通、带通、带阻等数字滤波器时，有两种方法：

1）先设计一个相应的高通、带通或带阻模拟滤波器，然后通过脉冲响应不变法或双线性变换法转换为数字滤波器。

2）直接利用模拟滤波器的低通原型，通过一定的频率变换关系，一步完成各种数字滤波器的设计。

因其简捷便利，所以得到普遍采用。变换方法的选用：

1）脉冲响应不变法：对于高通、带阻等都不能直接采用，或只能在加了保护滤波器后才可使用。因此，使用直接频率变换（第二种方法）对脉冲响应不变法要有许多特殊的考虑，一般应用于第一种方法中。

2）双线性变换法：实际使用中多数情况使用的方法。

在模拟滤波器的高通设计中，低通至高通的变换就是 s 变量的倒置，这一关系同样可应用于双线性变换，只要将变换式中的 s 用 $1/s$ 替代，就可以得到数字高通滤波器，即：

$$s=\frac{T}{2}\frac{1+z^{-1}}{1-z^{-1}} \tag{5-38}$$

由于倒数关系不改变模拟滤波器的稳定性，因此也不会影响双线性变换后的稳定条件，而且 $j\Omega$ 轴仍映射在单位圆上，只是方向颠倒了，即：

$Z=e^{j\omega}$ 时，

$$s=\frac{T}{2}\frac{1+e^{-j\omega}}{1-e^{-j\omega}}=-\frac{T}{2}j\cot\left(\frac{\omega}{2}\right)=j\Omega \tag{5-39}$$

$$\Omega=-\frac{T}{2}\cot\left(\frac{\omega}{2}\right) \tag{5-40}$$

高通变换的计算步骤和低通变换一样。但在确定模拟原型预畸的临界频率时，应采用 $\Omega_k=\frac{T}{2}\cot\left(\frac{\omega_k}{2}\right)$，不必加负号，因为临界频率只有大小的意义，而无正负的意义。

【例 5-22】　设计一数字高通滤波器，它的通带为 400～500Hz，通带内容许有 0.5dB 的波动，阻带内衰减在小于 317Hz 的频带内至少为 19dB，采样频率为 1000Hz。

实验程序如下：

```
wc=2*1000*tan(2*pi*400/(2*1000));
wt=2*1000*tan(2*pi*317/(2*1000));
[N,wn]=cheb1ord(wc,wt,0.5,19,'s');
% 选择最小阶和截止频率
```

```
% 设计高通滤波器
[B,A]=cheby1(N,0.5,wn,'high','s');
% 设计切比雪夫 I 型模拟滤波器
[num,den]=bilinear(B,A,1000);
% 数字滤波器设计
[h,w]=freqz(num,den);
f=w/pi*500;
plot(f,20*log10(abs(h)));
axis([0,500,-80,10]);
grid;
xlabel('频率/Hz')
ylabel('幅度/dB')
```

运行结果如图 5-28 所示。

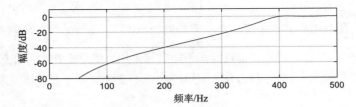

图5-28　切比雪夫数字高通滤波器

5.4.3　带通变换

如果数字频域上带通的中心频率为 ω_0 ，则带通变换的目的是将 $\Omega = 0 \to \pm\omega_0$ ：

$$\Omega = -\infty \to 0 \to \infty \xrightarrow{\text{映射}} \omega = 0 \to \omega_0 \to \pi$$

$$\Omega = -\infty \to 0 \to \infty \xrightarrow{\text{映射}} \omega = -\pi \to -\omega_0 \to 0$$

即将 s 的原点映射到 $z = \mathrm{e}^{\pm\mathrm{j}\omega_0}$ ，而将 $s = \pm\mathrm{j}\infty$ 点映射到 $z = \mathrm{e}^{\mathrm{j}0}$ 、 $\mathrm{e}^{\mathrm{j}\pi} = \pm 1$ ，满足这一双线性的变换为：

$$s = \frac{\left(z - \mathrm{e}^{\mathrm{j}\omega_o}\right)\left(z - \mathrm{e}^{-\mathrm{j}\omega_o}\right)}{(z-1)(z+1)} = \frac{z^2 - 2z\cos\omega_o + 1}{z^2 - 1} \tag{5-41}$$

当 $z = \mathrm{e}^{\mathrm{j}\omega}$ 时：

$$s = \frac{\mathrm{e}^{\mathrm{j}2\omega} - 2\mathrm{e}^{\mathrm{j}\omega}\cos\omega_o + 1}{\mathrm{e}^{\mathrm{j}2\omega} - 1} = \frac{\left(\mathrm{e}^{\mathrm{j}\omega} + \mathrm{e}^{-\mathrm{j}\omega}\right) - 2\cos\omega_o}{\mathrm{e}^{\mathrm{j}\omega} - \mathrm{e}^{-\mathrm{j}\omega}} \tag{5-42}$$

$$s = \mathrm{j}\frac{\cos\omega_o - \cos\omega}{\sin\omega} , \quad s = \mathrm{j}\Omega \tag{5-43}$$

带通频率变换关系为：

$$\Omega = \frac{\cos\omega_o - \cos\omega}{\sin\omega} \tag{5-44}$$

【例 5-23】 采样 f_s=400kHz，设计一巴特沃斯带通滤波器，其 3dB 边界频率分别为 f_2=90kHz、 f_1=110kHz，在阻带 f_3=120kHz 处最小衰减大于 10dB。

程序代码如下:

```
w1=2*400*tan(2*pi*90/(2*400));
w2=2*400*tan(2*pi*110/(2*400));
wr=2*400*tan(2*pi*120/(2*400));
[N,wn]=buttord([w1 w2],[1 wr],3,10,'s');
[B,A]=butter(N,wn,'s');
[num,den]=bilinear(B,A,400);
[h,w]=freqz(num,den);
f=w/pi*200;
plot(f,20*log10(abs(h)));
axis([40,160,-30,10]);
grid;
xlabel('频率/kHz')
ylabel('幅度/dB')
```

运行结果如图 5-29 所示。

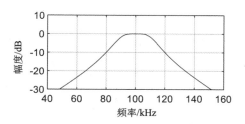

图5-29　巴特沃斯带通滤波器

5.4.4　带阻变换

把带通的频率关系倒置就可以得到带阻变换。

$$s = \frac{z^2 - 1}{z^2 - 2z\cos\omega_0 + 1} , \quad \Omega = \frac{\sin\omega}{\cos\omega - \cos\omega_o} \tag{5-45}$$

$$\Omega_c = \frac{\sin\omega_1}{\cos\omega_1 - \cos\omega_0} , \quad \cos\omega_0 = \frac{\sin(\omega_1 + \omega_2)}{\sin(\omega_1) + \sin(\omega_2)} \tag{5-46}$$

【例 5-24】　一数字滤波器采样频率 f_s =1kHz,要求滤除 100Hz 的干扰,其 3dB 的边界频率为 95Hz 和 105Hz,原型归一化低通滤波器为:

$$H_a^1(s) = \frac{1}{1+s}$$

程序代码如下:

```
w1=95/500;
w2=105/500;
[B,A]=butter(1,[w1, w2],'stop');
[h,w]=freqz(B,A);
f=w/pi*500;
plot(f,20*log10(abs(h)));
axis([50,150,-30,10]);
grid;
xlabel('频率/Hz')
ylabel('幅度/dB')
```

运行结果图如图 5-30 所示。

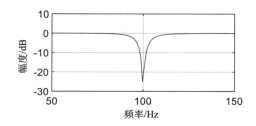

图5-30　巴特沃斯带阻滤波器

▪5.5　从低通数字滤波器到各种数字滤波器的频率变换

DF 低通原型函数 $H_p(z) \xrightarrow{变换}$ 各种DF的$H(z)$ 可以直接在数字域上实现:

$$H_p(u) \xrightarrow{u^{-1}=G(z^{-1})} H(z)$$

$$u\text{平面} \qquad\qquad z\text{平面}$$

为了便于区分变换前后两个不同的 z 平面,我们把变换前的 z 平面定义为 u 平面,并将这一映射关系用一个函数 G 表示:

$$u^{-1} = G(z^{-1}) \tag{5-47}$$

于是,DF 的原型变换可表为:

$$H(z) = H_p(u)\Big|_{u^{-1}=G(z^{-1})} \tag{5-48}$$

函数 $G(z^{-1})$ 的特性如下:

1) $G(z^{-1})$ 是 z^{-1} 的有理函数。

2) 希望变换以后的传递函数保持稳定性不变,因此要求 u 的单位圆内部必须对应于 z 的单位圆内部。

3) $G(z^{-1})$ 必须是全通函数。

为了使两个函数的频率响应满足一定的变换要求,z 的单位圆应映射到 u 的单位圆上,若以 $\mathrm{e}^{\mathrm{j}\theta}$ 和 $\mathrm{e}^{\mathrm{j}\omega}$ 分别表示 u 平面和 z 平面的单位圆,则有:

$$\mathrm{e}^{-\mathrm{j}\theta} = G\big(\mathrm{e}^{-\mathrm{j}\omega}\big) = \big|G\big(\mathrm{e}^{-\mathrm{j}\omega}\big)\big|\mathrm{e}^{\mathrm{j}\phi(\omega)} \tag{5-49}$$

其中 $\big|G\big(\mathrm{e}^{-\mathrm{j}\omega}\big)\big| \equiv 1$,$\varphi(\omega)$ 是 $G(\mathrm{e}^{\mathrm{j}\omega})$ 的相位函数,即函数在单位圆上的幅度必须恒为 1,称为全通函数。

全通函数的基本特性:

任何全通函数都可以表示为:

$$G(z^{-1}) = \pm\prod_{i=1}^{N} \frac{z^{-1}-\alpha_i^*}{1-\alpha_i z^{-1}} \tag{5-50}$$

其中 α_i 为极点,可为实数,也可为共轭复数,但必须在单位圆以内,即 $|\alpha_i| < 1$,以保证变换的稳定性不变,*为取共轭。$G(z^{-1})$ 的所有零点 $(1/\alpha_i^*)$ 都是其极点的共轭倒数,N 为全通函数的阶数。$\omega = 0 \to \pi$ 变化时,相位函数 $\varphi(\omega)$ 的变化量为 $N\pi$。不同的 N 和 α_i 对应各类不同的变换。

5.5.1 低通–低通

在低通–低通(LP-LP)的变换中,$H_p(\mathrm{e}^{\mathrm{j}\theta})$ 和 $H\big(\mathrm{e}^{\mathrm{j}\omega}\big)$ 都是低通函数,只是截止频率互不相同(或低通滤波器的带宽不同),因此当 $\theta = 0 \sim \pi$ 时,相应的 $\omega = 0 \sim \pi$,根据全通函数相位 $\varphi(\omega)$ 变化量为 $N\pi$ 的性质,可确定全通函数的阶数 $N=1$,且必须满足以下两个条件:

$$g(1) = 1, \quad g(-1) = -1 \tag{5-51}$$

满足以上要求的映射函数为:

$$g(z^{-1}) = \frac{z^{-1}-\alpha}{1-\alpha z^{-1}} \tag{5-52}$$

将 $z = \mathrm{e}^{\mathrm{j}\omega}$ 及 $u = \mathrm{e}^{\mathrm{j}\theta}$ 代入上式可以得到频率变换关系：

$$\mathrm{e}^{-\mathrm{j}\theta} = \frac{\mathrm{e}^{-\mathrm{j}\omega}-\alpha}{1-\alpha\mathrm{e}^{-\mathrm{j}\omega}} \tag{5-53}$$

由此可以知道：

$$\omega = \arctan\left[\frac{(1-\alpha^2)\sin\theta}{2\alpha+(1+\alpha^2)\cos\theta}\right] \tag{5-54}$$

适当选择 α 可以使 $-\theta_c$ 变换成 ω_c。θ_c 为低通原型截止频率，ω_c 为变换后的截止频率。

5.5.2 低通–高通

原型低通的截止频率 $-\theta_c$ 对于高通截止频率的 ω_c，有：

$$\mathrm{e}^{\mathrm{j}\theta_c} = -\frac{\mathrm{e}^{-\mathrm{j}\omega_c}+\alpha}{1+\alpha\mathrm{e}^{-\mathrm{j}\omega_c}}, \quad \alpha = -\frac{1+\mathrm{e}^{-\mathrm{j}(\omega_c+\theta_c)}}{\mathrm{e}^{-\mathrm{j}\omega_c}+\mathrm{e}^{-\mathrm{j}\theta_c}} \tag{5-55}$$

为了从低通数字滤波器原型得到新数字滤波器的有理函数，必须实现有理代换，通常采用 zmapping 函数实现。该函数如下：

```
function [bz,az]=zmapping(bZ,aZ,Nz,Dz);
bzord=(length(bZ)-1)*(length(Nz)-1);
azord=(length(aZ)-1)*(length(Dz)-1);
bz=zeros(1,bzord+1);
for k=0:bzord
    pln=[1];
    for l=0:k-1
        pln=conv(pln,Nz);
    end
    pld=[1];
    for l=0:bzord-k-1
        pld=conv(pld,Dz);
    end
    bz=bz+bZ(k+1)*conv(pln,pld);
end
az=zeros(1,azord+1);
for k=0:azord
    pln=[1];
    for l=0:k-1
        pln=conv(pln,Nz);
    end
    pld=[1];
    for l=0:azord-k-1
        pld=conv(pld,Dz);
    end
end
```

```
    az=az+aZ(k+1)*conv(pln,pld);
end
```

【例 5-25】 根据例 5-20 设计低通数字滤波器，要求在通带内频带低于 $0.3\pi\text{rad}$ 时，允许幅度误差在 1dB 以内，在频率 $0.4\pi\text{rad} \sim \pi\text{rad}$ 的阻带衰减大于 18dB。用双线性变换法设计数字滤波器，$T=1$，模拟滤波器采用巴特沃斯滤波器原型。试用 zmapping 函数实现从低通滤波器到高通滤波器的频率转换。

程序代码如下：

```
>> wplp=0.3*pi;         % 低通数字滤波器通带频率
wrlp=0.4*pi;            % 低通数字滤波器阻带频率
Ap=1;                   % 通带波动
Ar=18;                  % 阻带波动
T=1;
Omegap=(2/T)*tan(wplp/2);        % 低通原型通带频率
Omegar=(2/T)*tan(wrlp/2);        % 低通原型阻带频率
[cs,ds]=afd_chb1(Omegap,Omegar,Ap,Ar);
%模拟切比雪夫Ⅰ型低通滤波器
[blp,alp]=bilinear(cs,ds,T);
%双线性变换求低通数字滤波器
wphp=0.6*pi;                     % 高通数字通带频率
alpha=-(cos((wplp+wphp)/2))/(cos((wplp-wphp)/2))
Nz=-[alpha,1];Dz=[1,alpha];      % 变换关系
[bhp,ahp]=zmapping(blp,alp,Nz,Dz);
% 数字高通滤波器系统函数
[C,B,A]=dir2cas(bhp,ahp)
% 级联实现
[db,mag,pha,grd,w]=freqz_m(blp,alp);
% 低通频率响应
[db1,mag1,pha1,grd1,w1]=freqz_m(bhp,ahp);
% 高通频率响应
subplot(221);plot(w/pi,mag);
title('低通滤波器幅度响应|Ha(j\Omega)|');
grid on
subplot(222);plot(w/pi,db);
title('低通滤波器幅度响应(dB)');
grid on
subplot(223);plot(w1/pi,mag1);
title('高通滤波器幅度响应|Ha(j\Omega)|');
grid on
subplot(224);plot(w1/pi,db1);
title('高通滤波器幅度响应(dB)');
grid on
```

运行结果如图 5-31 所示。

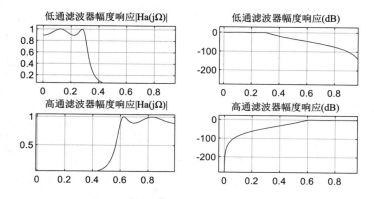

图5-31　数字域变换法设计高通滤波器

运行输出如下：

***切比雪夫Ⅰ型模拟低通滤波器阶次＝ 4
alpha =
  -0.1756
C =
  0.0243
B =
  1.0000 -2.0000 1.0000
  1.0000 -2.0000 1.0000
A =
  1.0000 1.0416 0.4019
  1.0000 0.5561 0.7647

5.5.3 低通–带通

低通–带通（LP-BP）变换把带通的中心频率 $\omega_0 \to \theta = 0$ ， $\omega_2 \to -\theta_c$ ， $\omega_1 \to \theta_c$ ， $\omega = 0 \sim \pi$ ， $\theta = -\pi \sim \pi$ ， $\omega = 0$ ， $\theta = -\pi$ ，因此：

$$u^{-1} = G(z^{-1}) = -\frac{z^{-2} + r_1 z^{-1} + r_2}{r_2 z^{-2} + r_1 z^{-1} + 1} \qquad (5\text{-}56)$$

$$e^{-j\theta} = -\frac{e^{-2j\omega} + r_1 e^{-j\omega} + r_2}{r_2 e^{-2j\omega} + r_1 e^{-j\omega} + 1} \qquad (5\text{-}57)$$

把变换关系 $\omega_1 \to \theta_c$ ， $\omega_2 \to -\theta_c$ 代入可知：

$$\begin{cases} e^{-j\theta_c} = -\dfrac{e^{-j2\omega_1} + r_1 e^{-j\omega_1} + r_2}{r_2 e^{-j2\omega_1} + r_1 e^{-j\omega_1} + 1} \\ e^{j\theta_c} = -\dfrac{e^{-j2\omega_2} + r_1 e^{-j\omega_2} + r_2}{r_2 e^{-j2\omega_2} + r_1 e^{-j\omega_2} + 1} \end{cases} \qquad (5\text{-}58)$$

消去 r_1 可得：

$$\begin{aligned} r_2 &= \frac{e^{-j\omega_2}e^{-j\theta_c} + e^{j\omega_2} - e^{-j\omega_1} - e^{j(\omega_1 - \theta_c)}}{e^{-j\omega_1}e^{-j\theta_c} + e^{j\omega_1} + e^{-j\omega_2} + e^{j(\omega_2 - \theta_c)}} \\ &= \frac{e^{-j\theta_c}(e^{-j\omega_2} - e^{j\omega_1}) + (e^{j\omega_2} - e^{-j\omega_1})}{e^{-j\theta_c}(e^{j\omega_2} + e^{-j\omega_1}) + (e^{-j\omega_2} + e^{j\omega_1})} \end{aligned} \qquad (5\text{-}59)$$

假定 $k = \cot\left(\dfrac{\omega_2 - \omega_1}{2}\right)\tan\dfrac{\theta_c}{2}$，可以得到 $r_2 = \dfrac{k-1}{k+1}$，$r_1 = -\dfrac{2\alpha k}{k+1}$，$\alpha = \dfrac{\cos\left(\dfrac{\omega_2 + \omega_1}{2}\right)}{\cos\left(\dfrac{\omega_2 - \omega_1}{2}\right)}$。

5.5.4 低通–带阻

低通–带阻（LP-BS）变换把带阻的中心频率 $\omega_0 \to \theta = \pm\pi$，$\omega = 0 \sim \pi$，$\theta = -\pi \sim \pi$，N=2，又因为 $g(1)=1$，所以全通函数取正号。分析得变换关系为：

$$u^{-1} = g(z^{-1}) = \frac{z^{-2} + r_1 z^{-1} + r_2}{r_2 z^{-2} + r_1 z^{-1} + 1} \tag{5-60}$$

$$\mathrm{e}^{-j\theta} = -\frac{\mathrm{e}^{-2j\omega} + r_1\mathrm{e}^{-j\omega} + r_2}{r_2\mathrm{e}^{-2j\omega} + r_1\mathrm{e}^{-j\omega} + 1} \quad g(1)=1 \tag{5-61}$$

将变换关系 $\omega_1 \to -\theta_c$，$\omega_2 \to \theta_c$ 代入有：

$$r_1 = \frac{-2\alpha}{k+1}, \quad r_2 = \frac{1-k}{1+k}, \quad \alpha = \frac{\cos\left(\dfrac{\omega_2 + \omega_1}{2}\right)}{\cos\left(\dfrac{\omega_2 - \omega_1}{2}\right)}, \quad k = \tan\left(\frac{\omega_2 - \omega_1}{2}\right)\tan\frac{\theta_c}{2} \tag{5-62}$$

5.6 本章小结

数字滤波技术是数字信号处理中的一个重要环节，滤波器的设计则是信号处理的核心问题之一。IIR 数字滤波器具有良好的幅频响应特性，被广泛应用于通信、控制、生物医学、振动分析、雷达和声呐等领域。从滤波器实现来看，IIR 数字滤波器有直接型、级联型、并联型等基本网络结构类型。

在各种 IIR 数字滤波器结构中，级联型滤波器结构一方面由于各级之间相互不影响，便于准确实现滤波器零点、极点以及调整滤波器频率响应性能；另一方面由于各级极点密集度小，滤波器性能受滤波器系数量化的影响小，因此备受关注。

第6章 FIR 滤波器的设计

FIR（Finite Impulse Response）数字滤波器指有限脉冲响应数字滤波器，这是一种在数字型信号处理领域应用非常广泛的基础性滤波器。FIR 数字滤波器的特点是能够在输入具有任意幅频特性的数字信号后，保证输出数字信号的相频特性仍然保持严格线性。另外，FIR 数字滤波器具有有限长的脉冲采样响应特性，比较稳定。因此，FIR 滤波器的应用要远远广于 IIR 滤波器，在信息传输领域、模式识别领域以及数字图像处理领域具有举足轻重的作用。

学习目标：

- 熟练掌握 FIR 滤波器的结构
- 熟练掌握 FIR 滤波器的特性
- 熟练运用基本窗函数法和频率采样法进行 FIR 滤波器设计
- 熟练掌握最优的 FIR 滤波器设计

■ 6.1 FIR 滤波器的结构

首先介绍 IIR 滤波器的缺陷及应用问题。

尽管 IIR 数字滤波器的设计理论已经非常成熟、经典，但是 IIR 滤波器有一个自身的重要缺陷：相位特性通常是非线性的。

1）IIR 滤波器的非线性原理：在 IIR 滤波器的设计过程中，只是对滤波器的幅频特性进行了研究，并获得了良好的幅度频率特性。而对相频特性却没有考虑，所以 IIR 数字滤波器的相位特性通常是非线性的。

2）IIR 滤波器的应用场合：由于 IIR 数字滤波器的相位特性通常是非线性的，因此 IIR 数字滤波器适合用于对系统相位特性要求不严格的场合。

3）IIR 滤波器的应用问题：由于一个具有线性相位特性的滤波器可以保证在滤波器通带内信号传输不失真，因此在许多领域需要滤波器具有严格的线性相位特性，比如图像处理及数据传输等。但是如果要用 IIR 滤波器实现线性的相位特性，则必须对其相位特性用全通滤波器进行校正，其结果使得滤波器设计变得复杂，实现困难，成本提高。

所以要实现具有线性相位的数字滤波器，必须另寻途径。

有限脉冲响应系统的单位脉冲响应 $h(n)$ 为有限长序列，系统函数 $H(z)$ 在有限 z 平面上不存在极点，其运算结构中没有反馈支路，即没有环路。

有限脉冲响应滤波器可以设计成在整个频率范围内均可提供精确的线性相位，而且总是可以独立于滤波器系数保持有限输入、有限输出稳定。因此，在很多领域，这样的滤波器是首选的。

FIR 滤波器有以下特点：

1）方法系统的单位冲激响应 $h(n)$ 在有限个 $h(n)$ 值处不为零。

2）系统函数 $H(z)$ 在 $|z| > 0$ 处收敛，并只有零点，即有限 z 平面只有零点，而全部极点都在 $z = 0$ 处（因果系统）。

3）结构上主要采用非递归结构，没有输出到输入的反馈。

FIR 滤波器的基本结构有：

1）直接型。
2）级联型。
3）频率采样型。
4）快速卷积型。

6.1.1 直接型结构

假设 FIR 滤波器的单位冲击响应 $h(n)$ 为一个长度为 N 的序列，那么滤波器的系统函数为：

$$H(z) = \sum_{n=0}^{N-1} h(n) z^{-n} \tag{6-1}$$

上式的差分形式为：

$$y(n) = \sum_{m=0}^{N-1} h(m) x(n-m) \tag{6-2}$$

由于该结构利用输入信号 $x(n)$ 和滤波器单位脉冲响应 $h(n)$ 的线性卷积来描述输出信号 $y(n)$，因此 FIR 滤波器的直接型结构又称为卷积型结构，有时也称为横截型结构。

6.1.2 级联型结构

当需要控制系统传输零点时，将传递函数 $H(z)$ 分解成二阶实系数因子的形式：

$$H(z) = \sum_{n=0}^{N-1} h(n) z^{-n} = \prod_{i=1}^{M} (a_{0i} + a_{1i} z^{-1} + a_{2i} z^{-2}) \tag{6-3}$$

这种结构的每一节控制一对零点，因而在需要控制传输零点时可以采用。所需要的系数 $\alpha_{ik}(i = 0, 1, 2; k = 1, 2, \cdots, [N/2])$ 比直接型的 $h(n)$ 多，运算时所需的乘法运算也比直接型多。

6.1.3 频率采样型结构

由频域采样定理可知，对有限长序列 $h(n)$ 的 z 变换 $H(z)$ 在单位圆上做 N 点的等间隔采样，N 个频率采样值的离散傅里叶反变换所对应的时域信号是原序列 $h_N(n)$ 以采样点数 N 为周期进行周期延拓的结果，当 N 大于等于原序列 $h(n)$ 长度 M 时，$h_N(n) = h(n)$，不会发生信号失真，此时 $H(z)$ 可以用频域采样序列 $H(k)$ 内插得到，内插公式如下：

$$H(z) = (1 - z^{-N}) \frac{1}{N} \sum_{k=0}^{N-1} \frac{H(k)}{1 - W_N^{-k} z^{-1}} \tag{6-4}$$

其中，$H(k) = H(z)\big|_{z=\mathrm{e}^{\mathrm{j}\frac{2\pi}{N}k}}$，$k = 0, 1, 2, \cdots, N-1$。

实现 FIR 系统提供了另一种结构，$H(z)$ 也可以重写为：

$$H(z) = \frac{1}{N} H_c(z) \sum_{k=0}^{N-1} H_k^{'}(z) \tag{6-5}$$

其中，$H_c(z) = 1 - z^{-N}$，$H_k^{'}(z) = \dfrac{H(k)}{1 - W_N^{-k} z^{-1}}$。

显然，$H(z)$ 的第一部分 $H_c(z)$ 是一个由 N 阶延时单元组成的梳状滤波器。它在单位圆上有 N 个等间隔的零点：

$$z_i = \mathrm{e}^{\mathrm{j}\frac{2\pi}{N}i} = W_N^{-i} \tag{6-6}$$

频率响应为：

$$H_c(\mathrm{e}^{\mathrm{j}\omega}) = 1 - \mathrm{e}^{-\mathrm{j}\omega N} = 2\mathrm{j}\mathrm{e}^{-\mathrm{j}\frac{\omega N}{2}} \sin\left(\frac{\omega N}{2}\right) \tag{6-7}$$

幅度响应为：

$$\left| H_c(\mathrm{e}^{\mathrm{j}\omega}) \right| = 2 \left| \sin(\frac{\omega N}{2}) \right| \tag{6-8}$$

相角为：

$$\arg\left[H_c\left(\mathrm{e}^{\mathrm{j}\omega}\right) \right] = \frac{\pi}{2} - \frac{\omega N}{2} + m\pi , \quad \begin{cases} m = 0, \omega = 0 \sim \dfrac{2\pi}{N} \\[2mm] m = 1, \omega = \dfrac{2\pi}{N} \sim \dfrac{4\pi}{N} \\[1mm] \vdots \\[1mm] m = m, \omega = \dfrac{2m\pi}{N} \sim \dfrac{(m+1)2\pi}{N} \end{cases} \tag{6-9}$$

显然它具有梳状特性，所以称其为梳状滤波器。

频率采样结构级联的第二部分由 N 个一阶网络并联而成。其中每一个一阶网络为：

$$H_k'(z) = \frac{H(k)}{1 - W_N^{-k} z^{-1}} \tag{6-10}$$

令其分母为 0，即 $1 - W_N^{-k} z^{-1} = 0$，可求得其极点为 $z_k = W_N^{-k} = \mathrm{e}^{\mathrm{j}\frac{2\pi}{N}k}$，因此 $H_k'(z)$ 是谐振频率为 $\omega = \dfrac{2\pi}{N}k$ 的无损耗谐振器。一个谐振器的极点正好与梳状滤波器的一个零点相抵消，从而使这个频率 $\dfrac{2\pi}{N}k$ 上的频率响应等于 $H(k)$。

这样，N 个谐振器的 N 个极点就和梳状滤波器的 N 个零点相互抵消，从而在 N 个频率采样点 $\left(\omega = \dfrac{2\pi}{N}k, k = 0, 1, \cdots, N-1\right)$ 的频率响应就分别等于 N 个 $H(k)$ 值，把这两部分级联起来就可以构成 FIR 滤波器的频率采样型结构。

FIR 滤波器的频率采样型结构的主要优点如下：

首先，它的系数 $H(k)$ 直接就是滤波器在 $\omega = 2\pi k / N$ 处的响应值，因此可以直接控制滤波器的响应；此外，只要滤波器的 N 阶数相同，对于任何频率响应形状，其梳状滤波器部分的结构完全相同，N 个一阶网络部分的结构也完全相同，只是各支路 $H(k)$ 的增益不同，因此频率采样型结构便于标准化、模块化。但是该结构也有两个缺点：

1）该滤波器所有的系数 $H(k)$ 和 W_N^{-k} 一般为复数，复数相乘运算实现起来较麻烦。

2）系统稳定是靠位于单位圆上的 N 个零极点对消来保证的，如果滤波器的系数稍有误差，极点就可能移到单位圆外，造成零极点不能完全对消，影响系统的稳定性。

为了克服上述缺点，对频率采样结构进行以下修正。

首先，单位圆上的所有零点、极点向内收缩到半径为 r 的圆上，这里 r 稍小于 1。此时 $H(z)$ 为：

$$H(z) = (1 - r^N z^{-N}) \frac{1}{N} \sum_{k=0}^{N-1} \frac{H_r(k)}{1 - r W_N^{-k} z^{-1}} \tag{6-11}$$

式中，$H_r(k)$ 是在半径为 r 的圆上对 $H(z)$ 的 N 点等间隔采样的值。由于 $r \approx 1$，可近似取 $H_r(k) = H(k)$，因此：

$$H(z) \approx (1 - r^N z^{-N}) \frac{1}{N} \sum_{k=0}^{N-1} \frac{H(k)}{1 - r W_N^{-k} z^{-1}} \tag{6-12}$$

根据 DFT 的共轭对称性，如果 $h(n)$ 是实序列，则其离散傅里叶变换 $H(k)$ 关于 $N/2$ 点共轭对称，即 $H(k) = H^*(N-k)$。又因为 $(W_N^{-k})^* = W_N^{-(N-k)}$，为了得到实系数，我们将 $H(k)$ 和 $H^*(N-k)$ 合并为一个二阶网络，记为 $H_k(z)$：

$$
\begin{aligned}
H_k(z) &\approx \frac{H(k)}{1 - r W_N^{-k} z^{-1}} + \frac{H(N-k)}{1 - r W_N^{-(N-k)} z^{-1}} \\
&= \frac{H(k)}{1 - r W_N^{-k} z^{-1}} + \frac{H^*(k)}{1 - r(W_N^{-k})^* z^{-1}} \\
&= \frac{a_{0k} + a_{1k} z^{-1}}{1 - 2r \cos\left(\dfrac{2\pi}{N} k\right) z^{-1} + r^2 z^{-2}}
\end{aligned}
\tag{6-13}
$$

式中，$a_{0k} = 2\,\mathrm{Re}[H(k)]$，$a_{1k} = -2\,\mathrm{Re}[rH(k)W_N^k]$，$k = 1, 2, \cdots, \dfrac{N}{2} - 1$。该二阶网络是一个谐振频率为 $\omega = 2\pi k / N$ 的有限 Q 值的谐振器，除了共轭复根外，$H(z)$ 还有实根。当 N 为偶数时，有一对实根 $z = \pm r$，除二阶网络外，尚有两个对应的一阶网络：$H_0(z) = \dfrac{H(0)}{1 - rz^{-1}}$，$H_{N/2}(z) = \dfrac{H(N/2)}{1 + rz^{-1}}$。此时有：

$$H(z) = (1 - r^N z^{-N}) \frac{1}{N} \left[H_0(z) + H_{N/2}(z) + \sum_{k=1}^{N/2-1} H_k(z) \right] \tag{6-14}$$

当 N 为奇数时，只有一个实根 $z = r$，对应于一个一阶网络 $H_0(z)$。这时的 $H(z)$ 为：

$$H(z) = (1 - r^N z^{-N}) \frac{1}{N} \left[H_0(z) + \sum_{k=1}^{(N-1)/2} H_k(z) \right] \tag{6-15}$$

显然，N 等于奇数时的频率采样修正结构由一个一阶网络结构和 $(N-1)/2$ 个二阶网络结构组成。

　　一般来说，当采样点数 N 较大时，频率采样结构比较复杂，所需的乘法器和延时器比较多。但在以下两种情况下，使用频率采样结构比较经济。

　　1）对于窄带滤波器，其多数采样值为零，谐振器柜中只剩下几个所需要的谐振器。这时采用频率采样结构比直接型结构所用的乘法器少，当然存储器还是要比直接型用得多一些。

　　2）在需要同时使用很多并列的滤波器的情况下，这些并列的滤波器可以采用频率采样结构，并且大家可以共用梳状滤波器和谐振柜，只要将各谐振器的输出适当加权组合就能组成各个并列的滤波器。

　　FIR 系统直接型结构转换为频率采样型结构的 MATLAB 实现，其源代码如下：

```
function [C,B,A] = dir2fs(h)
% 直接型到频率采样型的转换
% [C,B,A] = dir2fs(h)
% C = 包含各并行部分增益的行向量
% B = 包含按行排列的分子系数矩阵
% A = 包含按行排列的分母系数矩阵
% h =  FIR 滤波器的脉冲响应向量
M = length(h);
H = fft(h,M);
magH = abs(H); phaH = angle(H)';
% check even or odd M
if (M == 2*floor(M/2))
    L = M/2-1;   % M 为偶数
    A1 = [1,-1,0;1,1,0];
    C1 = [real(H(1)),real(H(L+2))];
 else
    L = (M-1)/2; % M is odd
    A1 = [1,-1,0];
    C1 = [real(H(1))];
 end
k = [1:L]';
% 初始化 B 和 A 数组
B = zeros(L,2); A = ones(L,3);
% 计算分母系数
A(1:L,2) = -2*cos(2*pi*k/M); A = [A;A1];
% 计算分子系数
B(1:L,1) = cos(phaH(2:L+1));
B(1:L,2) = -cos(phaH(2:L+1)-(2*pi*k/M));
% 计算增益系数
C = [2*magH(2:L+1),C1]';
```

　　【例 6-1】　利用频率采样法设计一个低通 FIR 数字低通滤波器，其理想频率特性是矩形的，给定采样频率为 $\Omega_s = 2\pi\times1.5\times10^4(\text{rad}/\text{s})$，通带截止频率为 $\Omega_p = 2\pi\times1.6\times10^3(\text{rad}/\text{s})$，阻带起始频率为 $\Omega_{st} = 2\pi\times3.1\times10^3(\text{rad}/\text{s})$，通带波动 $\sigma_1 \leqslant 1\text{dB}$，阻带衰减 $\sigma_2 \geqslant 50\text{dB}$。

　　参数计算如下：

通带的截止频率为：$w_p = \dfrac{\Omega_p}{f_s} = 2\pi\dfrac{\Omega_p}{\Omega_s} = 2\pi \times \dfrac{2\pi \times 1.6 \times 10^3}{2\pi \times 1.5 \times 10^4} = 0.213\pi$

阻带的起始频率为：$w_{st} = \dfrac{\Omega_{st}}{f_s} = 2\pi\dfrac{\Omega_{st}}{\Omega_s} = 2\pi \times \dfrac{2\pi \times 3.1 \times 10^3}{2\pi \times 1.5 \times 10^4} = 0.413\pi$

理想低通截止频率为：$\Omega_c = \dfrac{1}{2}(\Omega_p + \Omega_{st}) = 2\pi \times 2.35 \times 10^3 \,(\text{rad}/\text{s})$

其对应的数字频率为：$w_c = 2\pi\dfrac{\Omega_c}{\Omega_s} = 2\pi \times \dfrac{2\pi \times 2.35 \times 10^3}{2\pi \times 1.5 \times 10^4} = 0.313\pi$

过渡带带宽为 $\Delta w = w_{st} - w_p = 0.2\pi$，由于 $\Delta w = \dfrac{2\pi}{N} \times 3$，因此采样频率为 30。

程序代码如下：

```
>> close all;
clear;
N=30;
H=[ones(1,4),zeros(1,22),ones(1,4)];
H(1,5)=0.5886;H(1,26)=0.5886;H(1,6)=0.1065;H(1,25)=0.1065;
k=0:(N/2-1);k1=(N/2+1):(N-1);k2=0;
A=[exp(-j*pi*k*(N-1)/N),exp(-j*pi*k2*(N-1)/N),exp(j*pi*(N-k1)*(N-1)/N)];
HK=H.*A;
h=ifft(HK);
fs=15000;
[c,f3]=freqz(h,1);
f3=f3/pi*fs/2;
subplot(211);
plot(f3,20*log10(abs(c)));
title('频谱特性');
xlabel('频率/HZ');ylabel('衰减/dB');
grid on;
subplot(212);
stem(real(h),'.');
line([0,35],[0,0]);
xlabel('n');ylabel('Real(h(n))');
grid on;
t=(0:100)/fs;
W=sin(2*pi*t*750)+sin(2*pi*t*3000)+sin(2*pi*t*6500);
q=filter(h,1,W);
[a,f1]=freqz(W);
f1=f1/pi*fs/2;
[b,f2]=freqz(q);
f2=f2/pi*fs/2;
figure;
subplot(211);
plot(f1,abs(a));
title('输入波形频谱图');
xlabel('频率');ylabel('幅度')
grid on;
subplot(212);
```

```
plot(f2,abs(b));
title('输出波形频谱图');
xlabel('频率');ylabel('幅度')
grid on;
```

运行结果如图 6-1 和图 6-2 所示。

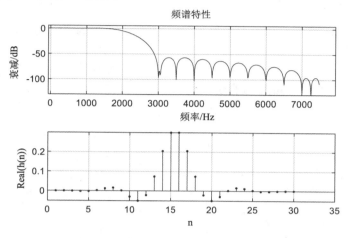

图6-1　滤波器频谱特性和输入采样波形

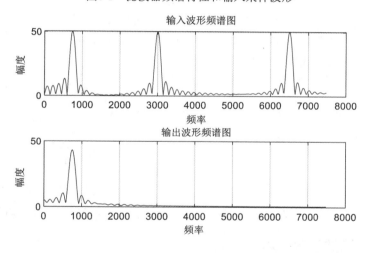

图6-2　输入和输出波形

▪ 6.2　线性相位 FIR 滤波器的特性

　　FIR 滤波器能够在保证幅度特性满足技术要求的同时，容易实现严格的线性相位特性，且 FIR 滤波器的单位采样响应是有限长的，因而滤波器一定是稳定的，而且可以用快速傅里叶变换算法实现，大大提高了运算速率。

　　同时只要经过一定的延时，任何非因果有限长序列都能变成因果有限长序列，所以系统总能用因果系统来实现。但 FIR 必须用很长的冲激响应滤波器才能很好地逼近锐截止的滤波器，需要很大的运算量，要取得很好的衰减特性，需要较高的阶次。

6.2.1 相位条件

如果一个线性移不变系统的频率响应有如下形式：

$$H(\mathrm{e}^{\mathrm{j}\omega}) = H(\omega)\mathrm{e}^{\mathrm{j}\theta(\omega)} = \left|H(\mathrm{e}^{\mathrm{j}\omega})\right|\mathrm{e}^{-\mathrm{j}\alpha\omega} \tag{6-16}$$

则其具有线性相位。这里 α 是一个实数。因而，线性相位系统有一个恒定的群延时：

$$\tau = \alpha \tag{6-17}$$

在实际应用中，有两类准确的线性相位，分别要求满足：

$$\theta(\omega) = -\tau\omega \tag{6-18}$$

$$\theta(\omega) = \beta - \tau\omega \tag{6-19}$$

FIR 滤波器具有第一类线性相位的充分必要条件：
单位采样响应 $h(n)$ 关于群延时 τ 偶对称，即满足：

$$h(n) = h(N-1-n) \quad 0 \leqslant n \leqslant N-1 \tag{6-20}$$

$$\tau = \frac{N-1}{2} \tag{6-21}$$

满足偶对称条件的 FIR 滤波器分别称为 I 型线性相位滤波器和 II 型线性相位滤波器。
FIR 滤波器具有第二类线性相位的充分必要条件是：
单位采样响应 $h(n)$ 关于群延时 τ 偶对称，即满足：

$$h(n) = -h(N-1-n) \quad 0 \leqslant n \leqslant N-1 \tag{6-22}$$

$$\beta = \pm\frac{\pi}{2} \tag{6-23}$$

$$\tau = \frac{N-1}{2} \tag{6-24}$$

把满足奇对称条件的 FIR 滤波器分别称为 III 型线性相位滤波器和 IV 型线性相位滤波器。

6.2.2 线性相位滤波器频率响应的特点

1. I 型线性相位滤波器

由于偶对称性，一个 I 型线性相位滤波器的频率响应可表示为：

$$H(\mathrm{e}^{\mathrm{j}\omega}) = \mathrm{e}^{-\mathrm{j}(N-1)\omega/2} \sum_{n=0}^{(N-1)/2} a(k)\cos(k\omega) \tag{6-25}$$

其中，$a(k) = 2h\left(\dfrac{N-1}{2} - k\right)$，$k = 1, 2, \cdots, \dfrac{N-1}{2}$，$a(0) = h\left(\dfrac{N-1}{2}\right)$。

幅度函数为：

$$H(\omega) = \sum_{n=0}^{(N-1)/2} a(k)\cos(k\omega) \tag{6-26}$$

相位函数为:

$$\theta(\omega) = \frac{-(N-1)\omega}{2}$$　　　　　　　（6-27）

I 型线性相位滤波器的幅度函数和相位函数的特点:

幅度函数对 $\tau = \dfrac{N-1}{2}$ 偶对称，同时对 $\omega = 0, \pi, 2\pi$ 也呈偶对称。

相位函数为准确的线性相位。

上述滤波器可通过下面的 MATLAB 程序实现:

```
function [Hr,w,a,L]=hr_type1(h);
% 计算所设计的 I 型滤波器的振幅响应
% Hr=振幅响应
% a=I 型滤波器的系数
% L=Hr 的阶次
% h=I 型滤波器的单位冲击响应
M=length(h);
L=(M-1)/2;
a=[h(L+1) 2*h(L:-1:1)];
n=[0:1:L];
w=[0:1:500]'*2*pi/500;
Hr=cos(w*n)*a';
```

【例 6-2】　设计 I 型线性相位滤波器。

程序代码如下:

```
>> h=[-3 1 -1 -2  5 6 5 -2 -1 1 -3]
M=length(h);
n=0:M-1;
[Hr,w,a,L]=hr_type1(h);
subplot(2,2,1);
stem(n,h);
xlabel('n');
ylabel('h(n)');
title('脉冲响应')
grid on
subplot(2,2,3);
stem(0:L,a);
xlabel('n');
ylabel('a(n)');
title('a(n)系数')
grid on
subplot(2,2,2);
plot(w/pi,Hr);
xlabel('频率单位 pi');ylabel('Hr');
title('I 型幅度响应')
grid on
subplot(2,2,4);
pzplotz(h,1);
grid on
```

运行需要调用的用户子程序如下：

```
function pzplotz(b,a)
% pzplotz(b,a)按给定系数向量b、a在z平面上画出零极点分布图
% b - 分子多项式系数向量
% a - 分母多项式系数向量
% a、b向量可从z的最高幂降幂排至z^0，也可由z^0开始，按z^-1的升幂排至z的最负幂
N = length(a);
M = length(b);
pz = []; zz = [];
if (N > M)
zz = zeros((N-M),1);
elseif (M > N)
pz = zeros((M-N),1);
end
pz = [pz;roots(a)];
zz = [zz;roots(b)];
pzr = real(pz)';
pzi = imag(pz)';
zzr = real(zz)';
zzi = imag(zz)';
rzmin = min([pzr,zzr,-1])-0.5;
rzmax = max([pzr,zzr,1])+0.5;
izmin = min([pzi,zzi,-1])-0.5;
izmax = max([pzi,zzi,1])+0.5;
zmin = min([rzmin,izmin]);
zmax = max([rzmax,izmax]);
zmm=max(abs([zmin,zmax]));
uc=exp(j*2*pi*[0:1:500]/500);
plot(real(uc),imag(uc),'b',[-zmm,zmm],[0,0],'b',[0,0],[-zmm,zmm],'b');
axis([-zmm,zmm,-zmm,zmm]);
axis('square');
hold on
plot(zzr,zzi,'bo',pzr,pzi,'rx');
hold on
text(zmm*1.1,zmm*0.95,'z-平面')
xlabel('实轴');ylabel('虚轴') title('零极点图')
```

运行结果如图 6-3 所示。

2. Ⅱ型线性相位滤波器

一个 Ⅱ 型线性相位滤波器，由于 N 是偶数，因此 $h(n)$ 的对称中心在半整数点 $\tau = \dfrac{N-1}{2}$。其频率响应可以表示为：

$$H(\mathrm{e}^{\mathrm{j}\omega}) = \mathrm{e}^{-\mathrm{j}(N-1)\omega/2} \sum_{n=0}^{N/2} b(k)\cos\left[\left(k-\frac{1}{2}\right)\omega\right] \qquad (6\text{-}28)$$

其中，$b(k) = 2h\left(\dfrac{N}{2} - k\right)$，$k = 1, 2, \cdots, \dfrac{N}{2}$。

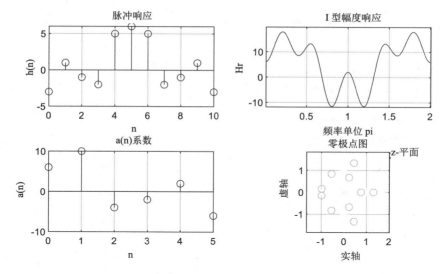

图6-3　I 型线性相位滤波器

幅度函数为：

$$H(\omega) = \sum_{n=0}^{N/2} b(k) \cos\left[\left(k - \frac{1}{2}\right)\omega\right] \tag{6-29}$$

相位函数为：

$$\theta(\omega) = \frac{-(N-1)\omega}{2} \tag{6-30}$$

II型线性相位滤波器的幅度函数和相位函数的特点：

幅度函数的特点：

1）当 $\omega = \pi$ 时，$H(\pi) = 0$，也就是说 $H(z)$ 在 $z = -1$ 处必然有一个零点。

2）$H(\omega)$ 对 $\omega = \pi$ 呈奇对称，对 $\omega = 0, 2\pi$ 呈偶对称。

相位函数的特点：同 I 型线性相位滤波器。

上述滤波器可通过下面的 MATLAB 程序实现：

```
function [Hr,w,b,L]=hr_type2(h);
% 计算所设计的 II 型滤波器的振幅响应
% Hr=振幅响应
% b=II 型滤波器的系数
% L=Hr 的阶次
% h=II 型滤波器的单位冲击响应
M=length(h);
L=M/2;
b= 2*h(L:-1:1);
n=(1:1:L);
n=n-0.5;
w=(0:1:500)'*2*pi/500;
Hr=cos(w*n)*b';
```

【例6-3】 设计II型线性相位滤波器。

程序代码如下：

```
>> h=[-3 1 -1 -2  5 6 5 -2 -1 1 -3]
M=length(h);
n=0:M-1;
[Hr,w,b,L]=hr_type2(h);
subplot(2,2,1);
stem(n,h);
xlabel('n');
ylabel('h(n)');
title('脉冲响应')
grid on
subplot(2,2,3);
stem(1:L,b);
xlabel('n');
ylabel('b(n)');
title('b(n)系数')
grid on
subplot(2,2,2);
plot(w/pi,Hr);
xlabel('频率单位 pi');ylabel('Hr');
title('II型幅度响应')
grid on
subplot(2,2,4);
pzplotz(h,1);
grid on
```

运行结果如图 6-4 所示。

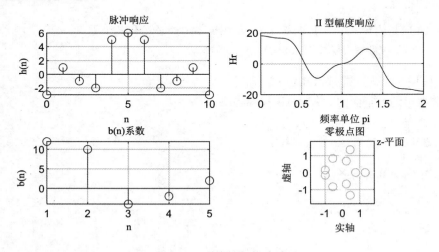

图6-4　II型线性相位滤波器

3. III型线性相位滤波器

由于III型线性相位滤波器关于 $\tau = \dfrac{N-1}{2}$ 奇对称，且 τ 为整数，因此其频率响应可以表示为：

$$H(\mathrm{e}^{\mathrm{j}\omega}) = \mathrm{j}\mathrm{e}^{-\mathrm{j}(N-1)\omega/2} \sum_{n=1}^{(N-1)/2} c(k)\sin(k\omega) \qquad (6\text{-}31)$$

其中，$c(k) = 2h\left(\dfrac{N-1}{2} - k\right)$，$k = 1, 2, \cdots, \dfrac{N-1}{2}$。

幅度函数为：

$$H(\omega) = \sum_{n=1}^{(N-1)/2} c(k)\sin(k\omega) \qquad (6\text{-}32)$$

相位函数为：

$$\theta(\omega) = \frac{-(N-1)\omega}{2} + \frac{\pi}{2} \qquad (6\text{-}33)$$

III型线性相位滤波器的幅度函数和相位函数的特点：

幅度函数的特点：

1）当 $\omega = 0, \pi, 2\pi$ 时，$H(\pi) = 0$，也就是说 $H(z)$ 在 $z = \pm 1$ 处必然有一个零点。

2）$H(\omega)$ 对 $\omega = 0, \pi, 2\pi$ 均呈奇对称。

相位函数的特点：既是准确的线性相位，又包括 $\pi/2$ 的相移，所以又称90° 移相器，或称正交变换网络。

上述滤波器可通过下面的 MATLAB 程序实现：

```
function [Hr,w,c,L]=hr_type3(h)
% 计算所设计的 III 型滤波器的振幅响应
% Hr=振幅响应
% b=III 型滤波器的系数
% L=Hr 的阶次
% h=III 型滤波器的单位冲击响应
M=length(h);
L=(M-1)/2;
c= (2*h(L+1:-1:1));
n=(0:1:L);
w=(0:1:500)'*2*pi/500;
Hr=sin(w*n)*c';
% 计算所设计的 III 型滤波器的振幅响应
% Hr=振幅响应
% b=III 型滤波器的系数
% L=Hr 的阶次
% h=III 型滤波器的单位冲击响应
M=length(h);
L=(M-1)/2;
c= [2*h(L+1:-1:1)];
n=[0:1:L];
w=[0:1:500]'*2*pi/500;
Hr=sin(w*n)*c';
```

【例6-4】 设计Ⅲ型线性相位滤波器。

程序代码如下:

```
>> h=[-3 1 -1 -2  5 6 5 -2 -1 1 -3]
M=length(h);
n=0:M-1;
[Hr,w,c,L]=hr_type3(h);
subplot(2,2,1);
stem(n,h);
xlabel('n');
ylabel('h(n)');
title('脉冲响应')
grid on
subplot(2,2,3);
stem(0:L,c);
xlabel('n');
ylabel('c(n)');
title('c(n)系数')
grid on
subplot(2,2,2);
plot(w/pi,Hr);
xlabel('频率单位 pi');ylabel('Hr');
title('Ⅲ 型幅度响应')
grid on
subplot(2,2,4);
pzplotz(h,1);
grid on
```

运行结果如图 6-5 所示。

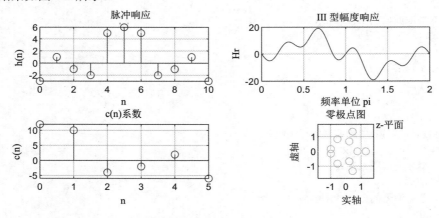

图6-5　Ⅲ型线性相位滤波器

4. Ⅳ型线性相位滤波器

Ⅳ型线性相位滤波器关于 $\tau = \dfrac{N-1}{2}$ 奇对称,且 N 为偶数,所以为非整数。其频率响应可以表示为:

$$H(\mathrm{e}^{j\omega}) = j\mathrm{e}^{-j(N-1)\omega/2} \sum_{n=1}^{N/2} \mathrm{d}(k)\sin\left[\left(k-\frac{1}{2}\right)\omega\right] \qquad (6\text{-}34)$$

其中，$\quad \mathrm{d}(k) = 2h\left(\dfrac{N}{2}-k\right), \quad k = 1, 2, \cdots, \dfrac{N}{2}$。

幅度函数为：

$$H(\omega) = \sum_{n=1}^{N/2} \mathrm{d}(k)\sin\left[\left(k-\frac{1}{2}\right)\omega\right] \qquad (6\text{-}35)$$

相位函数为：

$$\theta(\omega) = \frac{-(N-1)\omega}{2} + \frac{\pi}{2} \qquad (6\text{-}36)$$

IV型线性相位滤波器的幅度函数和相位函数的特点：

1）当 $\omega = 0, 2\pi$ 时，$H(\pi) = 0$，也就是说 $H(z)$ 在 $z = +1$ 处必然有一个零点。

2）$H(\omega)$ 对 $\omega = 0, 2\pi$ 均呈奇对称，对 $\omega = \pi$ 呈偶对称。

相位函数的特点：同III型线性相位滤波器。

上述滤波器可通过下面的 MATLAB 程序实现：

```
function [Hr,w,d,L]=hr_type4(h);
% 计算所设计的 IV 型滤波器的振幅响应
% Hr=振幅响应
% b=IV 型滤波器的系数
% L=Hr 的阶次
% h=IV 型滤波器的单位冲击响应
M=length(h);
L=M/2;
d= 2*[h(L:-1:1)];
n=[1:1:L];
n=n-0.5;
w=[0:1:500]'*2*pi/500;
Hr=sin(w*n)*d';
```

【例 6-5】　设计IV型线性相位滤波器。

程序代码如下：

```
h=[-3 1 -1 -2  5 6 5 -2 -1 1 -3]
M=length(h);
n=0:M-1;
[Hr,w,d,L]=hr_type4(h);
subplot(2,2,1);
stem(n,h);
xlabel('n');
ylabel('h(n)');
title('脉冲响应')
grid on
subplot(2,2,3);
```

```
stem(1:L,d);
xlabel('n');
ylabel('d(n)');
title('d(n)系数')
grid on
subplot(2,2,2);
plot(w/pi,Hr);
xlabel('频率单位pi');ylabel('Hr');
title('Ⅳ型幅度响应')
grid on
subplot(2,2,4);
pzplotz(h,1);
grid on
```

运行结果如图 6-6 所示。

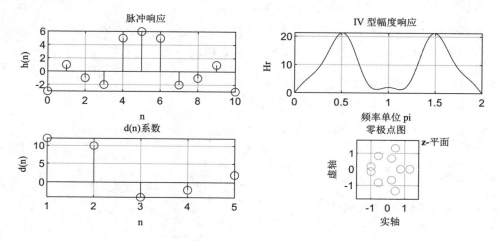

图6-6 Ⅳ型线性相位滤波器

6.2.3 线性相位滤波器的零点特性

对于 Ⅰ 型或Ⅱ型线性相位滤波器，$h(n)=h(N-1-n)$ 意味着 $H(z)=z^{-(N-1)}H(z^{-1})$ 。对于Ⅲ型或Ⅳ型线性相位滤波器，$h(n)=-h(N-1-n)$ 意味着 $H(z)=-z^{-(N-1)}H(z^{-1})$ 。

在上述两种情况下，如果 $H(z)$ 在 $z=z_0$ 处等于零，则在 $z=1/z_0$ 处也一定等于零。所以 $H(z)$ 的零点呈倒数对出现。另外，若 $h(n)$ 是实值，则复零点呈共轭倒数对出现，或者说是共轭镜像的。

一个线性相位滤波器零点的 4 种结构：

1）零点既不在实轴上，又不在单位圆上，即 $z_i=r_i\mathrm{e}^{j\theta_i}$ 、 $r_i\neq1$ 、 $\theta_i\neq0$ ，有 4 组零点是两组互为倒数的共轭对，其基本因子为：

$$
\begin{aligned}
H_i(z) &= (1-z^{-1}r_i\mathrm{e}^{j\theta_i})(1-z^{-1}r_i\mathrm{e}^{-j\theta_i})\left(1-z^{-1}\frac{1}{r_i}\mathrm{e}^{j\theta_i}\right)\left(1-z^{-1}\frac{1}{r_i}\mathrm{e}^{-j\theta_i}\right) \\
&= \frac{1}{r_i^2}[1-2r_i(\cos\theta_i)z^{-1}+r_i^2z^{-2}][1-2r_i(\cos\theta_i)z^{-1}+z^{-2}]
\end{aligned}
\tag{6-37}
$$

2）零点在单位圆上，但不在实轴上，此时 $r_i = 1$、$\theta_i \neq 0$、$\theta_i \neq \pi$，零点的共轭值就是它的倒数，其基本因子为：

$$H_i(z) = (1 - z^{-1}\mathrm{e}^{\mathrm{j}\theta_i})(1 - z^{-1}\mathrm{e}^{-\mathrm{j}\theta_i}) = 1 - 2(\cos\theta_i)z^{-1} + z^{-2} \tag{6-38}$$

3）零点在实轴上，但不在单位圆上，即 $r_i \neq 1$、$\theta_i = 0$ 或 π，此时零点是实数，它没有复共轭部分，只有倒数，倒数也在实轴上，其基本因子为：

$$H_i(z) = (1 \pm r_i z^{-1})\left(1 \pm \frac{1}{r_i}z^{-1}\right) = 1 \pm \left(r_i + \frac{1}{r_i}\right)z^{-1} + z^{-2} \tag{6-39}$$

式中负号相当于零点在负实轴上，正号相当于零点在正实轴上。

4）零点既在单位圆上，又在实轴上，即 $r_i = 1$、$\theta_i = 0$ 或 π，此时零点只有两种情况，即 $z = 1$、$z = -1$，这时零点既是自己的复共轭，又是倒数，其基本因子为：

$$H_i(z) = 1 \pm z^{-1} \tag{6-40}$$

式中负号相当于零点在负实轴上，正号相当于零点在正实轴上。

6.3　基本窗函数 FIR 滤波器的设计

通过上一章可知，IIR 数字滤波器设计的主要方法是先设计一个模拟低通滤波器，然后把它转换成所需的数字滤波器。

但是对于 FIR 滤波器来说，设计方法的关键要求之一就是保证线性相位条件。而 IIR 滤波器的设计中，只对幅度特性进行了设计，故无法保证这一点。所以，FIR 滤波器的设计需要采用完全不同的方法。FIR 滤波器的设计方法主要有窗函数法、频率采样法、切比雪夫逼近法等。

6.3.1　窗函数的基本原理

通常希望所设计的滤波器具有理想的幅频和相频特性，一个理想的低通频率特性的滤波器其频率特性可表示如下：

$$H_d(\mathrm{e}^{\mathrm{j}\omega}) = \sum_{n=-\infty}^{+\infty} h_d(n)\mathrm{e}^{-\mathrm{j}\omega n} = \begin{cases} \mathrm{e}^{-\mathrm{j}\alpha\omega} & |\omega| \leqslant \omega_c \\ 0 & \omega_c < |\omega| \leqslant \pi \end{cases} \tag{6-41}$$

对应的单位脉冲响应为：

$$\begin{aligned} h_d(n) &= \frac{1}{2\pi}\int_{-\pi}^{\pi} H(\mathrm{e}^{\mathrm{j}\omega})\mathrm{e}^{\mathrm{j}\omega n}\mathrm{d}\omega \\ &= \frac{1}{2\pi}\int_{-\omega_c}^{\omega_c} \mathrm{e}^{-\mathrm{j}\alpha\omega}\mathrm{e}^{\mathrm{j}\omega n}\mathrm{d}\omega = \frac{\sin[\omega_c(n-\alpha)]}{\pi(n-\alpha)} \end{aligned} \tag{6-42}$$

式中，$\alpha = \frac{1}{2}(N-1)\infty$。

由于理想滤波器在边界频率处不连续，故其时域信号 $h_d(n)$ 一定是无限时宽的，也是非因果的序列，如图 6-7 所示。

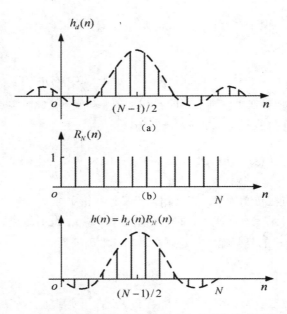

图6-7 理想低通滤波器的单位脉冲响应序列和截取后的序列

因此理想低通滤波器是无法实现的。如果要实现一个具有理想线性相位特性的滤波器，其幅频特性只能采取逼近理想幅频特性的方法来实现。如果对 $h_d(n)$ 进行截取，并保证截取过程中序列保持对称，而且截取长度为 N，则对称点为 $\alpha = \frac{1}{2}(N-1)$。若截取后序列为 $h(n)$，则 $h(n)$ 可用下式表示，如图 6-8 所示。

$$h(n) = h_d(n)w(n) \tag{6-43}$$

式中，$w(n)$ 为截取函数，又称窗函数。从截取的原理看出序列 $h(n)$ 可以认为是从一个矩形窗口看到的一部分 $h_d(n)$。如果窗函数为矩形序列 $R_N(n)$，则称为矩形窗。窗函数有多种形式，为保证加窗后系统的线性相位特性，必须保证加窗后的序列关于 $\alpha = \frac{1}{2}(N-1)$ 点对称。

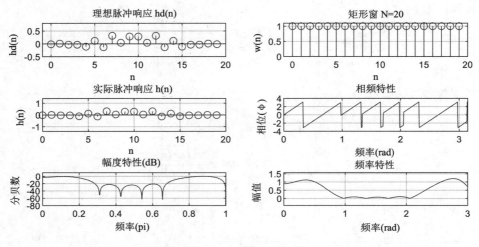

图6-8 FIR带阻滤波器

如图 6-8 所示，理想滤波器单位脉冲响应 $h_d(n)$ 经过矩形窗函数截取后变为 $h(n)$，所以：

$$h(n) = \begin{cases} h_d(n) & 0 \leqslant n \leqslant N-1 \\ 0 & \text{其他} \end{cases} \tag{6-44}$$

窗函数设计法的基本思路是用一个长度为 N 的序列 $h(n)$ 替代 $h_d(n)$，作为实际设计的滤波器的单位脉冲响应，其系统函数为：

$$H(z) = \sum_{n=0}^{N-1} h(n)z^{-n} \tag{6-45}$$

这种设计思想称为窗函数设计法。显然，在保证 $h(n)$ 对称性的前提下，窗函数长度 N 越长，则 $h(n)$ 越接近 $h_d(n)$。但是误差是肯定存在的，这种误差称为截断误差。

通常 $H_d(e^{j\omega})$ 为周期为 2π 的函数，所以它的傅里叶级数形式为：

$$H_d(e^{j\omega}) = \sum_{n=-\infty}^{\infty} h_d(n)e^{-j\omega n} \tag{6-46}$$

由于加窗后无限长的 $h_d(n)$ 变为有限长的 $h(n)$，因此 $H(e^{j\omega})$ 仅仅是 $H_d(e^{j\omega})$ 的有限项傅里叶级数，两者必然产生误差，误差的最大点一定发生在不连续的边界频率点上。显然，傅里叶级数项越多，$H(e^{j\omega})$ 和 $H_d(e^{j\omega})$ 的误差就越小。但是长度越长，滤波器就越复杂，实现成本也就越大。所以应尽可能用最小的 $h(n)$ 长度设计满足技术指标要求的 FIR 滤波器。

要确定如何设计一个 FIR 滤波器，首先得对加窗后的理想滤波器的特性变化进行分析，并研究减少由截断引起的误差的途径，从而提出 FIR 滤波器的设计步骤。

以矩形窗函数为例，加窗后滤波器频率特性分析如下：

由于 $h(n) = h_d(n)R_N(n)$，若用 $H_d(e^{j\omega})$ 和 $R_N(e^{j\omega})$ 分别表示 $h_d(n)$ 和 $R_N(n)$ 的傅里叶变换，则有：

$$H(e^{j\omega}) = \frac{1}{2\pi} H_d(e^{j\omega}) * R_N(e^{j\omega}) = \frac{1}{2\pi} \int_{-\pi}^{\pi} H_d(e^{j\theta})R_N(e^{j(\omega-\theta)})\mathrm{d}\theta \tag{6-47}$$

$$R_N(e^{j\omega}) = \sum_{n=0}^{N-1} R_N(n)e^{-j\omega n} = \sum_{n=0}^{N-1} e^{-j\omega n} = e^{-j\frac{(N-1)}{2}\omega} \frac{\sin(\omega N/2)}{\sin(\omega/2)} = R_N(\omega)e^{-j\alpha\omega} \tag{6-48}$$

式中，$R_N(\omega) = \dfrac{\sin(\omega N/2)}{\sin(\omega/2)}$，称为矩形窗的幅度函数，$\alpha = \dfrac{N-1}{2}$。

若用 $H_d(\omega)$ 表示理想低通滤波器的幅度函数，则有：

$$H_d(e^{j\omega}) = H_d(\omega)e^{-j\alpha\omega} \tag{6-49}$$

$$H_d(\omega) = \begin{cases} 1 & |\omega| \leqslant \omega_c \\ 0 & \omega_c < |\omega| \leqslant \pi \end{cases} \tag{6-50}$$

综合上式有：

$$\begin{aligned} H(e^{j\omega}) &= \frac{1}{2\pi} \int_{-\pi}^{\pi} H_d(\theta)e^{-j\alpha\theta} R_N(\omega-\theta)e^{-j(\omega-\theta)\alpha}\mathrm{d}\theta \\ &= e^{-j\alpha\omega} \frac{1}{2\pi} \int_{-\pi}^{\pi} H_d(\theta)R_N(\omega-\theta)\mathrm{d}\theta \end{aligned} \tag{6-51}$$

将 $H(e^{j\omega}) = H(\omega)e^{-j\alpha\omega}$ 代入上式后有：

$$H(\omega) = \frac{1}{2\pi}H_d(\omega)*R_N(\omega) = \frac{1}{2\pi}\int_{-\pi}^{\pi}H_d(\theta)R_N(\omega-\theta)\mathrm{d}\theta \qquad (6\text{-}52)$$

从式中看出，截取后的滤波器幅度特性是理想滤波器幅度特性和矩形窗的幅度特性的卷积结果。

$H(\omega)$ 的最大正峰与最大负峰对应的频率之间相距 $4\pi/N$。通过对理想滤波器 $h_d(n)$ 加矩形窗处理后，频率特性从 $H_d(\omega)$ 变化为 $H(\omega)$，表现在以下两点：

1）在理想特性的不连续点 $\omega = \omega_c$ 附近形成过渡带。过渡带的宽度近似等于 $R_N(\omega)$ 的主瓣宽度 $4\pi/N$。

2）带内产生了波动，最大峰值出现在 $\omega = \omega_c - 2\pi/N$ 处，阻带内产生了余振，最大负峰出现在 $\omega = \omega_c + 2\pi/N$ 处。通带与阻带中波动的情况与窗函数的幅度特性有关。N 越大，$R_N(\omega)$ 的波动越快，通带、阻带内的波动也就越快。$H(\omega)$ 波动的大小取决于 $R_N(\omega)$ 旁瓣的大小。

把 $h_d(n)$ 用矩形窗截取后，在频域产生的结果称为吉布斯效应。吉布斯效应直接影响滤波的性能，导致通带内的平稳性变差和阻带衰减，从而不能满足技术指标。通常滤波器设计都要求过渡带越窄越好，阻带衰减越大越好。所以设计滤波器的方法要使吉布斯效应的影响降低到最小。

从用矩形窗对理想滤波器的影响看出，如果增大窗的长度 N，可以减小窗的主瓣宽度 $4\pi/N$，从而减小 $H(\omega)$ 过渡带的宽度，这是显而易见的。

但是，增加 N 能否减小 $H(\omega)$ 的波动，分析一下，$H(\omega)$ 的波动由 $R_N(\omega)$ 的旁瓣及余振引起，主要影响第一旁瓣。在主瓣附近由于 ω 很小，故：

$$R_N(\omega) = \frac{\sin(\omega N/2)}{\sin(\omega/2)} \approx \frac{\sin(\omega N/2)}{\omega/2} = N\frac{\sin x}{x} \qquad (6\text{-}53)$$

从上式可知 N 加大时，主瓣幅度增大，$R(0)=N$。同时旁瓣幅度也会增加。第一旁瓣发生在 $\omega = 3\pi/N$ 处，则：

$$R_N(3\pi/N) = \frac{\sin(3\pi/2)}{\sin(3\pi/2N)} \approx -\frac{2N}{3\pi} \qquad (6\text{-}54)$$

旁瓣与主瓣幅度相比：

$$20\log\left|\frac{R(3\pi/2)}{R(0)}\right| = 20\log\left|\frac{1}{N}\cdot\frac{2N}{3\pi}\right| = -13.5\mathrm{dB} \qquad (6\text{-}55)$$

也就是说，随着 N 的增加，主、旁瓣将同步增加，并且旁瓣比主瓣低 13.5dB。当 N 增加时，波动加快，$N \to \infty$ 时，$R_N(\omega) \to N\delta(\omega)$。由此分析，$N$ 的增加并不能减小 $H(\omega)$ 的波动情况。

所以，要想减小吉布斯效应的影响，增加 N 是无法实现的。如果改变窗函数的形状，使其幅度函数具有较低的旁瓣幅度，就可以减小通带、阻带的波动，并加大阻带衰减。

但是这时主瓣将会加宽以包含更多的能量，故而将会增加过渡带宽度。所以当 N 一定时，减小波动和减小过渡带是矛盾的。必须根据实际要求，选择合适的窗函数以满足波动要求，然后选择 N 满足过渡带指标。

6.3.2 矩形窗

调整窗口长度 N 可以有效地控制过渡带的宽度，但对减少带内波动以及加大阻带衰减没有作用。

所以必须重新选择窗函数对理想滤波器进行截取。下面介绍的几种窗函数 $w(n)$ 是前辈科学家们提出的并以他们的名字命名的。一个实际的滤波器的单位脉冲响应可表示成下式：

$$h(n) = h_d(n)w(n) \qquad (6\text{-}56)$$

$$W(e^{j\omega}) = W(\omega)e^{-j\alpha\omega} \qquad (6\text{-}57)$$

矩形窗（Rectangular Window）的窗函数为：

$$w_R(n) = R_N(n) \qquad (6\text{-}58)$$

幅度函数为：

$$R_N(\omega) = \frac{\sin(\omega N/2)}{\sin(\omega/2)} \qquad (6\text{-}59)$$

它的主瓣宽度为 $4\pi/N$，第一旁瓣比主瓣低 13dB。

在 MATLAB 中，实现矩形窗的函数为 boxcar 和 rectwin，其调用格式如下：

```
w=boxcar(N);
w=rectwin(N)
```

其中 N 是窗函数的长度，返回值 w 是一个 N 阶的向量，它的元素由窗函数的值组成。其中 w=boxcar 等价于 w=ones(N,1)。

【例 6-6】 运用矩形窗设计 FIR 带阻滤波器，基本参数如下：

$$\Omega_s = 2\pi \times 1.5 \times 10^4 \, \text{rad/s}, \ \Omega_{p1} = 2\pi \times 0.75 \times 10^3 \, \text{rad/s}$$

$$\Omega_{st1} = 2\pi \times 2.25 \times 10^3 \, \text{rad/s}, \ \Omega_{st2} = 2\pi \times 1.5 \times 10^3 \, \text{rad/s}$$

$$\Omega_{p2} = 2\pi \times 6 \times 10^3 \, \text{rad/s}, \ \delta_2 \geqslant 18\text{dB}$$

程序代码如下：

```
>> clear all;
Wph=2*pi*6.25/15;
Wpl=2*pi/15;
Wsl=2*pi*2.5/15;
Wsh=2*pi*4.75/15;
tr_width=min((Wsl-Wpl),(Wph-Wsh));
% 过渡带宽度
N=ceil(4*pi/tr_width);      % 滤波器长度
n=0:1:N-1;
Wcl=(Wsl+Wpl)/2;            % 理想滤波器的截止频率
Wch=(Wsh+Wph)/2;
hd=ideal_bs(Wcl,Wch,N);     % 理想滤波器的单位冲击响应
```

```
w_ham=(boxcar(N))';
string=['矩形窗','N=',num2str(N)];
h=hd.*w_ham;                    % 截取得到实际的单位脉冲响应
[db,mag,pha,w]=freqz_m2(h,[1]);
% 计算实际滤波器的幅度响应
delta_w=2*pi/1000;
subplot(3,2,1);
stem(n,hd);
title('理想脉冲响应 hd(n)')
axis([-1,N,-0.5,0.8]);
xlabel('n');ylabel('hd(n)');
grid on
subplot(3,2,2);
stem(n,w_ham);
axis([-1,N,0,1.1]);
xlabel('n');ylabel('w(n)');
text(1.5,1.3,string);
grid on
subplot(3,2,3);
stem(n,h);title('实际脉冲响应 h(n)');
axis([0,N,-1.4,1.4]);
xlabel('n');ylabel('h(n)');
grid on
subplot(3,2,4);
plot(w,pha);title('相频特性');
axis([0,3.15,-4,4]);
xlabel('频率（rad）');ylabel('相位（Φ）');
grid on
subplot(3,2,5);
plot(w/pi,db);title('幅度特性（dB）');
axis([0,1,-80,10]);
xlabel('频率（pi）');ylabel('分贝数');
grid on
subplot(3,2,6);
plot(w,mag);title('频率特性')
axis([0,3,0,2]);
xlabel('频率（rad）');ylabel('幅值');
grid on
fs=15000;
t=(0:100)/fs;
x=sin(2*pi*t*750)+sin(2*pi*t*3000)+sin(2*pi*t*6100);
q=filter(h,1,x);
[a,f1]=freqz(x);
f1=f1/pi*fs/2;
[b,f2]=freqz(q);
f2=f2/pi*fs/2;
figure(2);
subplot(2,1,1);
plot(f1,abs(a));
title('输入波形频谱图');
```

```
xlabel('频率');ylabel('幅度')
grid on
subplot(2,1,2);
plot(f2,abs(b));
title('输出波形频谱图');
xlabel('频率');ylabel('幅度')
grid on
```

运行过程中调用的两个子程序如下：

调用子程序 1：

```
function hd=ideal_bs(Wcl,Wch,m);
alpha=(m-1)/2;
n=[0:1:(m-1)];
m=n-alpha+eps;
hd=[sin(m*pi)+sin(Wcl*m)-sin(Wch*m)]./(pi*m)
```

调用子程序 2：

```
function[db,mag,pha,w]=freqz_m2(b,a)
[H,w]=freqz(b,a,1000,'whole');
H=(H(1:1:501))';  w=(w(1:1:501))';
mag=abs(H);
db=20*log10((mag+eps)/max(mag));
pha=angle(H);
```

运行结果如图 6-9 所示。

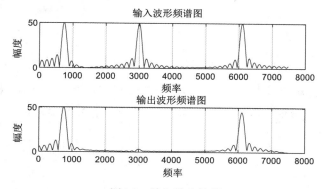

图6-9　输入输出结果

6.3.3　汉宁窗

汉宁窗（Hanning Window，又称升余弦窗）的窗函数为：

$$w_{\mathrm{Hn}}(n) = 0.5\left[1 - \cos\left(\frac{2\pi n}{N-1}\right)\right]R_N(n) \tag{6-60}$$

幅值函数为：

$$W_{\mathrm{Hn}}(\omega) = 0.5W_R(\omega) + 0.25\left[W_R\left(\omega - \frac{2\pi}{N-1}\right) + W_R\left(\omega + \frac{2\pi}{N-1}\right)\right] \tag{6-61}$$

汉宁窗幅值函数由三部分相加而成，其结果是使主瓣集中了更多的能量，而旁瓣由于三部分相加时相互抵消而变小，其代价是主瓣宽度增加到$8\pi/N$。

在 MATLAB 中，实现汉宁窗的函数为 hanning 和 barthannwin，其调用格式如下：

```
w=hanning(N);
w=barthannwin (N)
```

【例6-7】 绘制 50 点的汉宁窗。

程序代码如下：

```
>> N=49;n=1:N;
wdhn=hanning(N);
figure(3);
stem(n,wdhn,'.');
grid on
axis([0,N,0,1.1]);
title(' 50 点汉宁窗');
ylabel('W(n)');
xlabel('n');
title('50 点汉宁窗');
```

运行结果如图 6-10 所示。

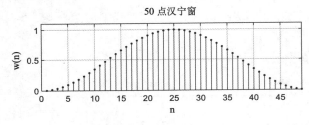

图6-10　50点的汉宁窗

【例6-8】 已知连续信号为$x(t) = \cos(2\pi f_1 t) + 0.15\cos(2\pi f_2 t)$，其中$f_1$=100Hz，$f_2$=150Hz，若以采样频率$f_{sam}$=600Hz 对该信号进行采样，利用不同宽度 N 的矩形窗截短该序列，N 取 40，观察不同的窗对谱分析结果的影响。

程序代码如下：

```
>> N=40;
L=512;
f1=100;f2=150;fs=600;
ws=2*pi*fs;
t=(0:N-1)*(1/fs);
x=cos(2*pi*f1*t)+0.15*cos(2*pi*f2*t);
wh=boxcar(N)';
x=x.*wh;
subplot(211);stem(t,x);
title('加矩形窗时域图');
xlabel('n');ylabel('h(n)')
grid on
W=fft(x,L);
```

```
f=((-L/2:L/2-1)*(2*pi/L)*fs)/(2*pi);
subplot(212);
plot(f,abs(fftshift(W)))
title('加矩形窗频域图');
xlabel('频率');ylabel('幅度')
grid on
figure
x=cos(2*pi*f1*t)+0.15*cos(2*pi*f2*t);
wh=hanning(N)';
x=x.*wh;
subplot(211);stem(t,x);
title('加汉宁窗时域图');
xlabel('n');ylabel('h(n)')
grid on
W=fft(x,L);
f=((-L/2:L/2-1)*(2*pi/L)*fs)/(2*pi);
subplot(212);
plot(f,abs(fftshift(W)))
title('加汉宁窗频域图');
xlabel('频率');ylabel('幅度')
grid on
```

运行结果如图 6-11 和图 6-12 所示。

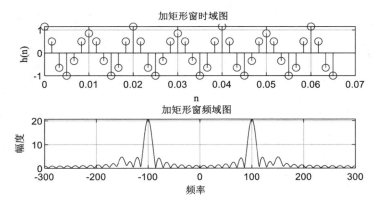

图6-11　加矩形窗实验效果图

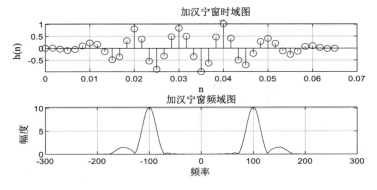

图6-12　加汉宁窗实验效果图

【例6-9】 用汉宁窗对谐波信号进行分析。

程序代码如下:

```
clear;
% 原始数据：直流:0V; 基波：49.5Hz,100V,10deg; HR2:0.5V,40deg;
hr0=0;f1=50.1;
hr(1)=25*sqrt(2);deg(1)=10;
hr(2)=0;deg(2)=0;
hr(3)=1.755*sqrt(2);deg(3)=40;
hr(4)=0;deg(4)=0;
hr(5)=0.885*sqrt(2);deg(5)=70;
hr(6)=0;deg(6)=0;
hr(7)=1.125;deg(7)=110;
M=7;f=[1:M]*f1;      % 设定频率
% 采样
fs=10000;
N=2048;                  % 约 10 个周期
T=1/fs;
n=[0:N-1];t=n*T;
x=zeros(size(t));
for k=1:M
    x=x+hr(k)*cos(2*pi*f(k)*t+deg(k)*pi/180);
end
%分析
w=0.5-0.5*cos(2*pi*n/N);
Xk=fft(x.*w);
amp=abs(Xk(1:N/2))/N*2;          % 幅频
pha=angle(Xk(1:N/2))/pi*180;     % 相频
for k=1:N/2
    if(amp(k)<0.01) pha(k)=0;    % 当谐波<10mV 时，其相位=0
    end
    if(pha(k)<0) pha(k)=pha(k)+360;       % 调整到 0～360 度
    end
end
fmin=fs/N;
xaxis=fmin*n(1:N/2);
% 横坐标为 Hz
kx=round([1:M]*50/fmin);
% 各次谐波对应的下标(从 0 开始)
for m=1:M
    km(m)=searchpeaks(amp,kx(m)+1);     % km 为谱峰(从 1 开始)
    if(amp(km(m)+1)<amp(km(m)-1))
        km(m)=km(m)-1;
    end
    beta(m)=amp(km(m)+1)./amp(km(m));
    delta(m)=(2*beta(m)-1)./(1+beta(m));
end
fx=(km-1+delta)*fmin;                    % 估计频率
hrx=amp(km)*2.*pi.*delta.*(1-delta.*delta)./sin(pi*delta);
degx=pha(km)-delta.*180/N*(N-1);     % 估计相位
```

```
    degx=mod(degx,360);            % 调整到 0～360 度
    efx=(fx-f)./f*100;             % 频率误差
    ehr=(hrx-hr)./hr*100;          % 幅度误差
    edeg=(degx-deg);               % 相位误差
    % 结果输出
    subplot(2,2,1);
    % 画出采样序列
    plot(t,x);
    hold on;
    plot(t,x.*w,'r');
    % 加窗波形
    hold off;
    xlabel('x(k)');
    title('原信号和加窗信号 ');
    subplot(2,2,2);
    % 画出 FFT 分析结果
    stem(xaxis,amp,'.r');
    xlabel('频率');
    title('幅频结果');
    subplot(2,2,4);
    stem(xaxis,pha,'.r');
    xlabel('角频率');
    title('相频结果');
    subplot(2,2,3);
    stem(ehr);
    title('幅度误差(%)');
    % 文本输出
    fid=fopen('result.txt','w');
    fprintf(fid,'原始数据: f1=%6.1fHz, N=%.f,  fs=%.f \r\n\r\n',f1, N,fs);
    fprintf(fid,'谐波次数      1     2     3     4     5     6     7\r\n');
    fprintf(fid,'设定频率 %6.3f %6.3f %6.3f %6.3f %6.3f %6.3f %6.3f\r\n',f);
    fprintf(fid,'估计频率 %6.3f %6.3f %6.3f %6.3f %6.3f %6.3f %6.3f\r\n',fx);
    fprintf(fid,'误差(%%)  %6.3f %6.3f %6.3f %6.3f %6.3f %6.3f %6.3f\r\n\r\n',
efx);
    fprintf(fid,'设定幅值 %6.3f %6.3f %6.3f %6.3f %6.3f %6.3f %6.3f\r\n',hr);
    fprintf(fid,'估计幅值 %6.3f %6.3f %6.3f %6.3f %6.3f %6.3f %6.3f\r\n',hrx);
    fprintf(fid,'误差(%%)   %6.3f %6.3f %6.3f %6.3f %6.3f %6.3f %6.3f\r\n\r\n',
ehr);
    fprintf(fid,'设定相位 %6.2f %6.2f %6.2f %6.2f %6.2f %6.2f %6.2f\r\n',deg);
    fprintf(fid,'估计相位 %6.2f %6.2f %6.2f %6.2f %6.2f %6.2f %6.2f\r\n',degx);
    fprintf(fid,'误差(度)  %6.2f %6.2f %6.2f %6.2f %6.2f %6.2f %6.2f\r\n\r\n',
edeg);
    % 其他数据
    fprintf(fid,'谱峰位置理论值:\r\n %6.4f %6.4f %6.4f %6.4f %6.4f %6.4f %6.4f\r\n',
[1:M]*f1/fmin);
    fprintf(fid,'谱峰位置估计值:\r\n %6.4f %6.4f %6.4f %6.4f %6.4f %6.4f %6.4f\r\n',
km-1+delta);
    fprintf(fid,' 误差 (%%) \r\n %6.4f %6.4f %6.4f %6.4f %6.4f %6.4f %6.4f\r\n',
((km-1+delta)-[1:M]*f1/fmin)./([1:M]*f1/fmin)*100);
```

```
    fprintf(fid,'delta：\r\n %6.4f %6.4f %6.4f %6.4f %6.4f %6.4f %6.4f\r\n',
delta);
    fclose(fid);
```

运行结果在 result 文件中，打开该文件，显示如下结果：

```
原始数据：f1= 50.1Hz, N=2048,  fs=10000
谐波次数    1       2        3        4        5        6        7
设定频率 50.100 100.200 150.300 200.400 250.500 300.600 350.700
估计频率 50.100 78.819 150.302 181.252 250.499 279.138 350.701
误差(%)  -0.000 -21.338  0.001 -9.555 -0.000 -7.140  0.000
设定幅值 35.355  0.000   2.482   0.000   1.252   0.000   1.125
估计幅值 35.356  0.046   2.482   0.002   1.252   0.002   1.125
误差(%)   0.001   Inf    0.009    Inf    0.004    Inf    0.003
设定相位  10.00   0.00   40.00    0.00   70.00    0.00  110.00
估计相位  10.03  31.67   39.97  338.35   70.06  329.86  110.05
误差(度)   0.03  31.67   -0.03  338.35    0.06  329.86    0.05
谱峰位置理论值：
 10.2605 20.5210 30.7814 41.0419 51.3024 61.5629 71.8234
谱峰位置估计值：
 10.2605 16.1421 30.7818 37.1203 51.3022 57.1675 71.8235
 误差（%）
 -0.0002 -21.3385 0.0012 -9.5551 -0.0004 -7.1396 0.0002
delta：
 0.2605 0.1421 0.7818 0.1203 0.3022 0.1675 0.8235
```

运行结果如图 6-13 所示。

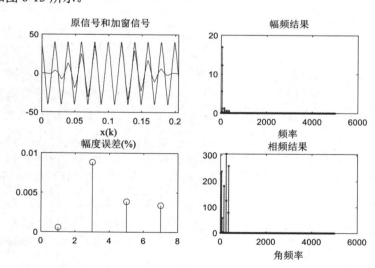

图6-13　汉宁窗插值法分析谐波函数

运行过程中用到的子程序为：

```
function index1=searchpeaks(x,index)
% 在数组中寻找最大值对应的下标
% x 为数组，index 为给定的下标(index 不能取最前或最后两个下标)，在前后两个数中（共 5 个
数）查找最大值和紧邻的次最大值
```

```
% indexmax 返回两个谱峰位置中的前一个谱峰对应的下标
index1=index-2;
for k=-1:2
    if(x(index+k)>x(index1))
        index1=index+k;
    end
end
if x(index1-1)>x(index1+1)
    index1=index1-1;
end
```

6.3.4 汉明窗

汉明窗（Hamming Window，又称改进的升余弦窗）的窗函数如下：

$$w_{\mathrm{Hm}}(n)=\left[0.54-0.46\cos\frac{2\pi n}{N-1}\right]R_N(n) \tag{6-62}$$

幅值函数为：

$$W_{\mathrm{Hm}}(\omega)=0.54W_R(\omega)+0.23W_R\left(\omega-\frac{2\pi}{N-1}\right)+0.23W_R\left(\omega+\frac{2\pi}{N-1}\right) \tag{6-63}$$

汉明窗主瓣窗宽度与汉宁窗相同，为 $8\pi/N$，99.96%的能量集中在主瓣，第一旁瓣比主瓣低 41dB。

在 MATLAB 中，实现汉明窗的函数为 hamming，其调用格式如下：

```
w=hamming(N);
```

【例 6-10】　设计一个汉明窗低通滤波器。程序代码如下：

```
% 语音信号
[x,FS]=audioread('C:\Windows\Media\Ring01.wav');
ainfo = audioinfo('C:\Windows\Media\Ring01.wav');
bits = ainfo.BitsPerSample;
x=x(:,1);
figure(1);
subplot(211);plot(x);
title('语音信号时域波形图')
xlabel('n');ylabel('h(n)')
grid on
y=fft(x,1000);
f=(FS/1000)*[1:1000];
subplot(212);
plot(f(1:300),abs(y(1:300)));
title('语音信号频谱图');
xlabel('频率');ylabel('幅度')
grid on

% 产生噪声信号
t=0:length(x)-1;
```

```
zs0=0.05*cos(2*pi*10000*t/1024);
zs=[zeros(0,20000),zs0];
figure(2);
subplot(211)
plot(zs)
title('噪声信号波形');
xlabel('n');ylabel('h(n)')
grid on
zs1=fft(zs,1200);
subplot(212)
plot(f(1:600),abs(zs1(1:600)));
title('噪声信号频谱');
xlabel('频率');ylabel('幅度')
grid on

% 将噪声信号添加到语音信号
x1=x+zs';
%sound(x1,FS,bits);
y1=fft(x1,1200);
figure(3);
subplot(211);plot(x1);
title('加入噪声后的信号波形');
xlabel('n');ylabel('h(n)')
grid on
subplot(212);
plot(f(1:600),abs(y1(1:600)));
title('加入噪声后的信号频谱');
xlabel('频率');ylabel('幅度')
grid on

% 滤波
fp=7500;
fc=8500;
wp=2*pi*fp/FS;
ws=2*pi*fc/FS;
Bt=ws-wp;
N0=ceil(6.2*pi/Bt);
N=N0+mod(N0+1,2);
wc=(wp+ws)/2/pi;
hn=fir1(N-1,wc,hamming(N));
X=conv(hn,x);
X1=fft(X,1200);
figure(4);
subplot(211);
plot(X);
title('滤波后的信号波形');
xlabel('n');ylabel('h(n)')
grid on
subplot(212);
plot(f(1:600),abs(X1(1:600)));
```

```
title('滤波后的信号频谱')
xlabel('频率');ylabel('幅度')
grid on
```

运行结果如图 6-14～图 6-17 所示。

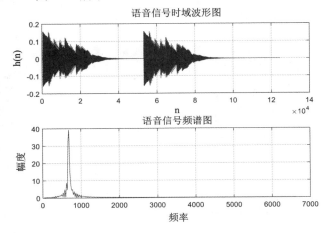

图6-14　语音信号

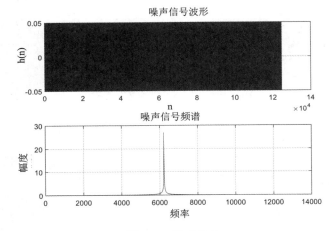

图6-15　噪声信号

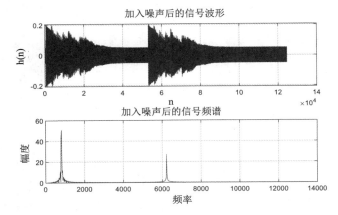

图6-16　合成信号

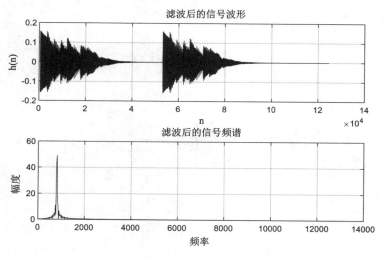

图6-17   滤波后信号

【例 6-11】   设 $x_a(t) = \cos(100\pi t) + \sin(200\pi t) + \cos(50\pi t)$，用 DFT 分析 $x_a(t)$ 的频谱结构，选择不同的截取长度 TP，观察存在的截断效应，试用加窗的方法减少谱间干扰。

程序代码如下：

```
>> clear;close all
fs=400;T=1/fs;          % 采样频率和采样间隔
Tp=0.04;N=Tp*fs;        % 采样点数 N
N1=[N,4*N,8*N];         % 设定三种截取长度
for m=1:3
    n=1:N1(m);
    xn=cos(100*pi*n*T)+ sin(200*pi*n*T)+ cos(50*pi*n*T);
    Xk=fft(xn,4096);
fk=[0:4095]/4096/T;
subplot(3,2,2*m-1);plot(fk,abs(Xk)/max(abs(Xk)));
if m==1 title('矩形窗截取');
end
end
% 汉明窗截断
for m=1:3
    n=1:N1(m);
    wn=hamming(N1(m));
    xn=cos(200*pi*n*T)+ sin(100*pi*n*T)+ cos(50*pi*n*T).*wn';
    Xk=fft(xn,4096);
fk=[0:4095]/4096/T;
subplot(3,2,2*m);plot(fk,abs(Xk)/max(abs(Xk)));
if m==1 title('汉明窗截取');
end
end
```

运行结果如图 6-18 所示。

比较矩形窗和汉明窗的谱分析结果可见，用矩形窗比用汉明窗的分辨率高（泄漏小），但是谱间干扰大，因此汉明窗是以牺牲分辨率来换取降低谱间干扰的。

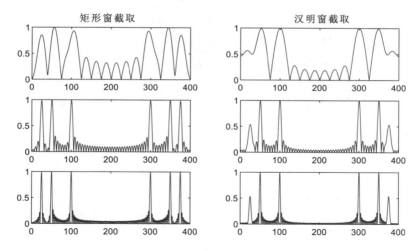

图6-18　DFT对连续信号进行谱分析

6.3.5　布莱克曼窗

布莱克曼窗（Blackman Window）的窗函数如下：

$$w_{Bl}(n) = \left[0.42 - 0.5\cos\frac{2\pi n}{N-1} + 0.08\cos\frac{4\pi n}{N-1} \right] R_N(n) \tag{6-64}$$

幅值函数为：

$$\begin{aligned} W_{Bl}(\omega) = {} & 0.42 W_R(\omega) + 0.25\left[W_R\left(\omega - \frac{2\pi}{N-1}\right) + W_R\left(\omega + \frac{2\pi}{N-1}\right) \right] \\ & + 0.04\left[W_R\left(\omega - \frac{4\pi}{N-1}\right) + W_R\left(\omega + \frac{4\pi}{N-1}\right) \right] \end{aligned} \tag{6-65}$$

该幅值函数由 5 部分组成，5 部分相加的结果使得旁瓣得到进一步抵消，阻带衰减加大，而过渡带加大到$12\pi/N$。

在 MATLAB 中，实现汉明窗的函数为 blackman，其调用格式如下：

```
w= blackman(N);
```

【例 6-12】　用窗函数法设计数字带通滤波器，下阻带边缘为 $W_{s1}=0.3$pi、A_s=65dB，下通带边缘为 W_{p1}=0.4pi、R_p=1dB，上通带边缘为 W_{p2}=0.6pi、R_p=1dB，上阻带边缘为 W_{s2}=0.7pi、A_s=65dB，根据窗函数最小阻带衰减的特性，以及参照窗函数的基本参数表，选择布莱克曼窗可达到 75dB 最小阻带衰减，其过渡带为 11pi/N。

程序代码如下：

```
>> clear all;
wp1=0.4*pi;
wp2=0.6*pi;
ws1=0.3*pi;
ws2=0.7*pi;
As=65;
tr_width=min((wp1-ws1),(ws2-wp2));   % 过渡带宽度
```

```
M=ceil(11*pi/tr_width)+1    % 滤波器长度
n=[0:1:M-1];
wc1=(ws1+wp1)/2;        % 理想带通滤波器的下截止频率
wc2=(ws2+wp2)/2;        % 理想带通滤波器的上截止频率
hd=ideal_lp(wc2,M)-ideal_lp(wc1,M);
w_bla=(blackman(M))';          % 布莱克曼窗
h=hd.*w_bla;
% 截取得到实际的单位脉冲响应
[db,mag,pha,grd,w]=freqz_m(h,[1]);
% 计算实际滤波器的幅度响应
delta_w=2*pi/1000;
Rp=-min(db(wp1/delta_w+1:1:wp2/delta_w))
% 实际通带纹波
As=-round(max(db(ws2/delta_w+1:1:501)))
As=75
subplot(2,2,1);
stem(n,hd);
title('理想单位脉冲响应 hd(n)')
axis([0 M-1 -0.4 0.5]);
xlabel('n');
ylabel('hd(n)')
grid on;
subplot(2,2,2);
stem(n,w_bla);
title('布莱克曼窗 w(n)')
axis([0 M-1 0 1.1]);
xlabel('n');
ylabel('w(n)')
grid on;
subplot(2,2,3);
stem(n,h);
title('实际单位脉冲响应 hd(n)')
axis([0 M-1 -0.4 0.5]);
xlabel('n');
ylabel('h(n)')
grid on;
subplot(2,2,4);
plot(w/pi,db);
axis([0 1 -150 10]);
title('幅度响应(dB)');
grid on;
xlabel('频率单位:pi');
ylabel('分贝数')
```

运行过程中调用的子程序为:

```
function hd=ideal_lp(wc,M);
% 计算理想低通滤波器的脉冲响应
% [hd]=ideal_lp(wc,M)
% hd=理想脉冲响应 0～M-1
% wc=截止频率
```

```
%  M=理想滤波器的长度
alpha=(M-1)/2;
n=[0:1:(M-1)];
m=n-alpha+eps;
%  加上一个很小的值 eps 避免除以 0 的错误情况出现
hd=sin(wc*m)./(pi*m);
```

运行结果为：

```
M =
    111
Rp =
    0.0033
As =
    74
As =
    75
```

运行结果如图 6-19 所示。

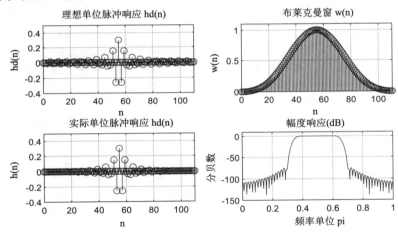

图6-19　布莱克曼窗数字带通滤波器

6.3.6　凯塞–贝塞尔窗

凯塞–贝塞尔窗（Kaiser-Basel Window）的窗函数为：

$$w_k(n) = \frac{I_0(\beta)}{I_0(\alpha)} R_N(n) \tag{6-66}$$

式中，$\beta = \alpha \sqrt{1 - \left(\frac{2n}{N-1} - 1\right)^2}$。$I_0(x)$ 是零阶第一类修正贝塞尔函数，可用下面的级数计算：

$$I_0(x) = 1 + \sum_{k=1}^{+\infty} \left(\frac{1}{k!}\left(\frac{x}{2}\right)^k\right)^2 \tag{6-67}$$

一般 $I_0(x)$ 取 15～25 项，就可以满足精度要求。α 用以控制窗的形状。通常 α 加大，主瓣加宽，旁瓣减小，典型数据 $4<\alpha<9$。当 $\alpha=5.44$ 时，窗函数接近汉明窗。当 $\alpha=7.865$ 时，窗函数接近布莱克曼窗。其幅度函数如下：

$$W_k(\omega) = w_k(0) + 2\sum_{n=1}^{(N-1)/2} w_k(n)\cos\omega n \tag{6-68}$$

在 MATLAB 中，实现汉明窗的函数为 kaiser，其调用格式如下：

```
w=kaiser(N,beta);
```

在 MATLAB 下设计标准响应 FIR 滤波器可使用 fir1 函数。fir1 函数以经典方法实现加窗线性相位 FIR 滤波器设计，它可以设计出标准的低通、带通、高通和带阻滤波器。fir1 函数的用法为：

```
b=fir1(n,Wn,'ftype',Window)
```

各个参数的含义如下：

- b: 滤波器系数。
- n: 滤波器阶数。
- Wn: 截止频率，$0 \leqslant Wn \leqslant 1$，Wn=1 对应采样频率的一半。当设计带通和带阻滤波器时，Wn=[W1 W2]，$W1 \leqslant \omega \leqslant W2$。
- ftype: 当指定 ftype 时，可设计高通和带阻滤波器。当 ftype=high 时，设计高通 FIR 滤波器；当 ftype=stop 时，设计带阻 FIR 滤波器。低通和带通 FIR 滤波器无须输入 ftype 参数。
- Window: 窗函数。窗函数的长度应等于 FIR 滤波器系数的个数，即阶数 n+1。

【例 6-13】 利用凯塞窗函数设计一个带通滤波器，上截止频率为 2500Hz，下截止频率为 1000Hz，过渡带宽为 200Hz，通带波纹允许公差 0.1，阻带波纹不大于允差 0.02dB，通带幅值为 1。

程序代码如下：

```
Fs=8000;N=216;
fcuts=[1000 1200 2300 2500];
mags=[0 1 0];
devs=[0.02 0.1 0.02];
[n,Wn,beta,ftype]=kaiserord(fcuts,mags,devs,Fs);
n=n+rem(n,2);
hh=fir1(n,Wn,ftype,kaiser(n+1,beta),'noscale');
[H,f]=freqz(hh,1,N,Fs);
plot(f,abs(H));
xlabel('频率 (Hz)');
ylabel('幅值|H(f)|');
grid on;
```

运行结果如图 6-20 所示。

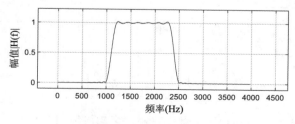

图6-20 带通滤波器

6.3.7　窗函数设计法

根据上面的分析，设计一个 FIR 低通滤波器通常按下面的步骤进行。

1）根据滤波器设计要求的指标，确定滤波器的过渡带宽和阻带衰减要求，选择窗函数的类型并估计窗的宽度 N。

2）根据所要求的理想滤波器求出单位脉冲响应 $h_d(n)$。

3）根据求得的 $h_d(n)$ 求出其频率响应：$H(\mathrm{e}^{j\omega}) = \sum_{n=0}^{N-1} h(n)\mathrm{e}^{-j\omega n}$。

4）根据频滤响应验证是否满足技术指标。

5）若不满足指标要求，则应调整窗函数的类型或长度，然后重复1）～4）步，直到满足要求为止。

由于 N 的选择对阻带最小衰减 α_s 影响不大，因此可以直接根据 α_s 确定窗函数 $w(n)$ 的类型。然后可根据过渡带宽度小于给定指标的原则确定窗函数的长度 N。指标给定的过渡带宽度由下式给出：

$$\Delta\omega = \omega_s - \omega_p \tag{6-69}$$

不同的窗函数，过渡带计算公式不同，但过渡带与窗函数的长度 N 成反比，由此可确定出长度 N。N 选择的原则是在保证阻带衰减要求的情况下，尽量选择较小的 N。当 N 和窗函数类型确定后，可根据 MATLAB 提供的函数求出相应的窗函数。

一般情况下，$h_d(n)$ 不易求得，可采用数值方法求得，过程是：

$$H_d(\mathrm{e}^{j\omega}) \xrightarrow{\ 0\sim2\pi M点采样\ } H_d(k) \xrightarrow{\ IDET\ } h_M(n) = \sum_{r=-\infty}^{+\infty} h_d(n+rM)$$

采样间隔 M 应足够大并满足采样定理，以保证窗口内 $h_M(n)$ 与 $h_d(n)$ 足够逼近。

计算滤波器的单位脉冲响应 $h(n)$，根据窗函数设计理论 $h(n) = h_d(n) \cdot w(n)$，在 MATLAB 中用语句 $hn = hd*wd$ 实现 $h(n)$。需要说明的是，MATLAB 中的数据通常是以列向量形式存在的，所以两个向量相乘 hd 必须进行转置。

设计 MATLAB 子程序如下：

```
function [h]=usefir1(mode,n,fp,fs,window,r,sample)
% mode:模式（1--高通；2--低通；3--带通；4--带阻）
% n:阶数，加窗的点数为阶数加1
% fp:高通和低通时指示截止频率，带通和带阻时指示下限频率
% fs:带通和带阻时指示上限频率
% window:加窗（1--矩形窗；2--三角窗；3--巴特利特窗；4--汉明窗；
% 5--汉宁窗；6--布莱克曼窗；7--凯塞窗；8--切比雪夫窗）
% r 代表加切比雪夫窗的 r 值和加凯塞窗时的 beta 值
% sample:采样率
% h:返回设计好的 FIR 滤波器系数
if window==1 w=boxcar(n+1);
end
if window==2 w=triang(n+1);end
if window==3 w=bartlett(n+1);end
if window==4 w=hamming(n+1);end
if window==5 w=hanning(n+1);end
```

```
if window==6 w=blackman(n+1);end
if window==7 w=kaiser(n+1,r);end
if window==8 w=chebwin(n+1,r);
end
wp=2*fp/sample;
ws=2*fs/sample;
if mode==1 h=fir1(n,wp,'high',w);
end
if mode==2 h=fir1(n,wp,'low',w);
end
if mode==3 h=fir1(n,[wp,ws],w);
end
if mode==4 h=fir1(n,[wp,ws],'stop',w);
end
m=0:n;
subplot(3,1,1);
plot(m,h);grid on;
title('冲激响应');
axis([0 n 1.1*min(h) 1.1*max(h)]);
ylabel('h(n)');xlabel('n');
freq_response=freqz(h,1);
magnitude=20*log10(abs(freq_response));
m=0:511; f=m*sample/(2*511);
subplot(3,1,2);
plot(f,magnitude);grid on;
title('幅频特性');
axis([0 sample/2 1.1*min(magnitude) 1.1*max(magnitude)]);
ylabel('f 幅值');xlabel('频率');
phase=angle(freq_response);
subplot(3,1,3);plot(f,phase);grid on;
title('相频特性');
axis([0 sample/2 1.1*min(phase) 1.1*max(phase)]);
ylabel('相位');xlabel('频率');
```

【例 6-14】 假设需要设计一个 40 阶的带通 FIR 滤波器，采用汉明窗，采样频率为 10kHz，两个截止频率分别为 2kHz 和 3kHz，则只需在 MATLAB 的命令窗口下输入：

```
>> h=usefir1(3,60,2000,3000,4,2,10000);
```

运行结果如图 6-21 所示。

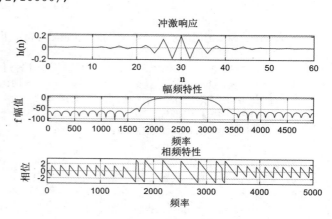

图6-21 带通滤波器

6.4 频率采样的 FIR 滤波器的设计

采用窗函数法设计数字滤波器的问题：

优点：窗函数法设计数字滤波器具有设计简单、方便实用的特点。

缺点：由于窗函数法是从时域出发的一种设计方法，它的设计思想是用理想滤波器的单位脉冲响应作为滤波器系数，而理想单位脉冲响应又不可实现，因此通过加窗截断而改善特性，故实际滤波器产生了与理想滤波器特性的偏差。

改进办法：通过在时域改变截断方式和增加长度就可使实际滤波器的特性逼近理想滤波器。尤其在 $H_d(\mathrm{e}^{\mathrm{j}\omega})$ 比较复杂时，其单位脉冲响应需要通过采样求离散傅里叶反变换（IDFT）来得到。

另一方面，上面的设计过程实际上绕了一个圈子。那么能不能直接将要设计的滤波器特性的采样点给出，并由此求得滤波器系数？这样就引出了频率采样设计法。

6.4.1 设计方法

1）在 $\omega = 0 \sim 2\pi$ 区间等间隔采样 N 点得 $H_d(k)$：

$$H_d(k) = H(\mathrm{e}^{\mathrm{j}\omega})\Big|_{\omega=\frac{2\pi}{N}k} \tag{6-70}$$

2）对 N 点 $H_d(k)$ 进行 IDFT，得到 $h(n)$：

$$h(n) = \frac{1}{N}\sum_{k=0}^{N-1} H_d(k)\mathrm{e}^{\mathrm{j}\frac{2\pi}{N}kn} \tag{6-71}$$

3）对 $h(n)$ 求 Z 变换的系统函数（直接型）：

$$H(z) = \sum_{n=0}^{N-1} h(n)z^{-n} \tag{6-72}$$

或用内插公式（频率采样型）：

$$H(z) = \frac{1-z^{-N}}{N}\sum_{k=0}^{N-1}\frac{H_d(k)}{1-\mathrm{e}^{\mathrm{j}\frac{2\pi}{N}k}z^{-1}} \tag{6-73}$$

根据频率采样定理，用有限点频率样点替代理想滤波器的频率特性，在时域上，由于时域响应要发生混叠，因此所求实际滤波器的频率特性 $H(\mathrm{e}^{\mathrm{j}\omega})$ 与理想特性 $H_d(\mathrm{e}^{\mathrm{j}\omega})$ 之间存在误差。

频率采样法的要求是：

1）在频域上进行采样得到的 $H_d(k)$ 能保证滤波器的线性相位特性。

2）使实际滤波器的频率特性与理想滤波器的特性之间的误差更小。

6.4.2 约束条件

通常滤波器具有第一类线性相位特性的时域条件是 $h(n) = h(N-n-1)$，而且 $h(n)$ 为实数。与此相对应，滤波器频域表达式：

$$H(\mathrm{e}^{\mathrm{j}\omega}) = H_g(\omega)\mathrm{e}^{\mathrm{j}\theta(\omega)} \tag{6-74}$$

$$\theta(\omega) = -\frac{N-1}{2}\omega \tag{6-75}$$

其幅度特性也具有对称特性且满足下面的条件：

- N = 奇数时，$H_g(\omega) = H_g(2\pi - \omega)$，关于 $\omega = \pi$ 偶对称。
- N = 偶数时，$H_g(\omega) = -H_g(2\pi - \omega)$，关于 $\omega = \pi$ 奇对称，且 $H_g(\pi) = 0$。

所以，对 $H_d(e^{j\omega})$ 进行 N 点采样得到的 $H_d(k)$，也必须具有对称特性。这样才能保证对 $H_d(k)$ 进行 IDFT 得到的 $h(n)$ 具有偶对称特性，即满足线性相位条件。

6.4.3 误差设计

前面提到，实际滤波器 $H(e^{j\omega})$ 与理想滤波器 $H_d(e^{j\omega})$ 之间要产生误差，误差表现与窗函数法情况类似，主要是：通带和阻带内产生波动，而且过渡带宽加宽。

误差产生的原因从时域上和频域上分析如下：

设希望设计的滤波器为 $H_d(e^{j\omega})$，对应的单位脉冲响应为：

$$h_d(n) = \frac{1}{2\pi}\int_{-\pi}^{\pi}H_d(e^{j\omega})e^{j\omega n}d\omega \tag{6-76}$$

由频率采样定理可知，在频域 $0 \sim 2\pi$ 上等间隔采样 N 点，利用 IDFT 可求得对应的 N 点序列 $x_N(n)$ 为 $h_d(n)$，以 N 为周期进行延拓并在主值区间取值，即：

$$x_N(n) = \sum_{r=-\infty}^{+\infty}h_d(n+rN)R_N(n) \qquad x(n) = x_N(n) \tag{6-77}$$

如果 $H_d(e^{j\omega})$ 有间断点，则相应的 $h_d(n)$ 应为无限长序列。所以在时域将产生混叠，使得 $h_N(n)$ 和 $h_d(n)$ 产生偏差。从直观上看，如果增加采样点 N，误差肯定减小，设计出的 $H(e^{j\omega})$ 与理想滤波器 $H_d(e^{j\omega})$ 也就更逼近。

从频域上看，由采样定理可知，频域等间隔采样得 $H(k)$，经过 IDFT 得到 $h(n)$，其 Z 变换 $H(z)$ 和 $H(k)$ 之间的关系为：

$$H(z) = \frac{1-z^{-N}}{N}\sum_{k=0}^{N-1}\frac{H(k)}{1-e^{j\frac{2\pi}{N}k}z^{-1}} \tag{6-78}$$

代入 $z = e^{j\omega}$ 得到：

$$H(e^{j\omega}) = \sum_{k=0}^{N-1}H(k)\Phi\left(\omega - \frac{2\pi}{N}k\right) \tag{6-79}$$

式中：$\Phi(\omega) = \frac{1}{N}\frac{\sin(\omega N/2)}{\sin(\omega/2)}e^{-j\omega\frac{N-1}{2}}$。

在采样点 $\omega = 2\pi k/N$，$k = 0,1,\cdots,N-1$ 上，$\Phi(\omega - 2\pi k/N) = 1$，所以，在采样点上，$H(e^{j\omega_k})$（$\omega_k = 2\pi/N$）与 $H(k)$ 相等，误差为零。而在采样点之间，$H(e^{j\omega})$ 由有限项的 $H(k)\Phi(\omega - 2\pi k/N)$ 之和形成，存在误差。误差大小和 $H(e^{j\omega}) = e^{-j\frac{N-1}{2}}H_g(\omega)$ 特性的平滑程度有关，特性越平滑的区域，误差越小。特性间断处，误差最大。最终间断点处以斜线取代，形成过渡带 $\Delta\omega = \frac{2\pi}{N}$，在间断点附

近也将形成振荡特性，使阻带衰减减小，往往不能满足技术要求。

　　增加 N 可以减小样本间的逼近误差，但是过渡带会变窄。由于 $H_d(e^{j\omega})$ 为理想矩形，无论怎样增加频率采样点，在断点处要使得幅度从 1 突变到 0，势必引起较大的起伏振荡。增加样点并不能消除或减小吉布斯效应，而且会增加滤波器的体积和成本。

　　为了减小吉布斯效应的影响，应尽量避免幅度特性的突变。所以可以考虑在理想滤波器的断点处增加一些过渡采样点，使断点处变得比较平滑，这样就减小了起伏振荡，使阻带衰减增大。

　　过渡点的取值直接影响滤波器的设计效果。每个频率采样值都对应一项插值函数，即 $H(k)\Phi(\omega-2\pi k/N)$，如果 $H(k)$ 设计合理，就可能减小带内波动，使滤波器性能改善。

　　【例 6-15】　频率采样法：带通，最优法 $T1\&T2$。

　　程序代码如下：

```
>> N=40;
alfa=(40-1)/2;
k=0:N-1;
w1=(2*pi/N)*k;
T1=0.109021;
T2=0.59417456;
hrs=[zeros(1,5),T1,T2,ones(1,7),T2,T1,zeros(1,9),T1,T2,ones(1,7),T2,T1,zeros(1,4)];
hdr=[0,0,1,1,0,0]; wd1=[0,0.2,0.35,0.65,0.8,1];
k1=0:floor((N-1)/2);
k2=floor((N-1)/2)+1:N-1;
angH=[-alfa*(2*pi)/N*k1,alfa*(2*pi/N*(N-k2))];
H=hrs.*exp(j*angH);
h=real(ifft(H));
[db,mag,pha,grd,w] = freqz_m(h,1);
[Hr,ww,a,L] =hr_type2(h);
subplot(2,2,1)
plot(w1(1:21)/pi,hrs(1:21),'o',wd1,hdr)
axis([0,1,-0.1,1.1]);
title('带通: N=40, T1=0.109,  T2=0.594')
grid on;
ylabel('Hr(k)');
set(gca,'XTickMode','manual','XTick',[0,0.2,0.35,0.65,0.8,1])
set(gca,'YTickMode','manual','YTick',[0,0.059,0.109,1]);
grid  % 绘制带网格的图像
subplot(2,2,2);
stem(k,h);
axis([-1,N,-0.4,0.4])
title('脉冲响应');  ylabel('h(n)'); text(N+1,-0.4,'n')
subplot(2,2,3); plot(ww/pi,Hr,w1(1:21)/pi,hrs(1:21),'o');
axis([0,1,-0.1,1.1]);title('振幅响应')
xlabel('频率  (单位: pi)'); ylabel('Hr(w)')
set(gca,'XTickMode','manual','XTick',[0,0.2,0.35,0.65,0.8,1]);
set(gca,'YTickMode','manual','YTick',[0,0.059,0.109,1]);
grid
subplot(2,2,4); plot(w/pi,db); axis([0,1,-100,10]);
```

```
grid
title('幅度响应');
xlabel('频率 （单位：pi)'); ylabel('分贝')
set(gca,'XTickMode','manual','XTick',[0,0.2,0.35,0.65,0.8,1])
set(gca,'YTickMode','manual','YTick',[-60;0]);
set(gca,'YTickLabelMode','manual','YTickLabels',[60;0]);
```

运行结果如图 6-22 所示。

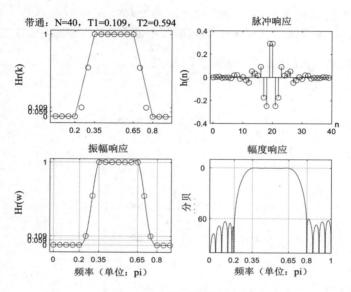

图6-22　频率采样法：带通

【例 6-16】　频率采样法：低通，T1=0.5。

程序代码如下：

```
>> %T1=0.5
% 设计条件:wp=0.2pi;ws=0.3pi;Rp=0.25dB;Rp=50dB;
M=40;
alpha=(M-1)/2;l=0:M-1;w1=(2*pi/M)*l;
Hrs=[ones(1,5),0.5,zeros(1,29),0.5,ones(1,4)];
% 理想滤波器振幅响应采样
Hdr=[1,1,0,0];wdl=[0,0.25,0.25,1];
% 理想滤波器振幅响应
k1=0:floor((M-1)/2);
k2=floor((M-1)/2)+1:M-1;
angH=[-alpha*(2*pi)/M*k1,alpha*(2*pi)/M*(M-k2)];
H=Hrs.*exp(j*angH);
h=real(ifft(H,M));
[db,mag,pha,grd,w]=freqz_m(h,1);
[Hr,ww,a,L]=hr_type2(h);
subplot(1,1,1);
subplot(2,2,1);
plot(w1(1:21)/pi,Hrs(1:21),'o',wdl,Hdr);
axis([0,1,-0.1,1.1]);
```

```
title('频率样本:M=40,T1=0.5');
set(gca,'XTickMode','manual','XTick',[0,0.2,0.3,1]);
set(gca,'YTickMode','manual','YTick',[0,0.5,1]);
grid on;
xlabel('k');
ylabel('Hr(k)')
subplot(2,2,2);
stem(l,h);axis([-1,M,-0.1,0.3]);
title('脉冲响应');
xlabel('n');ylabel('h(n)')
grid on;
xa=0.*l;
hold on
plot(l,xa,'k');
hold off
subplot(2,2,3);
plot(ww/pi,Hr,w1(1:21)/pi,Hrs(1:21),'o');
axis([0,1,-0.2,1.2]);
title('振幅响应')
xlabel('频率（单位：pi)'); ylabel('Hr(w)')
set(gca,'XTickMode','manual','XTick',[0,0.2,0.3,1]);
set(gca,'YTickMode','manual','YTick',[0,0.5,1]);grid
subplot(2,2,4);plot(w/pi,db);axis([0,1,-100,10]);
title('幅度响应');
xlabel('频率（单位：pi)'); ylabel('分贝')
set(gca,'XTickMode','manual','XTick',[0,0.2,0.3,1]);
set(gca,'YTickMode','manual','YTick',[-30,0]);
grid on;
set(gca,'YTickLabelMode','manual','YTickLabels',[30;0])
```

运行结果如图 6-23 所示。

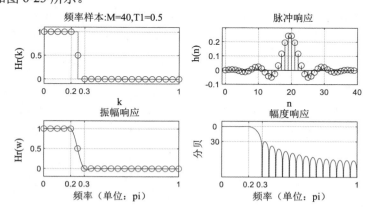

图6-23　频率采样法：低通

【例 6-17】　频率采样法：高通。

程序代码如下：

```
>> M=32;
% 所需频率采样点个数
```

```
Wp=0.6*pi;
% 通带截止频率
m=0:M/2;
% 阻频带上的采样点
Wm=2*pi*m./(M+1);
% 阻带截止频率
mtr=ceil(Wp*(M+1)/(2*pi));
% 向正方向舍入 ceil(3.5)=4;ceil(-3.2)=-3;
Ad=[Wm>=Wp];
Ad(mtr)=0.28;
Hd=Ad.*exp(-j*0.5*M*Wm);
% 构造频域采样向量 H(k)
Hd=[Hd conj(fliplr(Hd(2:M/2+1)))];
% fliplr 函数实现矩阵的左右翻转,conj 是求复数的共轭
h=real(ifft(Hd));%h (n) =IDFT[H(k)]
w=linspace(0,pi,1000);
% 用于产生 0~pi 之间的 1000 点行向量
H=freqz(h,[1],w);
% 滤波器的幅频特性图
figure(1)
plot(w/pi,20*log10(abs(H)));
% 参数分别是归一化频率与幅值
xlabel('归一化频率');
ylabel('增益/分贝');
axis([0 1 -50 0]);
f1=200;f2=700;f3=800
% 待滤波正弦信号频率
fs=2000;%采样频率
figure(2)
subplot(211)
t=0:1/fs:0.25;
% 定义时间范围和步长
s=sin(2*pi*f1*t)+sin(2*pi*f2*t)+sin(2*pi*f3*t);
% 滤波前信号
plot(t,s);
% 滤波前的信号图像
xlabel('时间/秒');
ylabel('幅度');
title('信号滤波前时域图');
subplot(212)
Fs=fft(s,512);
% 将信号变换到频域
AFs=abs(Fs);
% 信号频域图的幅值
f=(0:255)*fs/512;
% 频率采样
plot(f,AFs(1:256));
% 滤波前的信号频域图
xlabel('频率/赫兹');
ylabel('幅度');
```

```
title('信号滤波前频域图');
figure(3)
sf=filter(h,1,s);
% 使用 filter 函数对信号进行滤波
% 输入的参数分别为滤波器系统函数的分子和分母多项式系数向量以及待滤波信号
subplot(211)
plot(t,sf)%滤波后的信号图像
xlabel('时间/秒');
ylabel('幅度');
title('信号滤波后时域图');
axis([0.2 0.25 -2 2]);
% 限定图像坐标范围
subplot(212)
Fsf=fft(sf,512);
% 滤波后的信号频域图
AFsf=abs(Fsf);
% 信号频域图的幅值
f=(0:255)*fs/512;
%频率采样
plot(f,AFsf(1:256))
% 滤波后的信号频域图
xlabel('频率/赫兹');
ylabel('幅度');
title('信号滤波后频域图');
```

运行结果如图 6-24～图 6-26 所示。

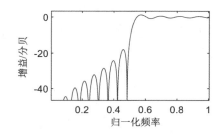

图6-24　滤波器的幅频特性图

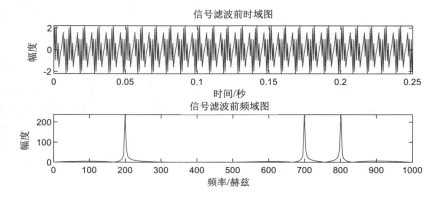

图6-25　信号滤波前结果图

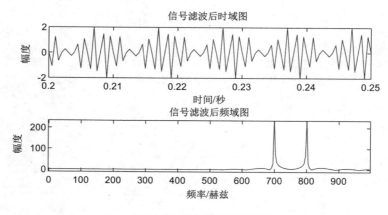

图6-26　信号滤波后结果图

6.5　FIR 数字滤波器的最优设计

前面介绍了 FIR 数字滤波器的两种逼近设计方法，即窗口法（时域逼近法）和频率采样法（频域逼近法），用这两种方法设计出的滤波器的频率特性都是在不同意义上对给定理想频率特性 $H_d(\mathrm{e}^{\mathrm{j}\omega})$ 的逼近。

讲到逼近，就有一个逼近得好坏的问题，对"好""坏"的恒量标准不同，也会得出不同的结论。我们前面讲过的窗口法和频率采样法都是先给出逼近方法所需的变量，再讨论其逼近特性，如果反过来要求在某种准则下设计滤波器各参数，以获取最优的结果，这就引出了最优化设计的概念。最优化设计一般需要大量的计算，所以一般需要依靠计算机进行辅助设计。

最优化设计的前提是最优准则的确定，在 FIR 滤波器最优化设计中，常用的准则有：最小均方误差准则和最大误差最小化准则。

6.5.1　最小均方误差准则

若以 $E(\mathrm{e}^{\mathrm{j}\omega})$ 表示逼近误差，则：

$$E(\mathrm{e}^{\mathrm{j}\omega}) = H_d(\mathrm{e}^{\mathrm{j}\omega}) - H(\mathrm{e}^{\mathrm{j}\omega}) \qquad (6\text{-}80)$$

那么均方误差为：

$$\varepsilon^2 = \frac{1}{2\pi} \int_{-\pi}^{\pi} \left| H_d\left(\mathrm{e}^{\mathrm{j}\omega}\right) - H\left(\mathrm{e}^{\mathrm{j}\omega}\right) \right|^2 \mathrm{d}\omega = \frac{1}{2\pi} \int_{-\pi}^{\pi} \left| E\left(\mathrm{e}^{\mathrm{j}\omega}\right) \right|^2 \mathrm{d}\omega \qquad (6\text{-}81)$$

最小均方误差准则就是选择一组时域采样值，以使均方误差最小，这一方法注重在整个 $-\pi \sim \pi$ 频率区间内总误差的全局最小，但不能保证局部频率点的性能，有些频率点可能会有较大的误差。对于窗口法 FIR 滤波器设计，因采用有限项的 $h(n)$ 逼近理想的 $h_d(n)$，所以其逼近误差为：

$$\varepsilon^2 = \sum_{n=-\infty}^{\infty} \left| h_d(n) - h(n) \right|^2 \qquad (6\text{-}82)$$

如果采用矩形窗：

$$h(n) = \begin{cases} h_d(n) & o \leqslant n \leqslant N-1 \\ 0 & \text{其他} \end{cases} \tag{6-83}$$

则有：

$$\varepsilon^2 = \sum_{n=-\infty}^{-1} |h_d(n) - h(n)|^2 + \sum_{n=N}^{\infty} |h_d(n) - h(n)|^2 \tag{6-84}$$

可以证明，这是一个最小均方误差。

所以，矩形窗窗口设计法是最小均方误差 FIR 设计。根据前面的讨论，我们知道其优点是过渡带较窄，缺点是局部点误差大，或者说误差分布不均匀。

6.5.2　最大误差最小化准则

最大误差最小化准则（也叫最佳一致逼近准则）可表示为：

$$\max |E(e^{j\omega})| = \min, \ \omega \in F \tag{6-85}$$

其中 F 是根据要求预先给定的一个频率取值范围，可以是通带，也可以是阻带。最佳一致逼近即选择 N 个频率采样值，在给定频带范围内使频率响应的最大逼近误差达到最小，也叫等波纹逼近。

6.5.3　切比雪夫最佳一致逼近

FIR 滤波器的两种设计方法，即窗函数法和频率采样法，设计比较简单、直观，但是它们也存在着如下缺陷：

1）两种设计都无法精确给出边界频率 ω_p 和 ω_s 的位置，设计完成之后的结果必须接受。

2）滤波器的通带和阻带波动因子 δ_1 和 δ_2 不能同时确定。

如窗函数法设计为 $\delta_1 = \delta_2$，频率采样法中也可对 δ_2 进行优化，但设计中都无法准确指定。实际频率响应与理想频率响应之间的误差在频带上分布不均匀，离频带边界越近，误差越大，离频带边界越远，误差越小。通常期望误差可均匀地分布在频带上，以获得同样设计指标下的较低阶滤波器。

实际上，两种设计方法都采用了与理想滤波器特性的逼近思想。例如，窗函数法设计就是一种时域逼近法，它采用理想滤波器的一段 $h_d(n)$ 作为滤波器的 $h(n)$。

可以证明，采用矩形窗时得到的均方误差是最小的。e^2 是在全频带上积分最小，但无法保证某点幅度误差最小。此误差是在全频带上分布的，在过渡带附近，由于吉布斯效应，会产生较大的峰值，误差也较大；在远离过渡带的地方，频率响应比较平稳，误差越来越小。虽然改变窗函数可减小峰值，但无法保证均方误差最小。设想如果将误差均匀地分布在整个频带，就可能在同等指标下获得一个更低阶的滤波器。切比雪夫逼近法的思想就是设计一个通带和阻带都具有等波纹特征的滤波器，这样整个频带内与理想滤波器之间的误差就可以保证为均匀分布，可以证明在同样阶数下这种设计方法的最大误差最小。

设 $H_d(\omega)$ 表示理想滤波器的幅度特性，$H_g(\omega)$ 表示实际滤波器的幅度特性，$E(\omega)$ 表示加权误差函数，则有：

$$E(\omega) = W(\omega)[H_d(\omega) - H_g(\omega)] \tag{6-86}$$

式中，$W(\omega)$ 称为误差加权函数，它的取值根据通带或阻带的逼近精度要求的不同而不同。通常，在要求逼近精度高的频带，$E(\omega)$ 取值大，在要求逼近精度低的频带，$E(\omega)$ 取值小。在设计过程中，$W(\omega)$ 由设计者选定，例如对低通滤波器可取为：

$$W(\omega) = \begin{cases} \delta_2 / \delta_1 & 0 \leqslant \omega \leqslant \omega_p \\ 1 & \omega_p < \omega \leqslant \pi \end{cases} \tag{6-87}$$

δ_1 和 δ_2 分别为滤波器指标中的通带和阻带容许波动。如果 $\delta_2 / \delta_1 < 1$，说明对通带的加权较小。如果用 $\delta_2 / \delta_1 = 0.1$ 去设计滤波器，则通带最大波动 δ_1 将比阻带最大波动 δ_2 大 10 倍。

例如，希望在固定 M、ω_c、ω_r 的情况下逼近一个低通滤波器，这时有：

$$H_d(\omega) = \begin{cases} 1 & 0 \leqslant \omega \leqslant \omega_c \\ 0 & \omega_r \leqslant \omega \leqslant \pi \end{cases} \tag{6-88}$$

$$W(\omega) = \begin{cases} \dfrac{1}{k} & 0 \leqslant \omega \leqslant \omega_c \\ 1 & \omega_r \leqslant \omega \leqslant \pi \end{cases} \tag{6-89}$$

假设滤波器为：

$$H(\omega) = \sum_{n=0}^{M} a(n)\cos(\omega n), \quad M = \frac{N-1}{2} \tag{6-90}$$

其中，$a(0) = h\left(\dfrac{N-1}{2}\right)$，$a(n) = 2h\left(\dfrac{N-1}{2} - n\right)$，$n = 1, 2, \cdots, \dfrac{N-1}{2}$。

于是有：

$$E(\omega) = W(\omega)[H_d(\omega) - \sum_{n=0}^{M} a(n)\cos(\omega n)] \tag{6-91}$$

式中，$M = (N-1)/2$。最佳一致问题是确定 $M+1$ 个系数 $a(n)$，使 $E(\omega)$ 的最大值为最小，即 $\min[\max\limits_{\omega \in A} |E(\omega)|]$。

式中，A 表示所研究的频带，即通带或阻带。上述问题也称为切比雪夫逼近问题，其解可以用切比雪夫交替定理描述。

满足 $E(\omega)$ 最大值最小化的多项式存在且唯一。换句话说，可以唯一确定一组 $a(n)$ 使 $H_g(\omega)$ 与 $H_d(\omega)$ 实现最佳一致逼近。最佳一致逼近时，$E(\omega)$ 在频带 A 上呈现等波动特性，而且至少存在 $M+2$ 个 "交错点"，即波动次数至少为 $M+2$ 次，并满足：

$$E(\omega_i) = -E(\omega_{i-1}) = \max |E(\omega)| \tag{6-92}$$

式中，$\omega_0 \leqslant \omega_1 \leqslant \omega_2 \leqslant \cdots \leqslant \omega_{M+1}$，其中 ω_i 属于 F。

设 ρ 为等波动误差 $E(\omega)$ 的极值，所以有：

$$E(\omega_i) = (-1)^i \rho \qquad i = 1, 2, \cdots, M+2 \tag{6-93}$$

运用交替定理，幅度特性 $H_g(\omega)$ 在通带和阻带内应满足：

$$\left| H_g(\omega) - 1 \right| \leqslant \left| \frac{\delta_1}{\delta_2} \rho \right| = \delta_1 \qquad 0 \leqslant \omega_1 \leqslant \omega_p \tag{6-94}$$

$$\left| H_g(\omega) \le \rho = \delta_2 \right| \qquad \omega_s \le \omega \le \pi \tag{6-95}$$

ω_p 为通带截止频率，ω_s 为阻带截止频率，δ_1 为通带波动峰值，δ_2 为阻带波动峰值。设单位脉冲响应的长度为 N，按照交替定理，如果 F 上的 $M+2$ 个极值点频率 $\{\omega_i\}(i=0,1,\cdots,M+1)$，根据交替定理可写出：

$$\left.\begin{array}{l} W(\omega_k)\left(H_d(\omega_k) - \sum_{n=0}^{M} a(n)\cos n\omega_k \right) = (-1)^k \rho \\ \rho = \max_{\omega \in A} \left| E(\omega) \right|, \qquad k = 1,2,\cdots,M+2 \end{array}\right\} \tag{6-96}$$

不过，上述提供的方法是在这些交错点频率给定的情况下得到的。实际上，$\omega_1,\omega_2,\cdots,\omega_{M+2}$ 是未知的，所以直接求解比较困难，只能用逐次迭代的方法来解决。迭代求解的数学依据是 Remez 交换算法。

【例 6-18】 切比雪夫逼近设计法低通滤波器。

```
wp = 0.2*pi;
ws = 0.3*pi;
Rp = 0.25;
As = 50;
% 给定指标
delta1 = (10^(Rp/20)-1)/(10^(Rp/20)+1);
delta2 = (1+delta1)*(10^(-As/20));
% 求波动指标
weights = [delta2/delta1 1];
deltaf = (ws-wp)/(2*pi);
% 给定权函数和△f=wp-ws
N= ceil((-20*log10(sqrt(delta1*delta2))-13)/(14.6*deltaf)+1);
N=N+mod (N-1,2);
% 估算阶数 N
f =[0 wp/pi ws/pi 1]; A = [1 1 0 0];
% 给定频率点和希望幅度值
h = remez(N-1,f,A,weights);
% 求脉冲响应
[db,mag,pha,grd,W] = freqz_m(h,[1]);
% 验证求取频率特性
delta_w = 2*pi/1000; wsi = ws/delta_w+1;
wpi=wp/delta_w+1;
Asd = -max(db(wsi:1:500));
% 求阻带衰减
subplot(2,2,1); n=0:1:N-1;stem(n,h);
axis([0,52,-0.1,0.3]);title('脉冲响应');
xlabel('n');
ylabel('hd(n)')
grid on;
% 画 h(n)
subplot(2,2,2);
plot(W,db);
```

```
title('对数幅频特性');
ylabel('分贝数');
xlabel('频率')
grid on;
% 画对数幅频特性
subplot(2,2,3);
plot(W,mag);axis([0,4,-0.5,1.5]);
title('绝对幅频特性');
xlabel('Hr(w)');
ylabel('频率')
grid on;
% 画绝对幅频特性
n=1:(N-1)/2+1;H0=2*h(n)*cos(((N+1)/2-n)'*W)-mod(N,2)*h((N-1)/2+1);
%求 Hg(w)
subplot(2,2,4);
plot(W(1:wpi),H0(1:wpi)-1,W(wsi+5:501),H0(wsi+5:501));
title('误差特性');
% 求误差
ylabel('Hr(w)');
xlabel('频率')
grid on;
```

运行结果如图 6-27 所示。

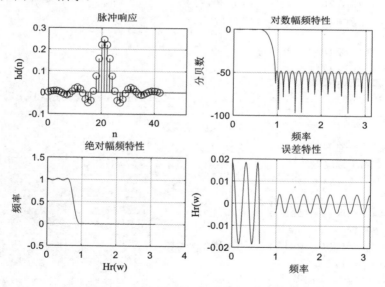

图6-27 切比雪夫逼近设计法低通滤波器

在频率子集 F 上均匀等间隔地选取 $M+2$ 个极值点频率 $\omega_0,\omega_1,\cdots,\omega_{M+1}$ 作为初值，计算 ρ：

$$\rho=\frac{\sum_{k=0}^{M+1}\alpha_k H_d(\omega_k)}{\sum_{k=0}^{M+1}(-1)^k\alpha_k/W(\omega_k)} \tag{6-97}$$

式中，$\alpha_k = \prod\limits_{i=0, i \neq k}^{M+1} \dfrac{1}{(\cos\omega_i - \cos\omega_k)}$。

由 $\{\omega_i\}(i=0,1,\cdots,M+1)$ 计算 $H(\omega)$ 和 $E(\omega)$，利用重心形式的拉格朗日插值公式：

$$H(\omega) = \frac{\sum\limits_{k=0}^{M+1}[\dfrac{\alpha_k}{\cos\omega - \cos\omega_k}]H(\omega_k)}{\sum\limits_{k=0}^{M+1}\dfrac{\alpha_k}{\cos\omega - \cos\omega_k}} \tag{6-98}$$

其中，$H(\omega_k) = H_d(\omega_k) - (-1)^k\dfrac{\rho}{W(\omega_k)}$，$k=0,1,\cdots,M$，$E(\omega) = W(\omega)[H_d(\omega) - H(\omega)]$。

如在频带 F 上，对所有频率都有 $|E(\omega)| \leqslant \rho$，则 ρ 为所求，$\omega_0, \omega_1, \cdots, \omega_{M+1}$ 即为极值点频率。

对上次确定的极值点频率 $\omega_0, \omega_1, \cdots, \omega_{M+1}$ 中的每一点，在其附近检查是否存在某一频率处有 $|E(\omega)| > \rho$，若有，则以该频率点作为新的局部极值点。对 $M+2$ 个极值点频率依次进行检查，得到一组新的极值点频率。重复上述操作，求出 ρ、$H(\omega)$、$E(\omega)$，完成一次迭代。重复上述步骤，直到 ρ 的值改变很小，迭代结束，这个 ρ 即为所求的 δ_2 最小值。由最后一组极值点频率求出 $H(\omega)$，反变换得到 $h(n)$，完成设计。

在 MATLAB 中，实验雷米兹算法的函数为 remez，它的常用函数为：

```
[M,fo,ao,w] = remezord(f,a,dev,fs)
h = remez(M,fo,ao,w)
```

【例 6-19】　利用切比雪夫最佳一致逼近法设计一个多阻带滤波器。

程序代码如下：

```
>> f=[0 .14 .18 .22 .26 .34 .38 .42 .46 .54 .58 .62 .66 1];
A=[1 1 0 0 1 1 0 0 1 1 0 0 1 1];
weigh=[8 1 8 1 8 1 8];
b=remez(64,f,A,weigh);
[h,w]=freqz(b,1,256,1);
hr=abs(h);
h=abs(h);
h=20*log10(h);
subplot(2,1,1);
stem(b,'.');
xlabel('n');
ylabel('hd(n)')
grid on;
title('脉冲响应');
subplot(2,1,2);
plot(w,h);
title('幅值');
ylabel('H(w)');
xlabel('频率')
grid on;
```

运行结果如图 6-28 所示。

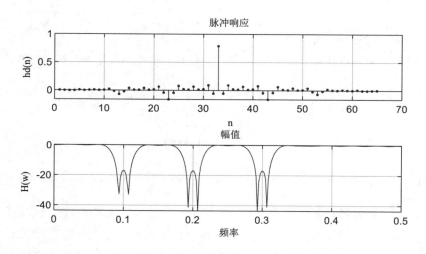

图6-28　多阻带滤波器

6.6　FIR 与 IIR 数字滤波器的比较

　　通过前面的学习可知，数字滤波器分为两大类：IIR 滤波器和 FIR 滤波器。根据分析，两类滤波器既具有共同之处，又有很大不同，要想正确地选择使用滤波器，必须对其特点了如指掌。下面将两类滤波器各自的特点比较归纳如下：

　　1）从滤波器结构来看，IIR 滤波器为递归结构，即系统存在反馈环节。其极点位置必须位于单位圆内，以确保系统稳定，但是该系统受有限字长效应影响较大，可能产生寄生振荡。FIR 滤波器采用非递归结构，无反馈环节。系统只有零值极点，故系统永远稳定，由于无反馈作用，有限字长效应很小，运算误差较小。

　　2）从脉冲响应来看，IIR 滤波器脉冲响应为无限长，而 FIR 滤波器脉冲响应为有限长。所以 FIR 滤波器可用 FFT 进行快速运算，而 IIR 滤波器则不能。

　　3）从成本来看，IIR 滤波器的极点可位于单位圆内任一点，因此可用较低的阶数获得较高的选择性。由于阶数低，实现滤波器所需要的存储单元少，比较经济；在指标相同的情况下，FIR 滤波器的阶数远高于 IIR 滤波器，其原因是 FIR 滤波器只有原点处的极点，只能用高阶数实现高频率选择性。通常实现同样的指标，FIR 滤波器需要的阶数是 IIR 的 5～10 倍。

　　4）从性能来看，IIR 滤波器的相位特性往往具有非线性特性，所以信号通过 IIR 滤波器时，肯定会产生相位失真，要想使相位特性线性化，必须对相位特性进行补偿校正，这将大大增加滤波器的体积。而 FIR 滤波器能够实现严格的线性相位特性。

　　5）从设计来看，IIR 滤波器可借助模拟滤波器的设计结果，用现成的公式进行准确计算，还可以查表，计算工作量较小，对计算设计工具要求不高。而 FIR 滤波器没有现成的设计公式，窗函数法只是提供了窗函数的计算，对求通带、阻带衰减没有现成的公式用于计算，完整的设计必须借助计算机进行，对设计工具要求高。

▪ 6.7 本章小结

FIR 滤波器具有线性相位和稳定两大优点，在数字信号处理系统中被更为广泛地应用，因此本章主要研究 FIR 滤波器的实现技术，其中的很多优化技术同样可以应用于 IIR 滤波器的实现中。FIR 滤波器相对于 IIR 滤波器有很多独特的优越性，在保证满足滤波器幅频响应的同时，还可以获得严格的线性相位特性。

对于非线性 FIR 滤波器一般可以用 IIR 滤波器来替代。由于在数据通信、语音信号处理、图像处理以及自适应等领域往往要求信号在传输过程中不允许出现明显的相位失真，而 IIR 存在明显的频率色散问题，所以 FIR 滤波器得到了更广泛的应用。

第 7 章　其他滤波器

N.维纳用最小均方原则设计最佳线性滤波器,用来处理平稳随机信号,即著名的维纳滤波器。R.E.卡尔曼创立了最佳时变线性滤波设计理论,用来处理非平稳随机信号,即著名的卡尔曼滤波器。美国的 B.Windrow 和 Hoff 提出了处理随机信号的自适应滤波器算法。

自适应滤波器是利用前一时刻已获得的滤波器系数自动地调节现时刻的滤波器系数,以适应所处理的随机信号的时变统计特性,实现最优滤波。

学习目标:

- 熟练掌握最佳非递归估计——维纳滤波
- 熟练运用最佳递归估计——卡尔曼滤波
- 熟练掌握自适应 FIR 滤波器

7.1　维纳滤波器

基于最小均方误差估计的因果维纳滤波的 MATLAB 实现,用莱文森–德宾(Levinson-Durbin)算法求解维纳–霍夫(Yule-Walker)方程,得到滤波器系数,进行维纳滤波。

7.1.1　维纳滤波器的基本原理

非平稳信号是指分布参数或者分布律随时间发生变化的信号。平稳和非平稳都是针对随机信号说的,一般的分析方法有时域分析、频域分析、时频联合分析。

非平稳随机信号的统计特征是时间的函数。与平稳随机信号的统计描述相似,传统上使用概率与数字特征来描述,工程上多用相关函数与时变功率谱来描述,近年来还发展了用时变参数信号模拟描述的方法。

此外,还需根据问题的具体特征规定一些描述方法。目前,非平稳随机信号还很难有统一而完整的描述方法。

信号处理的实际问题常常是要解决在噪声中提取信号的问题,因此我们需要寻找一种有最佳线性过滤特性的滤波器,这种滤波器当信号与噪声同时输入时,在输出端能将信号尽可能精确地重现出来,而噪声却受到最大抑制。

维纳滤波就是用来解决这样一类从噪声中提取信号问题的一种过滤(或滤波)方法。

一个线性系统,如果它的单位样本响应为 $h(n)$,当输入一个随机信号 $x(n)$,且:

$$x(n) = s(n) + \upsilon(n)$$

其中,$s(n)$ 表示信号,$\upsilon(n)$ 表示噪声,则输出 $y(n)$ 为:

$$y(n) = \sum_m h(m)x(n-m)$$

(7-1)

希望 $x(n)$ 通过线性系统 $h(n)$ 后得到的 $y(n)$ 尽量接近 $s(n)$，因此称 $y(n)$ 为 $s(n)$ 的估计值，用 $\hat{s}(n)$ 表示，即：

$$y(n) = \hat{s}(n) \tag{7-2}$$

如图 7-1 所示，这个线性系统 $h(n)$ 被称为是对 $s(n)$ 的一种估计器。

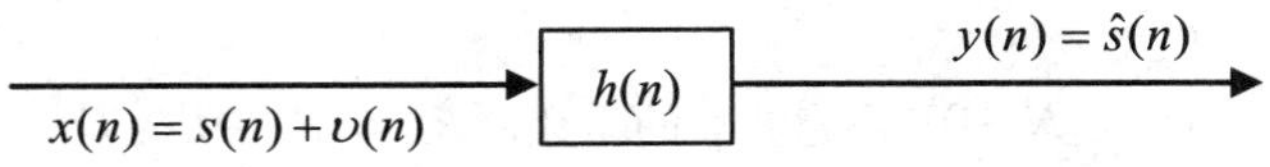

$$x(n) = s(n) + \upsilon(n) \longrightarrow \boxed{h(n)} \xrightarrow{\ y(n) = \hat{s}(n)\ }$$

图 7-1　维纳滤波器的输入–输出关系

如果以 s 和 $\hat{s}$ 分别表示信号的真值与估计值，而用 $e(n)$ 表示它们之间的误差，即 $e(n) = s(n) - \hat{s}(n)$。

显然，$e(n)$ 可能是正的，也可能是负的，并且它是一个随机变量。因此，用它的均方值来表达误差是合理的，所谓均方误差最小，即它的平方的统计平均值最小：$E\left[e^2(n)\right] = E\left[(s - \hat{s})^2\right]$。

已知希望输出为：

$$y(n) = \hat{s}(n) = \sum_{m=0}^{N-1} h(m)x(n-m) \tag{7-3}$$

误差为：

$$e(n) = s(n) - \hat{s}(n) = s(n) - \sum_{m=0}^{N-1} h(m)x(n-m) \tag{7-4}$$

均方误差为：

$$E\left[e^2(n)\right] = E\left[\left(s(n) - \sum_{m=0}^{N-1} h(m)x(n-m)\right)^2\right] \tag{7-5}$$

上式对 $h(m)$，$m = 0,1,\cdots,N-1$ 求导得到：

$$2E\left[\left(s(n) - \sum_{m=0}^{N-1} h_{\mathrm{opt}}(m)x(n-m)\right)x(n-j)\right] = 0 \qquad j = 0,1,2,\cdots,N-1 \tag{7-6}$$

进一步得：

$$E\left[s(n)x(n-j)\right] = \sum_{m=0}^{N-1} h_{\mathrm{opt}}(m)E\left[x(n-m)x(n-j)\right] \qquad j = 0,1,\cdots,N-1 \tag{7-7}$$

从而有：

$$R_{xs}(j) = \sum_{m=0}^{N-1} h_{\mathrm{opt}}(m)R_{xx}(j-m) \qquad j = 0,1,2,\cdots,N-1 \tag{7-8}$$

于是就得到了 N 个线性方程：

$$\begin{cases} j = 0 & R_{xs}(0) = h(0)R_{xx}(0) + h(1)R_{xx}(1) + \cdots + h(N-1)R_{xx}(N-1) \\ j = 1 & R_{xs}(1) = h(0)R_{xx}(1) + h(1)R_{xx}(0) + \cdots + h(N-1)R_{xx}(N-2) \\ \quad\vdots & \qquad\qquad\qquad\qquad\vdots \\ j = N-1 & R_{xs}(N-1) = h(0)R_{xx}(N-1) + h(1)R_{xx}(N-2) + \cdots + h(N-1)R_{xx}(0) \end{cases} \tag{7-9}$$

写成矩阵形式为：

$$\begin{bmatrix} R_{xx}(0) & R_{xx}(1) & \cdots & R_{xx}(N-1) \\ R_{xx}(1) & R_{xx}(0) & \cdots & R_{xx}(N-2) \\ \vdots & \vdots & & \vdots \\ R_{xx}(N-1) & R_{xx}(N-2) & \cdots & R_{xx}(0) \end{bmatrix} \begin{bmatrix} h(0) \\ h(1) \\ \vdots \\ h(N-1) \end{bmatrix} = \begin{bmatrix} R_{xs}(0) \\ R_{xs}(1) \\ \vdots \\ R_{xs}(N-1) \end{bmatrix} \qquad (7\text{-}10)$$

简化形式：$R_{xx}H = R_{xs}$。

其中，$H = [h(0)\ h(1) \cdots h(N-1)]'$ 是滤波器的系数，$R_{xs} = [R_{xs}(0), R_{xs}(1), \cdots, R_{xs}(N-1)]'$ 是互相关

序列，$R_{xx} = \begin{bmatrix} R_{xx}(0) & R_{xx}(1) & \cdots & R_{xx}(N-1) \\ R_{xx}(1) & R_{xx}(0) & \cdots & R_{xx}(N-2) \\ \vdots & \vdots & & \vdots \\ R_{xx}(N-1) & R_{xx}(N-2) & \cdots & R_{xx}(0) \end{bmatrix}$ 是自相关矩阵。

由此可见，设计维纳滤波器的过程就是寻求在最小均方误差下滤波器的单位脉冲响应或传递函数的表达式，其实质就是解维纳－霍夫（Wiener-Hopf）方程。另外，设计维纳滤波器要求已知信号与噪声的相关函数。

【例 7-1】 实现维纳滤波器。程序代码如下：

```
L=input('请输入信号长度 L=');
N=input('请输入滤波器阶数 N=');
% 产生 w(n),v(n),u(n),s(n)和 x(n)
a=0.95;
b1=sqrt(12*(1-a^2))/2;
b2=sqrt(3);
w=random('uniform',-b1,b1,1,L);    % 利用 random 函数产生均匀白噪声
v=random('uniform',-b2,b2,1,L);
u=zeros(1,L);
for i=1:L
  u(i)=1;
end
s=zeros(1,L);
s(1)=w(1);
for i=2:L,
  s(i)=a*s(i-1)+w(i);
end
  x=zeros(1,L);
  x=s+v;
% 绘出 s(n)和 x(n)的曲线图
set(gcf,'Color',[1,1,1]);
i=L-100:L;
subplot(2,2,1);
plot(i,s(i),i,x(i),'r:');
title('s(n) & x(n)');
legend('s(n)', 'x(n)');
% 计算理想滤波器的 h(n)
h1=zeros(N:1);
for i=1:N
    h1(i)=0.238*0.724^(i-1)*u(i);
```

```
end
% 利用公式计算 Rxx 和 rxs
Rxx=zeros(N,N);
rxs=zeros(N,1);
for i=1:N
    for j=1:N
        m=abs(i-j);
        tmp=0;
        for k=1:(L-m)
            tmp=tmp+x(k)*x(k+m);
        end
        Rxx(i,j)=tmp/(L-m);
    end
end
for m=0:N-1
    tmp=0;
    for i=1: L-m
        tmp=tmp+x(i)*s(m+i);
    end
    rxs(m+1)=tmp/(L-m);
 end
% 产生 FIR 维纳滤波器的 h(n)
h2=zeros(N,1);
h2=Rxx^(-1)*rxs;
% 绘出理想和维纳滤波器 h(n) 的曲线图
i=1:N;
subplot(2,2,2);
plot(i,h1(i),i,h2(i),'r:');
title('h(n) & h~(n)');
legend('h(n) ','h~(n)');
% 计算 Si
Si=zeros(1,L);
Si(1)=x(1);
for i=2:L
Si(i)=0.724*Si(i-1)+0.238*x(i);
end
% 绘出 Si(n) 和 s(n) 曲线图
 i=L-100:L;
 subplot(2,2,3);
 plot(i,s(i),i,Si(i),'r:');
title('Si(n) & s(n)');
legend('Si(n) ','s(n)');
% 计算 Sr
Sr=zeros(1,L);
for i=1:L
    tmp=0;
    for j=1:N-1
        if(i-j<=0)
            tmp=tmp;
        else
            tmp=tmp+h2(j)*x(i-j);
        end
```

```
        end
        Sr(i)=tmp;
    end
% 绘出 Si(n) 和 s(n) 曲线图
i=L-100:L;
subplot(2,2,4);
plot(i,s(i),i,Sr(i),'r:');
title('s(n)  &  Sr(n)');
legend('s(n) ','Sr(n)');
% 计算均方误差 Ex, Ei 和 Er
tmp=0;
 for i=1:L
        tmp=tmp+(x(i)-s(i))^2;
end
Ex=tmp/L,   %打印出 Ex
tmp=0;
for i=1:L
        tmp=tmp+(Si(i)-s(i))^2;
end
Ei=tmp/L,
tmp=0;
for i=1:L
        tmp=tmp+(Sr(i)-s(i))^2;
end
Er=tmp/L
```

选择 L=500、N=10，运行结果如图 7-2 所示。

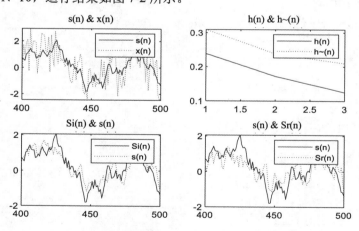

图 7-2　L=500、N=10 的滤波效果图

运算结果如下：

```
Ex =
    1.0122
Ei =
    0.2017
Er =
    0.2508
```

其中，Ei 表示 s(n)和理想估计的 s(n)的均方误差，Er 表示 s(n)和实验估计的 s(n)的均方误差，Ex 表示 x(n)和 s(n)的均方误差。

1）与 s(n)比较，x(n)在滤波后信号明显好得多。滤波后的 x(n)在大体上与 s(n)十分近似，只是细节上稍有不同。理想滤波的均方误差是 0.2597，实际滤波后的均方误差是 0.3347，滤波效果一般。

2）估计出的 h~ (n)和理想的 h(n)基本相同，只是在局部上下有些小小的浮动。

3）理想的维纳滤波和 FIR 维纳滤波的效果基本是很相似的，只有些微小的不同，但由于理想的维纳滤波是用阶数为无穷大的滤波器滤波的（很难实现），因此效果还是要好一些，从两个的均方误差也可以看出来。

固定 L=500、N=3，运行结果如图 7-3 所示。

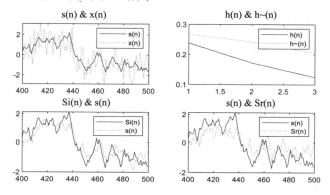

图 7-3　L=500、N=3 的滤波效果图

运行结果如下：

请输入信号长度 L=500
请输入滤波器阶数 N=3
Ex =
    0.9563
Ei =
    0.2250
Er =
    0.3648

当 N=20 时，运行结果如图 7-4 所示。

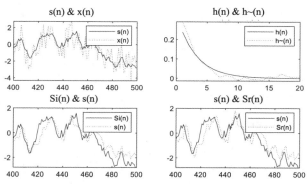

图 7-4　L=500、N=20 的滤波效果图

运行结果如下：

请输入信号长度 L=500
请输入滤波器阶数 N=20
Ex =
    0.9526
Ei =
    0.2769
Er =
0.3712

由上面可以看出来，固定 L，随着 N 的增大，h~(n)越接近理想滤波的 h(n)，精度也越高。由图和打印出的均方误差可以知道，N 越大，滤波的效果也越好，和 s(n)也越相似。

7.1.2 维纳滤波器实现

本程序实现的关键是在已知输入信号的自相关函数以及输入信号和理想输出信号的互相关函数的情况下，求解维纳－霍夫方程，从而得到滤波器系数，再进行维纳滤波。

求解步骤如下：

步骤 01 初始化值：

$$a(0) = r_{xd}(0) / r_{xx}(0) \tag{7-11}$$

$$b(0) = r_{xd}(1) / r_{xx}(0) \tag{7-12}$$

步骤 02 对于 $j = 1, 2, \cdots, M-1$，进行如下计算：

$$\text{temp1} = \frac{r_{xd}(j) - \sum_{i=0}^{j-1} r_{xx}(j-i)a(i)}{r_{xx}(0) - \sum_{i=0}^{j-1} r_{xx}(j-i)b(i)} \tag{7-13}$$

$$a(i) = a(i) - \text{temp2} \cdot b(i), \quad i=0,1,\cdots,j-1 \tag{7-14}$$

$$a(j) = \text{temp1} \tag{7-15}$$

$$\text{temp2} = \frac{r_{xx}(j+1) - \sum_{i=0}^{j-1} r_{xx}(i+1)b(i)}{r_{xx}(0) - \sum_{i=0}^{j-1} r_{xx}(j-i)b(i)} \tag{7-16}$$

$$b(i) = b(i-1) - \text{temp2} \cdot b(j-i), \quad i=1,\cdots,j \tag{7-17}$$

$$b(0) = \text{temp2} \tag{7-18}$$

步骤 03 滤波器系数为：$h(i) = a(i), \quad i = 0,1,\cdots,M-1$。

步骤 04 利用上面得到的滤波器对输入信号进行维纳滤波，得到输出信号。

函数使用方法：y=wienerfilter(x,Rxx,Rxd,M)。

参数说明：x 是输入信号，Rxx 是输入信号的自相关向量，Rxx 是输入信号和理想信号的互相关向量，M 是维纳滤波器的长度，输出 y 是输入信号通过维纳滤波器进行维纳滤波后的输出。

维纳滤波的子程序如下：

```
function y=wienerfilter(x,Rxx,Rxd,N)
% 进行维纳滤波
% x 是输入信号,Rxx 是输入信号的自相关向量
% Rxx 是输入信号和理想信号的互相关向量,N 是维纳滤波器的长度
% 输出 y 是输入信号通过维纳滤波器进行维纳滤波后的输出
h=yulewalker(Rxx,Rxd,N);    %求解维纳滤波器系数
t=conv(x,h);        % 进行滤波
Lh=length(h);       % 得到滤波器的长度
Lx=length(x);       % 得到输入信号的长度
y=t(double(uint16(Lh/2)):Lx+double(uint16(Lh/2))-1);   % 输出序列 y 的长度和输
入序列 x 的长度相同
```

以下是维纳滤波器系数的求解:

```
function h=yulewalker(A,B,M)
% 求解 Yule-Walker 方程
% A 是接收信号的自相关向量,为 Rxx(0),Rxx(1),...,Rxx(M-1)
% B 是接收信号和没有噪声干扰信号的互相关向量,为 Rxd(0),Rxd(1),...,Rxd(M-1)
% M 是滤波器的长度
% h 保存滤波器的系数
T1=zeros(1,M);    % T1 存放中间方程的解向量
T2=zeros(1,M);    % T2 存放中间方程的解向量
T1(1)=B(1)/A(1);
T2(1)=A(2)/A(1);
X=zeros(1,M);
for i=2:M-1
temp1=0;
temp2=0;
    for j=1:i-1
        temp1=temp1+A(i-j+1)*T1(j);
        temp2=temp2+A(i-j+1)*T2(j);
    end
    X(i)=(B(i)-temp1)/(A(1)-temp2);
    for j=1:i-1
        X(j)=T1(j)-X(i)*T2(j);
    end
    for j=1:i
        T1(j)=X(j);
    end
temp1=0;
temp2=0;
    for j=1:i-1
        temp1=temp1+A(j+1)*T2(j);
        temp2=temp2+A(j+1)*T2(i-j);
    end
    X(1)=(A(i+1)-temp1)/(A(1)-temp2);
    for j=2:i
        X(j)=T2(j-1)-X(1)*T2(i-j+1);
    end
    for j=1:i
        T2(j)=X(j);
    end
```

```
end
temp1=0;
temp2=0;
for j=1:M-1
temp1=temp1+A(M-j+1)*T1(j);
temp2=temp2+A(M-j+1)*T2(j);
end
X(M)=(B(M)-temp1)/(A(1)-temp2);
for j=1:M-1
X(j)=T1(j)-X(M)*T2(j);
end
h=X;
```

【例 7-2】 加载的语音数据，人为地加入高斯白噪声，分别计算加入噪声后信号的自相关 R_{xx} 和加入噪声后信号和理想信号的互相关 R_{xd}，取滤波器的长度为 M=500，将以上参数代入函数中进行维纳滤波，得到输出。

程序代码如下：

```
>> load handel    % 加载语音信号
d=y; d=d*8;          % 增强语音信号强度
d=d';
fq=fft(d,8192);      % 进行傅里叶变换得到语音信号频谱
subplot(3,1,1);
f=Fs*(0:4095)/8192;
plot(f,abs(fq(1:4096)));   % 画出频谱图
title('原始语音信号的频域图形');
xlabel('频率 f');
ylabel('FFT');
[m,n]=size(d);
x_noise=randn(1,n);   % (0,1) 分布的高斯白噪声
x=d+x_noise;          % 加入噪声后的语音信号
fq=fft(x,8192);       % 对加入噪声后的信号进行傅里叶变换,看其频谱变化
subplot(3,1,2);
plot(f,abs(fq(1:4096)));               % 画出加入噪声后信号的频谱图
title('加入噪声后语音信号的频域图形');
xlabel('频率 f');
ylabel('FFT');
yyhxcorr=xcorr(x(1:4096));             % 求取信号的自相关函数
size(yyhxcorr);
A=yyhxcorr(4096:4595);
yyhdcorr=xcorr(d(1:4096),x(1:4096));   % 求取信号和理想信号的互相关函数
size(yyhdcorr);
B=yyhdcorr(4096:4595);
M=500;
yyhresult=wienerfilter(x,A,B,M);       % 进行维纳滤波
yyhresult=yyhresult(300:8192+299);
fq=fft(yyhresult);                     % 对维纳滤波的结果进行傅里叶变换,看其频谱变化
subplot(3,1,3);
f=Fs*(0:4095)/8192;
plot(f,abs(fq(1:4096)));               % 画出维纳滤波后信号的频谱图
title('经过维纳滤波后语音信号的频域图形');
```

```
xlabel('频率 f');
ylabel('FFT');
```

运行结果如图 7-5 所示。

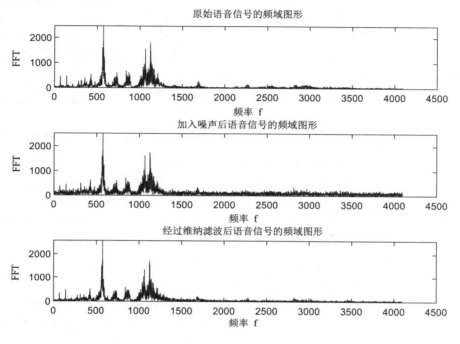

图 7-5　频谱图

由上述结果可见，经过维纳滤波后信号的噪声减弱，信噪比提高。

7.2　卡尔曼滤波器

卡尔曼滤波是美国工程师 Kalman 在线性最小方差估计的基础上提出的在数学结构上比较简单且是最优线性递推的滤波方法，具有计算量小、存储量低、实时性高的优点，特别是对经历了初始滤波后的过渡状态，滤波效果非常好。

卡尔曼滤波是以最小均方误差为估计的最佳准则来寻求一套递推估计的算法，其基本思想是：采用信号与噪声的状态空间模型，利用前一时刻的估计值和现时刻的观测值来更新对状态变量的估计，求出现在时刻的估计值。它适合实时处理和计算机运算。

7.2.1　卡尔曼滤波器的基本原理

卡尔曼滤波器源于 Kalman 的博士论文和 1960 年发表的论文 "A New Approach to Linear Filtering and Prediction Problems"（线性滤波与预测问题的新方法）。

状态估计是卡尔曼滤波的重要组成部分。一般来说，根据观测数据对随机量进行定量推断就是估计问题，特别是对动态行为的状态估计，它能实现实时运行状态的估计和预测功能，比如对飞行器状态估计。

状态估计对于了解和控制一个系统具有重要意义，所应用的方法属于统计学中的估计理论。

常用的有最小二乘估计、线性最小方差估计、最小方差估计、递推最小二乘估计等。其他如风险准则的贝叶斯估计、最大似然估计、随机逼近等方法也都有应用。

受噪声干扰的状态量是一个随机量，不可能测得精确值，但可对它进行一系列观测，并依据一组观测值，按某种统计观点对它进行估计。使估计值尽可能准确地接近真实值，这就是最优估计。真实值与估计值的差称为估计误差。若估计值的数学期望与真实值相等，则这种估计称为无偏估计。

卡尔曼提出的递推最优估计理论采用状态空间描述法，算法采用递推形式。卡尔曼滤波能处理多维和非平稳的随机过程。

卡尔曼滤波理论的提出克服了维纳滤波理论的局限性，使其在工程上得到了广泛的应用，尤其在控制、制导、导航、通信等现代工程方面。

在许多实际问题中，由于随机过程的存在，常常不能直接获得系统的状态参数，需要从夹杂着随机干扰的观测信号中分离出系统的状态参数。例如，飞机在飞行过程中所处的位置、速度等状态参数需要通过雷达或其他测量装置进行观测，而雷达等测量装置也存在随机干扰，因此在观测到的飞机的位置、速度等信号中就夹杂着随机干扰，要想正确地得到飞机的状态参数是不可能的，只能根据观测到的信号来估计和预测飞机的状态，这就是估计问题，并且希望估值与状态的真值越小越好。

因此，存在最优估计问题，这就是卡尔曼滤波。卡尔曼滤波的最优估计需满足三个条件：无偏性，即估计值的均值等于状态的真值；估计的方差最小；实时性。

从以上分析可以看出，卡尔曼滤波就是在有随机干扰和噪声的情况下，以线性最小方差估计方法给出状态的最优估计值。卡尔曼滤波是在统计的意义上给出最接近状态真值的估计值。因此，卡尔曼滤波在空间技术、测轨、导航、拦截与通信等方面获得了广泛的应用。

经典控制理论只适用于单输入—单输出的线性定常系统，研究方法是传递函数。传递函数在本质上是一种频率法，要靠各个频率分量描述信号的。因此，频率法限制了系统对整个过程在时间域内进行控制的能力，所以经典控制理论很难实现实时控制。同时，经典控制理论也很难实现最优控制。

由于经典控制理论的上述局限性，随着科学技术的发展，特别是空间技术和各类高速飞行器的快速发展，要求控制高速度、高精度的受控对象，控制系统更加复杂，要求控制理论解决多输入多输出、非线性以及最优控制等设计问题。这些新的控制要求经典控制理论是无法解决的。

现代控制理论是建立在状态空间基础上的，它不用传递函数，而是用状态向量方程作为基本工具，因此可以用来分析多输入—多输出、非线性以及时变复杂系统的研究。现代控制理论本质上是时域法，信号的描述和传递都是在时间域进行的，所以现代控制理论具有实现实时控制的能力。由于采用了状态空间法，现代控制理论有利于设计人员根据给定的性能指标设计出最优的控制系统。

由于系统的状态 x 是不确定的，卡尔曼滤波器的任务就是在有随机干扰 w 和噪声 v 的情况下给出系统状态 x 的最优估算值 $\hat{x}$，它在统计意义上最接近状态的真值 x，从而实现最优控制 $u(\hat{x})$ 的目的。

卡尔曼滤波的实质是由量测值重构系统的状态向量。它以"预测—实测—修正"的顺序递推，根据系统的量测值来消除随机干扰，再现系统的状态，或根据系统的量测值从被污染的系统中恢复系统的本来面目。

卡尔曼滤波是解决状态空间模型估计与预测的有力工具之一，它不需要存储历史数据，就能够从一系列的不完全以及包含噪声的测量中估计动态系统的状态。卡尔曼滤波是一种递归的估计，即只要获知上一时刻状态的估计值以及当前状态的观测值就可以计算出当前状态的估计值,因此不需要记录观测或者估计的历史信息。

卡尔曼滤波器与大多数我们常用的滤波器的不同之处在于,它是一种纯粹的时域滤波器,不需要像低通滤波器等频域滤波器那样,需要从频域设计转换到时域实现。

卡尔曼滤波器最初是专为飞行器导航而研发的,目前已成功应用于许多领域。卡尔曼滤波器主要用来预估那些只能被系统本身间接或不精确观测的系统状态。许多工程系统和嵌入式系统都需要使用卡尔曼滤波。

比如,在雷达中,人们感兴趣的是跟踪目标,但目标的位置、速度、加速度的测量值往往在任何时候都有噪声。卡尔曼滤波利用目标的动态信息,设法去掉噪声的影响,得到一个关于目标位置的好的估计。这个估计可以是对当前目标位置的估计(滤波),可以是对将来位置的估计(预测),也可以是对过去位置的估计。

在卡尔曼滤波中,信号被称为状态变量 $s(n)$,用向量的形式表示为 $s(k)$,激励信号 $w_1(n)$ 也用向量表示为 $w_1(k)$,激励和响应之间的关系用传递矩阵 $A(k)$ 来表示,得出状态方程:

$$s(k) = A(k)s(k-1) + w_1(k-1) \tag{7-19}$$

上式表示的含义就是在 k 时刻的状态 $s(k)$ 可以由它的前一个时刻的状态 $s(k-1)$ 来求得,即认为 $k-1$ 时刻以前的各状态都已记忆在状态 $s(k-1)$ 中了。

卡尔曼滤波是根据系统的量测数据(观测数据)对系统的运动进行估计的,所以除了状态方程之外,还需要量测方程。

在卡尔曼滤波中,用表示量测到的信号向量序列表示量测时引入的误差向量,则量测向量与状态向量之间的关系可以写成:

$$x(k) = s(k) + w(k) \tag{7-20}$$

上式和维纳滤波的概念是一致的,也就是说卡尔曼滤波的一维信号模型和维纳滤波的信号模型是一致的。

推广上式就可以得到更普遍的多维量测方程:

$$x(k) = c(k)s(k) + w(k) \tag{7-21}$$

上式称为量测矩阵,引入它的原因是,量测向量的维数不一定与状态向量的维数相同,因为我们不一定能观测到所有需要的状态参数。

【例 7-3】　卡尔曼滤波的通用子程序如下:

```
function kalman1(L,Ak,Ck,Bk,Wk,Vk,Rw,Rv)
w=sqrt(Rw)*randn(1,L); % w 为均值零方差为 Rw 的高斯白噪声
v=sqrt(Rv)*randn(1,L); % v 为均值零方差为 Rv 的高斯白噪声
x0=sqrt(10^(-12))*randn(1,L);
for i=1:L
    u(i)=1;
end
x(1)=w(1);  % 给 x(1)赋初值
for i=2:L    % 递推求出 x(k)
    x(i)=Ak*x(i-1)+Bk*u(i-1)+Wk*w(i-1);
```

```
end
yk=Ck*x+Vk*v;
yik=Ck*x;
n=1:L;
subplot(2,2,1);
plot(n,yk,n,yik,'r:');
legend('yk','yik')
Qk=Wk*Wk'*Rw;
Rk=Vk*Vk'*Rv;
P(1)=var(x0);
%P(1)=10;
%P(1)=10^(-12);
P1(1)=Ak*P(1)*Ak'+Qk;
xg(1)=0;
for k=2:L
    P1(k)=Ak*P(k-1)*Ak'+Qk;
    H(k)=P1(k)*Ck'*inv(Ck*P1(k)*Ck'+Rk);
    I=eye(size(H(k)));
    P(k)=(I-H(k)*Ck)*P1(k);
    xg(k)=Ak*xg(k-1)+H(k)*(yk(k)-Ck*Ak*xg(k-1))+Bk*u(k-1);
    yg(k)=Ck*xg(k);
end
subplot(2,2,2);
plot(n,P(n),n,H(n),'r:')
legend('P(n)','H(n)')
subplot(2,2,3);
plot(n,x(n),n,xg(n),'r:')
legend('x(n)','估计 xg(n)')
subplot(2,2,4);
plot(n,yik(n),n,yg(n),'r:')
legend('估计 yg(n)','yik(n)')
set(gcf,'Color',[1,1,1]);
```

对变量进行赋值的语句如下：

```
>> kalman1(100,0.95,1,0,1,1,0.0975,0.1)
```

运行结果如图 7-6 所示。

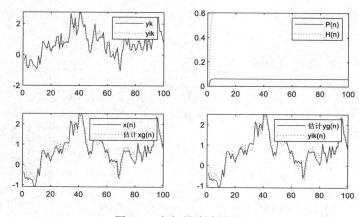

图 7-6 卡尔曼滤波结果

7.2.2　扩展卡尔曼滤波器和无迹卡尔曼滤波器

严格说来，所有的系统都是非线性的，其中许多还是强非线性的。因此，非线性系统估计问题广泛存在于飞行器导航、目标跟踪及工业控制等领域中，具有重要的理论意义和广阔的应用前景。

可以说，所有的非线性估计都是近似的，都只能得到次优估计。非线性估计的核心就在于近似，给出非线性估计方法的不同就在于其近似处理的思想和实现手段不同。

近似的本质就是对难以计算的非线性模型施加某种数学变换，变换成线性模型，然后用贝叶斯（Bayes）估计原理进行估计。进一步说，非线性变换到线性变换主要有两种实现手段：一种是泰勒（Taylor）多项式展开，另一种是插值多项式展开。

扩展卡尔曼滤波（Extended Kalman Filter，EKF）是传统非线性估计的代表，其基本思想是围绕状态估值对非线性模型进行一阶泰勒展开，然后应用线性系统卡尔曼滤波公式。它的主要缺陷有两点：

1）必须满足小扰动假设，即假设非线性方程的理论解与实际解的差为小量。也就是说，EKF只适合弱非线性系统，对于强非线性系统，该假设不成立，此时 EKF 滤波性能极不稳定，甚至发散。

2）必须计算雅克比（Jacobian）矩阵及其幂，这是一件计算复杂、极易出错的工作。

1995 年，牛津大学的 Julier、Uhlmann 等人首次提出了无迹卡尔曼滤波（Unscented Kalman Filter，UKF），其后又得到了美国学者 Wan、Vander Merwe 的进一步发展。

无迹卡尔曼滤波是一种典型的非线性变换估计方法，在施加非线性变换之后，仍采用标准卡尔曼滤波。其核心是通过一种非线性变换——U 变换（Unscented 变换）来进行非线性模型的状态与误差协方差的递推和更新，所以 UF（Unscented 滤波）的关键在于 U 变换。

UF 可以准确估计均值和协方差达到泰勒级数的 4 阶精度，而 EKF 估计均值达到二阶精度，协方差达到 4 阶精度。

卡尔曼滤波器估计一个用线性随机差分方程描述的离散时间过程的状态变量。但如果被估计的过程和（或）观测变量与过程的关系是非线性的，则将期望和方差线性化的卡尔曼滤波器称作扩展卡尔曼滤波器。

EKF 算法是一种近似方法，它将非线性模型在状态估计值附近进行泰勒级数展开，并在一阶截断，用得到的一阶近似项作为原状态方程和测量方程的近似表达形式，从而实现线性化，同时假定线性化后的状态依然服从高斯分布，然后对线性化后的系统采用标准卡尔曼滤波获得状态估计。

采用局部线性化技术能得到问题局部最优解，但它能否收敛于全局最优解，取决于函数的非线性强度以及展开点的选择。

我们将卡尔曼滤波的公式换一种方式表示，使其状态方程变为非线性随机差分方程的形式：

$$x_1 = f\left(x_{k-1}, u_{k-1}, w_{k-1}\right) \tag{7-22}$$

$$z_k = h\left(x_k, u_k\right) \tag{7-23}$$

随机变量 w_k 和 v_k 仍代表过程激励噪声和观测噪声。状态方程中的非线性函数 f 将上一时刻 $k-1$ 的状态映射到当前时刻 k 的状态。观测方程中的驱动函数 u_k 和零均值过程的噪声 w_k 是它的参数。非线性函数 h 反映了状态变量 x_k 和观测变量 z_k 的关系。

实际情况下，我们显然不知道每一时刻噪声 w_k 和 v_k 各自的值。我们可以将它们假设为零，从而估计状态向量和观测向量为：

$$\hat{x}_k = f\left(\hat{x}_{k-1}, u_{k-1}, 0\right) \tag{7-24}$$

$$\hat{z}_k = h\left(\hat{x}_k, 0\right) \tag{7-25}$$

其中，x_k 是过程相对前一时刻 k 的后验估计。

下面给出扩展卡尔曼滤波器的全部表达式。

注意，我们用 $\hat{x}_k^-$ 替换 $\hat{x}_k$ 来表达先验概率的意思，并且雅可比矩阵 A、W、H、V 也被加上了下标，它们在不同的时刻具有变化的值，每次需要被重复计算。

扩展卡尔曼滤波器时间更新方程：

$$\hat{x}_k^- = f\left(\hat{x}_{k-1}, u_{k-1}, 0\right) \tag{7-26}$$

$$P_k^- = A_k P_{k-1} A_k^T + W_k Q_{k-1} W_k^t \tag{7-27}$$

其中，A_k 和 w_k 是 k 时刻的过程雅可比矩阵，Q_k 是 k 时刻的过程激励噪声协方差矩阵。

扩展卡尔曼滤波器状态更新方程：

$$K_k = P_k^- H_k^T \left(H_k P_k^- H_k^T + V_k R_k V_k^T\right)^{-1} \tag{7-28}$$

$$\hat{x}_k = \hat{x}_k^- + K_k\left(z_k - h\left(\hat{x}_k^-, 0\right)\right) \tag{7-29}$$

$$P_k = \left(I - K_k H_k\right) P_k^- \tag{7-30}$$

H_k 和 V_k 是 k 时刻的测量雅可比矩阵，R_k 是 k 时刻的观测噪声协方差矩阵（注意下标 k 表示 R_k 随时间的变化）。

将线性化后的状态转移矩阵和观测矩阵代入标准卡尔曼滤波框架中，即得到扩展卡尔曼滤波。

因为 EKF 忽略了非线性函数泰勒展开的高阶项，仅仅用了一阶项，是非线性函数在局部线性化的结果，这就给估计带来了很大误差，所以只有当系统的状态方程和观测方程都接近线性且连续时，EKF 的滤波结果才有可能接近真实值。

EKF 滤波结果的好坏还与状态噪声和观测噪声的统计特性有关，在 EKF 的递推滤波过程中，状态噪声和观测噪声的协方差矩阵保持不变，如果这两个噪声的协方差矩阵估计得不够准确，就容易产生误差累计，导致滤波器发散。EKF 的另一个缺点是初始状态不太好确定，如果假设的初始状态和初始协方差误差较大，也容易导致滤波器发散。

为了改善对非线性问题进行滤波的效果，Julier 等人提出了采用基于 Unscented 变换的 UKF 方法。UKF 不是和 EKF 一样去近似非线性模型，而是对后验概率密度进行近似来得到次优的滤波算法。UKF 算法的核心是 UT 变换，UT 是一种计算非线性变换中的随机变量的统计特征的新方法，是 UKF 的基础。

UKF 通过引入确定样本的方法，用较少的样本点来表示状态的分布，这些样本点能够准确地捕获高斯随机变量的均值和协方差矩阵，当其通过任意非线性函数时，函数输出值能够拟合真实函数值，精度可以逼近 3 阶以上。

EKF 只能达到一阶，而且需要计算雅可比矩阵。UKF 只需计算几个伪状态点的预测状态值，计算复杂度稍小于 EKF，但精度与稳定性远高于 EKF，从而可以大大改进滤波效果。

非线性系统模型为：

$$Y(k) = h(X(k)) + W(k)$$
$$X(k) = f(X(k-1) + V(k-1))$$

（7-31）

状态初始条件为：

$$\hat{X}(0|0) = E[X(0|0)]$$
$$P_{xx}(0|0) = E[X(0|0) - \hat{X}(0|0)(X(0|0) - \hat{X}(0|0)^T]$$

（7-32）

时间更新：

$$x(k|k-1) = f(x(k-1|k-1), k-1)$$

（7-33）

$$\hat{X}(k|k-1) = \sum_{i=0}^{2n} W_m^{(i)} x_i(k|k-1)$$

（7-34）

$$\mu(k|k-1) = h(x(k|k-1), k-1)$$

（7-35）

$$\hat{Y}(k|k-1) = \sum_{i=0}^{2n} W_m^{(i)} \mu_i(k|k-1)$$

（7-36）

测量更新：

$$P_{xx}(k|k-1) = \sum_{i=0}^{2n} W_m^{(i)} [(x_i(k|k-1) - \hat{X}(k|k-1)) \times (\mu_i(k|k-1) - \hat{Y}(k|k-1))^T]$$

（7-37）

$$K(k) = P_{xx}(k|k-1)P^{-1}{}_{xx}(k|k-1)$$

（7-38）

$$\hat{X}(k|k) = \hat{X}(k|k-1) + K(k)(Y(k) - \hat{Y}(k|k-1))$$

（7-39）

$$P_{xx}(k|k) = P_{xx}(k|k-1) - K(k)P_{YY}(k|k-1)K^T(k)$$

（7-40）

UKF 是用确定的采样来近似状态的后验 PDF，可以有效解决由系统非线性的加剧而引起的滤波发散问题，但 UKF 仍是用高斯分布来逼近系统状态的后验概率密度，所以在系统状态的后验概率密度是非高斯的情况下，滤波结果将有极大的误差。

【例 7-4】 扩展卡尔曼滤波算法和无迹卡尔曼滤波算法的 MATLAB 程序。程序代码如下：

```
>> clear all
v=150;                  % 目标速度
v_sensor=0;             % 传感器速度
t=1;                    % 扫描周期
xradarpositon=0;        % 传感器坐标
yradarpositon=0;
ppred=zeros(4,4);
Pzz=zeros(2,2);
Pxx=zeros(4,2);
xpred=zeros(4,1);
ypred=zeros(2,1);
sumx=0;
sumy=0;
```

```
sumxukf=0;
sumyukf=0;
sumxekf=0;
sumyekf=0;              % 统计的初值
L=4;
alpha=1;
kalpha=0;
belta=2;
ramda=3-L;
azimutherror=0.015;    % 方位均方误差
rangeerror=100;        % 距离均方误差
processnoise=1;        % 过程噪声均方误差
tao=[t^3/3 t^2/2 0 0;
t^2/2 t 0 0;
0 0 t^3/3 t^2/2;
0 0 t^2/2 t]; %% the input matrix of process
G=[t^2/2 0 t 0 0 t^2/20 t ];
a=35*pi/180;
a_v=5/100;
a_sensor=45*pi/180;
x(1)=8000;             % 初始位置
y(1)=12000;
for i=1:200
x(i+1)=x(i)+v*cos(a)*t;
y(i+1)=y(i)+v*sin(a)*t;
end
for i=1:200
xradarpositon=0;
yradarpositon=0;
Zmeasure(1,i)=atan((y(i)-yradarpositon)/(x(i)-xradarpositon))+random('Nor
mal',0,azimutherror,1,1);
Zmeasure(2,i)=sqrt((y(i)-yradarpositon)^2+(x(i)-xradarpositon)^2)+random(
'Normal',0,rangeerror,1,1);
xx(i)=Zmeasure(2,i)*cos(Zmeasure(1,i));    % 观测值
yy(i)=Zmeasure(2,i)*sin(Zmeasure(1,i));
measureerror=[azimutherror^2 0;0 rangeerror^2];
processerror=tao*processnoise;
vNoise = size(processerror,1);
wNoise = size(measureerror,1);
A=[1 t 0 0;0 1 0 0;0 0 1 t;0 0 0 1];
Anoise=size(A,1);
for j=1:2*L+1
Wm(j)=1/(2*(L+ramda));
Wc(j)=1/(2*(L+ramda));
end
Wm(1)=ramda/(L+ramda);
Wc(1)=ramda/(L+ramda);%+1-alpha^2+belta;% 权值
if i==1
xerror=rangeerror^2*cos(Zmeasure(1,i))^2+Zmeasure(2,i)^2*azimutherror^2*s
in(Zmeasure(1,i))^2;
yerror=rangeerror^2*sin(Zmeasure(1,i))^2+Zmeasure(2,i)^2*azimutherror^2*c
os(Zmeasure(1,i))^2;
```

```
    xyerror=(rangeerror^2-Zmeasure(2,i)^2*azimutherror^2)*sin(Zmeasure(1,i))*
cos(Zmeasure(1,i));
    P=[xerror xerror/t xyerror xyerror/t;
    xerror/t 2*xerror/(t^2) xyerror/t 2*xyerror/(t^2);
    xyerror xyerror/t yerror yerror/t;
    xyerror/t 2*xyerror/(t^2) yerror/t 2*yerror/(t^2)];
    xestimate=[Zmeasure(2,i)*cos(Zmeasure(1,i)) 0 Zmeasure(2,i)
*sin(Zmeasure(1,i)) 0 ]';
    end
    cho=(chol(P*(L+ramda)))';%
    for j=1:L
    xgamaP1(:,j)=xestimate+cho(:,j);
    xgamaP2(:,j)=xestimate-cho(:,j);
    end
    Xsigma=[xestimate xgamaP1 xgamaP2];
    F=A;
    Xsigmapre=F*Xsigma;
    xpred=zeros(Anoise,1);
    for j=1:2*L+1
    xpred=xpred+Wm(j)*Xsigmapre(:,j);
    end
    Noise1=Anoise;
    ppred=zeros(Noise1,Noise1);
    for j=1:2*L+1
    ppred=ppred+Wc(j)*(Xsigmapre(:,j)-xpred)*(Xsigmapre(:,j)-xpred)';
    end
    ppred=ppred+processerror;
    chor=(chol((L+ramda)*ppred))';
    for j=1:L
    XaugsigmaP1(:,j)=xpred+chor(:,j);
    XaugsigmaP2(:,j)=xpred-chor(:,j);
    end
    Xaugsigma=[xpred XaugsigmaP1 XaugsigmaP2 ];
    for j=1:2*L+1
    Ysigmapre(1,j)=atan(Xaugsigma(3,j)/Xaugsigma(1,j))  ;
    Ysigmapre(2,j)=sqrt((Xaugsigma(1,j))^2+(Xaugsigma(3,j))^2);
    end
    ypred=zeros(2,1);
    for j=1:2*L+1
    ypred=ypred+Wm(j)*Ysigmapre(:,j);
    end
    Pzz=zeros(2,2);
    for j=1:2*L+1
    Pzz=Pzz+Wc(j)*(Ysigmapre(:,j)-ypred)*(Ysigmapre(:,j)-ypred)';
    end
    Pzz=Pzz+measureerror;
    Pxy=zeros(Anoise,2);
    for j=1:2*L+1
    Pxy=Pxy+Wc(j)*(Xaugsigma(:,j)-xpred)*(Ysigmapre(:,j)-ypred)';
    end
    K=Pxy*inv(Pzz);
    xestimate=xpred+K*(Zmeasure(:,i)-ypred);
```

```
    P=ppred-K*Pzz*K';
    xukf(i)=xestimate(1,1);
    yukf(i)=xestimate(3,1);
    if i==1
    ekf_p=[xerror xerror/t xyerror xyerror/t;
    xerror/t 2*xerror/(t^2) xyerror/t 2*xyerror/(t^2);
    xyerror xyerror/t yerror yerror/t;
    xyerror/t 2*xyerror/(t^2) yerror/t 2*yerror/(t^2)];
    ekf_xestimate=[Zmeasure(2,i)*cos(Zmeasure(1,i)) 0 Zmeasure(2,i)
*sin(Zmeasure(1,i)) 0 ]';
    ekf_xpred=ekf_xestimate;
    end;
    F=A;
    ekf_xpred=F*ekf_xestimate;
    ekf_ppred=F*ekf_p*F'+processerror;
    H=[-ekf_xpred(3)/(ekf_xpred(3)^2+ekf_xpred(1)^2) 0 ekf_xpred(1)/
(ekf_xpred(3)^2+ekf_xpred(1)^2) 0;
    ekf_xpred(1)/sqrt(ekf_xpred(3)^2+ekf_xpred(1)^2) 0 ekf_xpred(3)/
sqrt(ekf_xpred(3)^2+ekf_xpred(1)^2) 0];
    ekf_z(1,1)=atan(ekf_xpred(3)/ekf_xpred(1))  ;
    ekf_z(2,1)=sqrt((ekf_xpred(1))^2+(ekf_xpred(3))^2);
    PHHP=H*ekf_ppred*H'+measureerror;
    ekf_K=ekf_ppred*H'*inv(PHHP);
    ekf_p=(eye(L)-ekf_K*H)*ekf_ppred;
    ekf_xestimate=ekf_xpred+ekf_K*(Zmeasure(:,i)-ekf_z);
    traceekf(i)=trace(ekf_p);
    xekf(i)=ekf_xestimate(1,1);
    yekf(i)=ekf_xestimate(3,1);
    errorx(i)=xx(i)+xradarpositon-x(i);
    errory(i)=yy(i)+yradarpositon-y(i);
    ukferrorx(i)=xestimate(1)+xradarpositon-x(i);
    ukferrory(i)=xestimate(3)+yradarpositon-y(i);
    ekferrorx(i)=ekf_xestimate(1)+xradarpositon-x(i);
    ekferrory(i)=ekf_xestimate(3)+yradarpositon-y(i);
    aa(i)=xx(i)+xradarpositon-x(i);;
    bb(i)=yy(i)+yradarpositon-y(i);
    sumx=sumx+(errorx(i)^2);
    sumy=sumy+(errory(i)^2);
    sumxukf=sumxukf+(ukferrorx(i)^2);
    sumyukf=sumyukf+(ukferrory(i)^2);
    sumxekf=sumxekf+(ekferrorx(i)^2);
    sumyekf=sumyekf+(ekferrory(i)^2);
    mseerrorx(i)=sqrt(sumx/(i-1));          % 噪声的统计均方误差
    mseerrory(i)=sqrt(sumy/(i-1));
    mseerrorxukf(i)=sqrt(sumxukf/(i-1));    % UKF 的统计均方误差
    mseerroryukf(i)=sqrt(sumyukf/(i-1));
    mseerrorxekf(i)=sqrt(sumxekf/(i-1));    % EKF 的统计均方误差
    mseerroryekf(i)=sqrt(sumyekf/(i-1));
    end
    figure(1);
    plot(mseerrorxukf,'r');
    hold on;
```

```
plot(mseerrorxekf,'g');
hold on;
plot(mseerrorx,'.');
hold on;
ylabel('MSE of X ');
xlabel('sample number');
legend('UKF','EKF','measurement error');
figure(2)
plot(mseerroryukf,'r');
hold on;
plot(mseerroryekf,'g');
hold on;
plot(mseerrory,'.');
hold on;
ylabel('MSE of Y ');
xlabel('sample number');
legend('UKF','EKF','measurement error');
figure(3)
plot(x,y);
hold on;
plot(xekf,yekf,'g');
hold on;
plot(xukf,yukf,'r');
hold on;
plot(xx,yy,'m');
ylabel(' X ');
xlabel(' Y ');
legend('TRUE','UKF','EKF','measurements');
```

运行结果如图 7-7～图 7-9 所示。

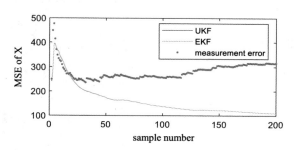

图 7-7　x 轴均方误差估计

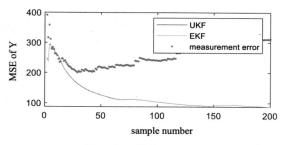

图 7-8　y 轴均方误差估计

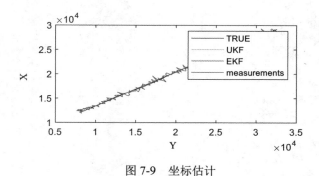

图 7-9　坐标估计

在雷达及主动声呐等典型的目标跟踪系统中，目标的位置通常是在极（球）坐标系下获得的，而目标的状态方程一般建立在笛卡尔坐标系下。

当状态方程与测量方程无法在同一坐标系下同时是线性方程时，常用的滤波器是 EKF。EKF 把目标运动的状态方程或传感器的测量方程进行线性化，然后利用标准的卡尔曼滤波算法进行滤波，因此无法避免线性化误差，精度不高。

另一种常用的滤波器是转换测量卡尔曼滤波器（Converted Measurements Kalman Filter，CMKF）。CMKF 把极（球）坐标下的测量值经坐标变换转换到笛卡尔坐标下，用统计方法求出转换测量误差的均值和协方差，然后利用标准卡尔曼滤波器进行滤波，这个过程中不存在线性近似，所以精度较高。

【例 7-5】　EKF 和 CMKF 的 MATLAB 综合应用实现。

程序代码如下：

```matlab
>> clear;
% 总采样点数
[XTrue,Z,Z0,T,Q,DeltaR,DeltaSita,DeltaBeta,totaltime,montimes]=MYInit;
times=fix(totaltime/T+1);
% 定义求和变量
SumErrSquareP1=zeros(times,1);
SumErrSquareP2=zeros(times,1);
SumErrSquareV1=zeros(times,1);
sump1=zeros(times,1);
sump2=zeros(times,1);
sump3=zeros(times,1);
sumr1=zeros(times,1);
sumr2=zeros(times,1);
sumpr3=zeros(times,1);
for i=1:montimes
   [Z1]=EKF;
   [Z2]=CMKF;
   for h=1:times
      if h<=20
         B(h)=Z(1,1,h);     % 极坐标下的量测值
         C(h)=Z1(1,1,h);    % 滤波
         D(h)=Z0(1,1,h);    % 理想
         E(h)=Z2(1,1,h);
         B1(h)=Z(2,1,h);    % 极坐标下的量测值
         C1(h)=Z1(2,1,h);   % 滤波
```

```
            D1(h)=Z0(2,1,h);    %  理想
            E1(h)=Z2(2,1,h);
            B2(h)=Z(3,1,h);     %  极坐标下的量测值
            C2(h)=Z1(3,1,h);    %  滤波
            D2(h)=Z0(3,1,h);    %  理想
            E2(h)=Z2(3,1,h);
        else
            B(h)=Z(1,1,h);
            C(h)=Z1(1,1,h);
            D(h)=Z0(1,1,h);
            E(h)=Z2(1,1,h);
            B1(h)=Z(2,1,h);
            C1(h)=Z1(2,1,h);
            D1(h)=Z0(2,1,h);
            E1(h)=Z2(2,1,h);
            B2(h)=Z(3,1,h);
            C2(h)=Z1(3,1,h);
            D2(h)=Z0(3,1,h);
            E2(h)=Z2(3,1,h);
            hh1=h-10; hh2=h-9; hh3=h-8; hh4=h-7; hh5=h-6; hh6=h-5; hh7=h-4;
hh8=h-3; hh9=h-2; hh10=h-1;
            bb=[B(hh1),B(hh2),B(hh3),B(hh4),B(hh5),B(hh6),B(hh7),B(hh8),
B(hh9),B(hh10),B(h)];
            x=h-10:h;
            p=polyfit(x,bb,2);
            B(h)=polyval(p,h);
        end
    end
    for h=1:times
        SumErrSquareP1(h)=SumErrSquareP1(h)+(C(h)-D(h)).^2;
        SumErrSquareP2(h)=SumErrSquareP2(h)+(E(h)-D(h)).^2;
        SumErrSquareV1(h)=SumErrSquareV1(h)+(B(h)-D(h)).^2;
        sump1(h)=sump1(h)+(C1(h)-D1(h)).^2;%EKF
        sump2(h)=sump2(h)+(E1(h)-D1(h)).^2;  %CMKF
        sumr1(h)=sumr1(h)+(C2(h)-D2(h)).^2;%EKF
        sumr2(h)=sumr2(h)+(E2(h)-D2(h)).^2;  %CMKF
    end
end;
% 蒙特卡罗方法的距离、速度误差均方根值
RmsErrP1=(180/pi)*(SumErrSquareP1(:)/montimes).^0.5;
RmsErrP2=(180/pi)*(SumErrSquareP2(:)/montimes).^0.5;
sump1=(180/pi)*(sump1(:)/montimes).^0.5;
sump2=(180/pi)*(sump2(:)/montimes).^0.5;
sumr1=(180/pi)*(sumr1(:)/montimes).^0.5;
sumr2=(180/pi)*(sumr2(:)/montimes).^0.5;
i=1:times;
plot(i,RmsErrP1','k-',i,RmsErrP2','k:');
legend('CMKF','EKF');
title('距离误差均方根');
ylabel('度');
xlabel('k');
figure;
```

```
plot(i,sump1','k-',i,sump2','k:');
legend('CMKF','EKF');
title('方位角误差均方根');
ylabel('度');
xlabel('k');
figure;
plot(i,sumr1','k-',i,sumr2','k:');
legend('CMKF','EKF');
title('俯仰角误差均方根');
ylabel('度');
xlabel('k');
```

运行结果如图 7-10～图 7-12 所示。

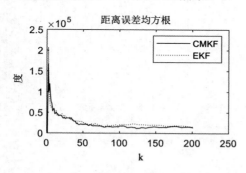

图 7-10　距离误差均方根　　　　　　　图 7-11　方位角误差均方根

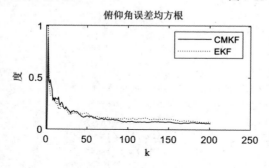

图 7-12　俯仰角误差均方根

运行子程序输出 EKF 滤波后的结果。子程序如下：

```
function [Z1]=CMKF
% 从 Ini.m 中调用所有用到的参数
[XTrue,Z,Z0,T,Q,DeltaR,DeltaSita,DeltaBeta,totaltime,montimes]=MYInit;
% 采样点数：总运动时间/采样周期+1
times=totaltime/T+1;
% 计算参数准备
% 状态方程 X(k+1)=phi*X(k)+G*W(k),E[W(k)W(k)']=Q
% X(k)=[x volx y voly z volz]'
phi=[1 T 0 0 0 0;
     0 1 0 0 0 0;
     0 0 1 T 0 0;
     0 0 0 1 0 0;
```

```
           0 0 0 0 1 T;
           0 0 0 0 0 1];
     G=[T^2/2  0    0;
         T     0    0;
         0   T^2/2 0;
         0     T    0;
         0     0  T^2/2;
         0     0    T];
```
% 观测方程 Zdc(k)=H*X(k)+V(k)，其中 Zdc 是已转换为直角坐标系下的观测值
```
     H=[1 0 0 0 0 0;
        0 0 1 0 0 0;
        0 0 0 0 1 0];
```
% Zdc 为转换到直角坐标系下的观测值
```
     Zdc=zeros(3,1,times);
```
% 临时变量 DeltaR2、DeltaSita2、DeltaBeta2、eSita1、eBeta1
```
     DeltaR2=DeltaR^2;
     DeltaSita2=DeltaSita^2;
     DeltaBeta2=DeltaBeta^2;
     eSita1=exp(-DeltaSita2);
     eBeta1=exp(-DeltaBeta2);
```
% 计算测量转换纵坐标的直角坐标观测值
```
     for i=1:times
```
% 临时变量 rm、sitam、betam
```
         rm=Z(1,1,i);
         sitam=Z(2,1,i);
         betam=Z(3,1,i);

         Zdc(:,:,i)=[rm*cos(betam)*cos(sitam)* (1-eSita1*eBeta1+(eSita1*eBeta1)
^0.5);
                     rm*cos(betam)*sin(sitam)* (1-eSita1*eBeta1+(eSita1*eBeta1)
^0.5);
                     rm*sin(betam)* (1-eBeta1+eBeta1^0.5)];
     end
```
% 计算初始估计，首先以 Zdc(:,:,1)、Zdc(:,:,2)建立模型的初始估计 x，即 X(2)
```
     x=zeros(6,1);
      x=[          Zdc(1,1,2);
          (Zdc(1,1,2)-Zdc(1,1,1))/T;
                   Zdc(2,1,2);
          (Zdc(2,1,2)-Zdc(2,1,1))/T;
                   Zdc(3,1,2);
          (Zdc(3,1,2)-Zdc(3,1,1))/T];
```
% 程序中三个算法都采用使用真值计算的初始估计误差协方差
```
     P0=(x-XTrue(:,:,2))*(x-XTrue(:,:,2))';
```
% 使用 CMKF 直接滤波方法
```
     X1=zeros(6,1,times);
     P1=zeros(6,6,times);

     X1(:,:,1)=XTrue(:,:,1);
     X1(:,:,2)=x;
     P1(:,:,2)=P0;
     for i=2:times-1
         Xest=phi*X1(:,:,i);
         Ppre=phi*P1(:,:,i)*phi'+G*Q*G';
```

```
% 计算观测噪声方差
    rm=Z(1,1,i+1);   sitam=Z(2,1,i+1);   betam=Z(3,1,i+1);
    R=GetR(rm,sitam,betam,DeltaR,DeltaSita,DeltaBeta);
    if det(H*Ppre*H') < det(R)
        rm=(Xest(1,1)^2+Xest(3,1)^2+Xest(5,1)^2)^0.5;
        sitam=atan2(Xest(3,1),Xest(1,1));
        betam=atan(Xest(5,1)/sqrt(Xest(1,1)^2+Xest(3,1)^2));
        R=GetR(rm,sitam,betam,DeltaR,DeltaSita,DeltaBeta);
    end
    K=Ppre*H'*(H*Ppre*H'+R)^(-1);
    P1(:,:,i+1)=Ppre-K*H*Ppre;
    X1(:,:,i+1)=Xest+K*(Zdc(:,:,i+1)-H*Xest);
end
% Z1 代表滤波后经转换的测量
Z1=zeros(3,1,times);
for ii=1:times
% 模型观测距离
    range=(X1(1,1,ii)^2+X1(3,1,ii)^2+X1(5,1,ii)^2)^0.5;
% 模拟观测方位角度
    azimuth=atan2(X1(3,1,ii),X1(1,1,ii));
    if azimuth>2*pi
        azimuth=azimuth-2*pi;
    else if azimuth < 0
            azimuth=azimuth+2*pi;
        end
    end
% 观测俯仰角度
    pitching=atan(X1(5,1,ii)/(X1(1,1,ii)^2+X1(3,1,ii)^2)^0.5);
    if pitching>pi/2
        pitching=pitching-pi;
    else if pitching<-pi/2
            pitching=pitching+pi;
        end
    end
    Z1(:,:,ii)=[range;
                azimuth;
                pitching];
```

程序运行子程序数据初始化，子程序如下：

```
% XTrueZ 目标真实轨迹
% Z0 目标观测值
% T 采样周期
% Q 系统误差阵
% DeltaR 距离误差
% DeltaSita 方位角误差
% DeltaBeta 俯仰角误差
% totaltime 运动时间
% montimes 蒙特卡罗仿真次数
function [XTrue,Z,Z0,T,Q,DeltaR,DeltaSita,DeltaBeta,totaltime,
montimes]=MYInit
    % 设置初始值
```

```
montimes=50;              % 蒙特卡罗仿真次数
T1=0.05;                  % 采样周期 2
T=0.05;
%totaltime=2400;          % 匀速运动阶段时间
totaltime=10;            % 匀速运动阶段时间
% 初始距离 r0、sita0、beta0
r0=120000;               % 目标初始斜距
sita0=pi/4;              % 初始方位角
beta0=5*pi/180;         % 初始俯仰角
Xstart=r0*cos(beta0)*cos(sita0);   % 目标起始 X 坐标
Ystart=r0*cos(beta0)*sin(sita0);   % 目标起始 Y 坐标
Zstart=r0*sin(beta0);              % 目标起始 Z 坐标
vx=-800;                 % X 方向速度
vy=-230;                 % Y 方向速度
vz=0;                    % Z 方向速度
% 采样率为 1/3Hz 的雷达的初始误差
DeltaR=3000;                        % 观测距离误差标准差
DeltaSita=1*pi/180;                 % 观测方位角角度误差标准差
DeltaBeta=1*pi/180;                 % 观测俯仰角角度误差标准差
q=0.007;                            % q 是系统噪声标准差
Q=q^2*eye(3);                       % 系统各方向的状态噪声方差
% for i=1:times
% %     xt(i)=Z(1,1,i)*cos(Z(2,1,i))*cos(Z(3,1,i))-XTrue(1,1,i);
% %     yt(i)=Z(1,1,i)*sin(Z(2,1,i))*cos(Z(3,1,i))-XTrue(3,1,i);
% %     zt(i)=Z(1,1,i)*sin(Z(3,1,i))-XTrue(5,1,i);
%     xt(i)=Z(1,1,i)*cos(Z(2,1,i))*cos(Z(3,1,i));
%     yt(i)=Z(1,1,i)*sin(Z(2,1,i))*cos(Z(3,1,i));
%     zt(i)=Z(1,1,i)*sin(Z(3,1,i));
% end;
% plot(xt,zt);
% 计算目标在雷达 2(采样间隔为 40Hz)中的真实轨迹, 初始化 XTrue2
times2 = totaltime/T1+1; %采样点数
XTrue2=zeros(6,1,times2);
XTrue=zeros(6,1,times2);
% 真实轨迹进行直线运动
for ii=1:times2
    XTrue2(:,:,ii)=[Xstart + vx*(ii-1)*T1;
                    vx;
                  Ystart + vy*(ii-1)*T1;
                    vy;
                  Zstart + vz*(ii-1)*T1;
                    vz;];
                XTrue(:,:,ii)= XTrue2(:,:,ii);
end
% 极坐标下的模拟观测值, 观测噪声距离方向上标准差 DeltaR 米, 角度方位差为 DeltaSita、
DeltaBeta
    Z=zeros(3,1,times2);
    for ii=1:times2
% 模型观测距离
      range=(XTrue2(1,1,ii)^2+XTrue2(3,1,ii)^2+XTrue2(5,1,ii)^2)^0.5+
randn(1)*DeltaR;
      % 模拟观测方位角度
```

```matlab
    azimuth=atan2(XTrue2(3,1,ii),XTrue2(1,1,ii))+randn(1)*DeltaSita;
    if azimuth>2*pi
        azimuth=azimuth-2*pi;
    else
        if azimuth < 0
            azimuth=azimuth+2*pi;
        end
    end
    % 观测俯仰角度
    pitching=atan(XTrue2(5,1,ii)/(XTrue2(1,1,ii)^2+XTrue2(3,1,ii)^2)
^0.5)+ randn(1)*DeltaBeta;

    if pitching>pi/2
        pitching=pitching-pi;
    else
        if pitching<-pi/2
            pitching=pitching+pi;
        end
    end
    Z(:,:,ii)=[range;
               azimuth;
               pitching];
end
% 计算目标在雷达 1 的真实轨迹，初始化 XTrue
Z0=zeros(3,1,times2);
for ii=1:times2
% 模型观测距离
    range=(XTrue2(1,1,ii)^2+XTrue2(3,1,ii)^2+XTrue2(5,1,ii)^2)^0.5;
% 模拟观测方位角度
    azimuth=atan2(XTrue2(3,1,ii),XTrue2(1,1,ii));
    if azimuth>2*pi
        azimuth=azimuth-2*pi;
    else if azimuth < 0
            azimuth=azimuth+2*pi;
        end
    end
% 观测俯仰角度
    pitching=atan(XTrue2(5,1,ii)/(XTrue2(1,1,ii)^2+XTrue2(3,1,ii)^2)
^0.5);

    if pitching>pi/2
        pitching=pitching-pi;
    else if pitching<-pi/2
            pitching=pitching+pi;
        end
    end
    Z0(:,:,ii)=[range;
                azimuth;
                pitching];
```

计算 CMKF 算法中的误差阵 R，子程序如下：

```
function [R]=GetR(rm,sitam,betam,DeltaR,DeltaSita,DeltaBeta)
DeltaR2=DeltaR^2;
DeltaSita2=DeltaSita^2;
DeltaBeta2=DeltaBeta^2;
eSita1=exp(-DeltaSita2);
eSita2=eSita1^2;
eSita3=eSita1^3;
eSita4=eSita1^4;
eBeta1=exp(-DeltaBeta2);
eBeta2=eBeta1^2;
eBeta3=eBeta1^3;
eBeta4=eBeta1^4;
% 临时变量 c2B、s2S、cB、sB、cS、sS
    c2B=cos(2*betam);
    s2S=sin(2*sitam);
    s2B=sin(2*betam);
    c2S=cos(2*sitam);

    cB=cos(betam);
    sB=sin(betam);
    cS=cos(sitam);
    sS=sin(sitam);
% 临时变量 r2、r1
    r2=rm^2+2*DeltaR2;
    r1=rm^2+DeltaR2;
    R11=  (r2*(c2B*c2S*eSita4*eBeta4+c2B*eBeta4+c2S*eSita4+1)-r1*(c2B*c2S*
eSita3*eBeta3+c2B*eSita1*eBeta3+c2S*eSita3*eBeta1+eBeta1*eSita1))/4;
    R22=(-r2*(c2B*c2S*eSita4*eBeta4-c2B*eBeta4+c2S*eSita4-1)+r1*(c2B*c2S*eSit
a3*eBeta3-c2B*eSita1*eBeta3+c2S*eSita3*eBeta1-eSita1*eBeta1))/4;
    R33=(r1*(c2B*eBeta3-eBeta1)-r2*(c2B*eBeta4-1))/2;
    R12=s2S*eSita2*(r2*eSita2*(1+eBeta4*c2B)-r1*eSita1*eBeta1*(1+eBeta2*
c2B))/4;
    R13=cos(sitam)*s2B*(-r1+r2*eBeta1)*eSita1*eBeta3/2;
    R23=sin(sitam)*s2B*(-r1+r2*eBeta1)*eSita1*eBeta3/2;
     R=[R11   R12   R13;
        R12   R22   R23;
        R13   R23   R33];
```

7.3　自适应滤波器

　　传统的 IIR 和 FIR 滤波器是时不变的，即在处理输入信号的过程中滤波器的参数是固定的，使得当环境发生变化时，滤波器可能无法实现原先设定的目标。

　　系统根据当前自身的状态和环境调整自身的参数以达到预先设定的目标，自适应滤波器的系数是根据输入信号通过自适应算法自动调整的。

7.3.1　自适应滤波器的基本原理

　　根据环境的改变，使用自适应算法来改变滤波器的参数和结构，这样的滤波器就称为自适应滤波器。

一般情况下，不改变自适应滤波器的结构，而是由自适应算法更新自适应滤波器的时变系数，即这些更新的系数自动连续地适用于给定信号，以获得期望响应。自适应滤波器的重要特征是能够在未知环境中有效工作，并能够跟踪输入信号的时变特征。

非线性自适应滤波器（包括 Volterra 滤波器和基于神经网络的自适应滤波器）信号处理能力更强，但计算也更复杂。值得注意的是，自适应滤波器常称为时变性的非线性系统。非线性指系统根据所处理信号的特点不断调整自身的滤波器系数，以便使滤波器系数最优。时变性指系统的自适应响应过程。

实际应用的常见情况是学习和训练阶段，滤波器根据所处理信号的特点不断修正自己的滤波器系数，以使均方误差最小。

使用阶段均方误差达最小值，意味着滤波器系数达最优并不再变化，此时的滤波器就变成了线性系统，故此类自适应滤波器被称为线性自适应滤波器。因为这类系统便于设计且易于进行数学处理，所以实际应用广泛。本文研究的自适应滤波器就是线性自适应滤波器。

线性自适应滤波器的两部分：自适应滤波器的结构和自适应权值调整算法。

自适应滤波器的结构有 FIR 和 IIR 两种：

- FIR 滤波器是非递归系统，即当前输出样本仅是过去和现在输入样本的函数，其系统冲激响应 $h(n)$ 是一个有限长序列，除原点外，只有零点没有极点。FIR 滤波器具有很好的线性相位，无相位失真，稳定性比较好。
- IIR 滤波器是递归系统，即当前输出样本是过去输出和过去输入样本的函数，其系统冲激响应 $h(n)$ 是一个无限长序列。IIR 系统的相频特性是非线性的，稳定性也不能得到保证，唯一可取的就是实现阶数较低，计算量较少。
- 最小均方（LMS）算法：使滤波器的实际输出与期望输出之间的均方误差最小，LMS 算法的基础是最陡下降法（Steepest Descent Method）。1959 年，威德诺等提出，下一时刻权值系数向量=现时刻权值系数向量+负比例系数的均方误差函数梯度。

当权值系数达到稳定（最佳权值系数）时，则均方误差达到极小值。LMS 算法有两个关键：梯度的计算和收敛因子的选择。通常，将单个误差样本的平方作为均方误差的估计值。LMS 算法是一种递推过程，表示要经过足够的迭代次数后，权值系数才会逐步逼近最佳权值系数，从而计算得到最佳滤波输出，即噪声得到最好抑制。

抽头延迟线的非递归型自适应滤波器算法的收敛速度取决于输入信号自相关矩阵特征值的离散程度。当特征值离散较大时，自适应过程收敛速度较慢。格型结构的自适应算法收敛较快。递归型结构的自适应算法是非线性的，收敛一般。

利用均方误差的梯度信息来分析自适应滤波器的性能和追踪最优滤波状态。误差性能曲面上任一点的梯度向量对应于均方误差 J 对滤波器系数 w_k 的一阶导数，当前点到下一点的滤波系数的变化量恰好是梯度向量的负数。

也就是说，最速下降法是在梯度向量的负方向上接连调整滤波系数，即滤波系数在误差性能曲面上以下降速度最快的路径移动，最终到达均方误差的最小点。

按最速下降法调整滤波器权值系数时，$n+1$ 时刻的系数向量 $w(n+1)$ 可用递归表达式表示。其中正实常数 μ 称为收敛因子或步长，控制自适应速率和稳定性，μ 越大，则下降的速率越快。

$$w(n+1) = w(n) - \mu[R_w(n) - p]$$

（7-41）

最速下降法是一个含有反馈的模型，存在稳定性问题，可以证明算法的稳定条件是 $0 < \mu < 1/\lambda_{max}$。

实际往往不知道输入向量的自相关矩阵 R 和输入向量与期望响应的互相关向量 p 的先验知识，因此无法计算梯度向量。

最小均方算法是一种用输入向量和期望响应的瞬时值估计梯度向量的方法：

$$
\begin{aligned}
\hat{\nabla} J(n) &= 2\hat{R}\hat{w}(n) - 2\hat{p} \\
&= 2x(n)x^{\mathrm{T}}(n)\hat{w}(n) - 2x(n)d(n) \\
\hat{R}(n) &= x(n)x^{\mathrm{T}}(n) \\
\hat{p}(n) &= x(n)d(n)
\end{aligned}
\tag{7-42}
$$

对于固定的 w 值，梯度估计是无偏的：

$$
\begin{aligned}
\mathrm{E}\{\hat{\nabla} J(n)\} &= 2\mathrm{E}\{x(n)x^{\mathrm{T}}(n)\hat{w}(n) - x(n)d(n)\} \\
&= 2R_w(n) - 2p = \nabla J(n)
\end{aligned}
\tag{7-43}
$$

最小均方算法的公式：

$$
\begin{aligned}
\hat{w}(n+1) &= \hat{w}(n) - \mu x(n)\left[x^{\mathrm{T}}(n)\hat{w}(n) - d(n)\right] \\
&= \left[I - \mu x(n)x^{\mathrm{T}}(n)\right]\hat{w}(n) + \mu x(n)d(n)
\end{aligned}
\tag{7-44}
$$

算法由当前时刻的输入信号向量 $x(n)$、期望响应 $d(n)$、滤波器系数向量 $w(n)$ 计算误差信号 $e(n)$，计算滤波器系数向量的更新估计值 $w(n+1)$，n 增加 1，返回直到稳态为止。

【例 7-6】 自适应滤波器 LMS 算法和最陡下降法的 MATLAB 实现。

程序代码如下：

```
>> COUNT=300;
n=1:COUNT;
N=sin(2*n*pi/16+pi/10);
X=2^0.5*sin(2*n*pi/16);
X1=2^0.5*sin(2*(n-1)*pi/16);
S=sqrt(0.05)*randn(1,COUNT);
% 随机信号
Y=S+N;
figure
subplot(311)
plot(n,X);
title('信号图');
subplot(312)
plot(n,S);
title('噪声图');
subplot(313)
plot(n,Y);
title('信号加噪声图');
% 误差性能曲面及等值线
ESS=0.05;
ENN=Expectation(N,N,16);
EXX=Expectation(X,X,16);
R(1,1)=EXX;
```

```
R(2,2)=EXX;
EXX1=Expectation(X,X1,16);
R(1,2)=EXX1;
R(2,1)=EXX1;
EYY=ENN+ESS;
EYX=Expectation(N,X,16);
EYX1=Expectation(N,X1,16);
P=zeros(1,2);
P(1)=EYX;
P(2)=EYX1;
x = -4:0.05:6;
y = -5:0.05:5;
[h0,h1] = meshgrid(x,y);
z=EYY+R(1,1)*h0.*h0+2*R(1,2)*h0.*h1+R(2,2)*h1.*h1-2*P(1)*h0-2*P(2)*h1;
figure
subplot(1,2,1);
mesh(h0,h1,z);
xlabel('h0');
ylabel('h1');
title('误差性能曲面图');
subplot(1,2,2);
V=0.2:0.2:3;
contour(h0,h1,z,V);
xlabel('h0');
ylabel('h1');
title('等值线');
hold on;
% LMS 算法
u=0.4;
[e,w1,w2]=LMS(COUNT,X,Y,u);
length(w1);
length(w2);
plot(w1,w2);
hold on;
%DSP-2 最陡下降法
[w1,w2]=Steepest_Algorithm(R,P,u,COUNT);
plot(w1,w2);
% LMS 算法中一次和多次实验中梯度估计和平均值随时间 n 的变化情况
Jn=zeros(1,COUNT);
Jn=e.^2;
figure
subplot(1,2,1);
plot(n,Jn);
title('LMS 算法中 1 次实验梯度估计');
% 200 次实验
e_avr=zeros(1,COUNT);
w1_avr=zeros(1,COUNT);
w2_avr=zeros(1,COUNT);
for i=1:200
    S=sqrt(0.05)*randn(1,COUNT);
    Y=S+N;
    [e,w1,w2]=LMS(COUNT,X,Y,u);
```

```
    e_avr=e_avr+e./100;
    w1_avr=w1_avr+w1./100;
    w2_avr=w2_avr+w2./100;
end;
subplot(1,2,2);
Jn=e_avr.^2;
plot(n,Jn);
title('LMS 算法中 200 次实验梯度估计曲线图');
figure
plot(w1_avr,w2_avr);
xlabel('h0');
ylabel('h1');
title('LMS 算法 200 次实验中 H(n)的平均轨迹曲线图');
```

运行结果如图 7-13～图 7-16 所示。

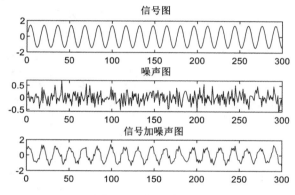

图 7-13　信号波形图

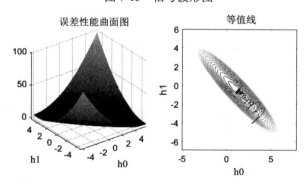

图 7-14　误差分析

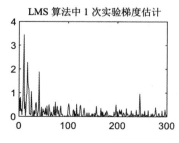

图 7-15　LMS 算法分析

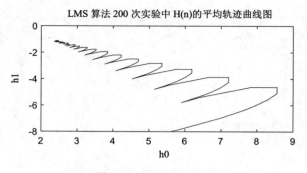

图 7-16　H(n)平均轨迹图

运行过程中用到的子程序如下：

```
function EX=Expectation(x,y,N)
EX=0;
for n=1:1:N
    EX=EX+x(n)*y(n)/N;
end
```

子程序最陡下降法：

```
function [w1,w2]=Steepest_Algorithm(R,P,u,COUNT)
VGn=zeros(2,1);
H=zeros(2,1);
w1=zeros(1,COUNT);
w2=zeros(1,COUNT);
w1(1)=3;
w2(1)=-4;
for i=1:COUNT
    H=[w1(i),w2(i)]';
    VGn=2*R*H-2*P';
    w1(i+1)=w1(i)-0.5*u*VGn(1,1);
    w2(i+1)=w2(i)-0.5*u*VGn(2,1);
end
```

子程序 LMS 算法：

```
function [e,w1,w2]=LMS(COUNT,X,Y,u)
e=zeros(1,COUNT);
w1=zeros(1,COUNT);
w2=zeros(1,COUNT);
w1(1)=3;
w2(1)=-4;
for i=1:COUNT
    if(i-1==0)
        yy=w1(i)*X(i)+w2(i)*X(16);
    else
        yy=w1(i)*X(i)+w2(i)*X(i-1);
    end

    e(i)=Y(i)-yy;
```

```
if(i<COUNT)
    w1(i+1)=w1(i)+u*e(i)*X(i);
end
if(0==i-1)
    w2(i+1)=w2(i)+u*e(i)*X(16);
else
    if(i<COUNT)
        w2(i+1)=w2(i)+u*e(i)*X(i-1);
    end
end
end
```

7.3.2 格型自适应滤波器

自适应横向滤波器结构简单，但收敛速度较慢。为了克服这种不足，可采用格型自适应滤波器。

格型自适应滤波器是一种较有特色的自适应滤波器。相比自适应横向滤波器，格型自适应滤波器有许多优点。

1）自适应收敛速度快。

2）滤波器的节数易改变，一个 m 节的格型滤波器可产生相当于从 1 阶到 m 阶的 m 个横向滤波器的输出，使我们能在变化的环境下动态地选择最佳的阶。

3）它的权值系数对寄存器有限长度效应不敏感，有模块式结构，便于实现高速并行处理。

假设信号是实平稳随机信号，前向线性预测误差滤波器直接由信号的线性一步预测导出。其估计值 $\hat{x}(n)$ 和预测误差 $e_p(n)$ 由下式表示：

$$\hat{x}(n) = -\sum_{k=1}^{p} a_{p,k} x(n-k) \tag{7-45}$$

$$e_p(n) = x(n) - \hat{x}(n) = x(n) + \sum_{k=1}^{p} a_{p,k} x(n-k) \tag{7-46}$$

对上式进行 Z 变换可以得到：

$$E_p(z) = X(z) + \sum_{k=1}^{p} a_{p,k} X(z) z^{-k} \tag{7-47}$$

$$H_f(z) = \frac{E_p(z)}{X(z)} = 1 + \sum_{k=1}^{p} a_{p,k} z^{-k} = \sum_{k=0}^{p} a_{p,k} z^{-k} , \quad a_{p,0} = 1 \tag{7-48}$$

其中 $H_f(z)$ 称为前向预测滤波器的系统函数。

用均方误差最小的原则求前向预测误差滤波器的最佳系数 $a_{p,k}$：

$$\frac{\partial E\left[e_p(n)^2\right]}{\partial a_{p,k}} = 0 , \quad k = 1, 2, \cdots, p \tag{7-49}$$

于是有 $E[e_p(n)x(n-k)] = 0$, $k = 1, 2, \cdots, p$ 。

从上式可知，预测误差跟用于预测的数据正交，这就是前向预测误差的正交原理。

前向预测误差滤波器的最佳系数与信号的自相关函数之间的关系式称为 Yule-Walker 方程式。记为：

$$\phi_{xx}(k) + \sum_{k=1}^{p} a_{p,i}\phi_{xx}(k-i) = 0 , \quad k = 1,2,3,\cdots,p \tag{7-50}$$

$$\sigma_p^2 = \phi_{xx}(0) + \sum_{i=1}^{p} a_{p,i}\phi_{xx}(i) \tag{7-51}$$

写成矩阵形式为：

$$\begin{bmatrix} \phi_{xx}(0) & \phi_{xx}(1) & \cdots & \phi_{xx}(p) \\ \phi_{xx}(1) & \phi_{xx}(0) & \cdots & \phi_{xx}(p-1) \\ \vdots & \vdots & \phi_{xx}(0) & \vdots \\ \phi_{xx}(p) & \phi_{xx}(p-1) & \cdots & \phi_{xx}(0) \end{bmatrix} \begin{bmatrix} 1 \\ a_{p,1} \\ \vdots \\ a_{p,p} \end{bmatrix} = \begin{bmatrix} \sigma_p^2 \\ 0 \\ \vdots \\ 0 \end{bmatrix} \tag{7-52}$$

其中 $\sigma_p^2 = E\left[\left(e_p(n)\right)^2\right]_{\min}$。

如果已知系统的自相关系数，可以根据上式求出系统的最佳系数和最小前向误差。

如果利用 $x(n+1), x(n+2), \cdots, x(n+p)$ 估计 $x(n)$，称为后向预测。

其估计值 $\hat{x}'(n)$ 表示为：

$$\hat{x}'(n) = -\sum_{k=1}^{p} a_{p,k}' x(n+k) \tag{7-53}$$

一般前向、后向滤波器利用同一数据 $x(n)$，$x(n-1), x(n-2), \cdots, x(n-p)$ 进行预测：

$$\hat{x}'(n-p) = -\sum_{k=1}^{p} a_{p,k}' x(n-p+k) \tag{7-54}$$

差别在于前向由 $x(n-p), x(n-p+1), \cdots, x(n-1)$ 预测 $\hat{x}(n)$，而后向由 $x(n-p+1)$，$x(n-p+2), \cdots, x(n)$ 预测 $x(n-p)$。

假设后向预测的误差用 $b_p(n)$ 表示：

$$b_p(n) = x(n-p) - \hat{x}'(n-p) \tag{7-55}$$

同样，利用最小均方误差准则，可以得到后向预测的正交原理以及 Yule-Walker 方程。

$$E[b_p(n)x(n-p+k)] = 0 , \quad k = 1,2,\cdots,p \tag{7-56}$$

$$\phi_{xx}(k) + \sum_{k=1}^{p} a_{p,j}'\phi_{xx}(k-i) = 0 , \quad k = 1,2,3,\cdots,p \tag{7-57}$$

$$\sigma_p'^2 = \phi_{xx}(0) + \sum_{i=1}^{p} a_{p,j}'\phi_{xx}(i) \tag{7-58}$$

其中，$\sigma_p'^2$ 是后向预测的最小误差功率。

将 $k_p = a_{p,p}$ 代入前向误差公式：

$$e_p(n) = x(n) + \sum_{k=1}^{p-1} a_{p,k} x(n-k) + k_p x(n-p) \tag{7-59}$$

利用 Levinson-Durbin 算法：$a_{p,k} = a_{p-1,k} + k_p a_{p-1,p-k}$，于是有：

$$e_p(n) = x(n) + \sum_{k=1}^{p-1} a_{p,k} x(n-k) + k_p x(n-p)$$

$$= x(n) + \sum_{k=1}^{p-1} (a_{p,k} + k_p a_{p-1,p-k}) x(n-k) + k_p x(n-p) \qquad (7\text{-}60)$$

$$= x(n) + \sum_{k=1}^{p-1} a_{p-1,k} x(n-k) + k_p \left[x(n-p) + \sum_{k=1}^{p-1} a_{p-1,p-k} x(n-k) \right]$$

根据 $e_{p-1}(n) = x(n) + \sum_{k=1}^{p-1} a_{p-1,k} x(n-k)$，$k=1,2,3,\cdots,p-1$，假设 $p-k = k = p-1, p-2, \cdots, 1$，于是有：

$$x(n-p) + \sum_{k=1}^{p-1} a_{p-1,p-k} x(n-k) \overset{p-k=k}{=} x(n-p) + \sum_{k=1}^{p-1} a_{p-1,k} x(n-p+k) \qquad (7\text{-}61)$$

后向预测的误差改写为：

$$b_{p-1}(n-1) = x(n-p) + \sum_{k=1}^{p-1} a_{p-1,k} x(n-p+k) \qquad (7\text{-}62)$$

这样可以得到前向误差的递推公式为：

$$e_p(n) = e_{p-1}(n) + k_p b_{p-1}(n-1) \qquad (7\text{-}63)$$

后向误差的递推公式为：

$$b_p(n) = b_{p-1}(n-1) + k_p e_{p-1}(n) \qquad (7\text{-}64)$$

【例 7-7】　横向与格型滤波器的性能比较。

程序代码如下：

```
>> clear all;
clc;
L=1000;
x=zeros(1,L);
image=zeros(1,L);
v=imnoise(image,'gaussian',0,0.8);
a1=1.558;a2=-0.81;
% 以下为 2 阶 LMS 横向滤波器参数
w1=zeros(1,L);
w2=zeros(1,L);
u=0.005;
% 以下为 2 阶 LMS 格型滤波器参数
M=3;
k=zeros(M-1,L);
f=zeros(M,L);
b=zeros(M,L);
beta=2*u;
for n=3:L;
```

```
% 以下为 2 阶 LMS 横向滤波器
x(n)=v(n)+a1*x(n-1)+a2*x(n-2);
y(n)=w1(n-1)*x(n-1)+w2(n-1)*x(n-2);
e(n)=x(n)-y(n);
w1(n)=w1(n-1)+2*u*e(n)*x(n-1);
w2(n)=w2(n-1)+2*u*e(n)*x(n-2);
% 以下为 2 阶 LMS 格型滤波器
f(1,n)=x(n);
b(1,n)=x(n);
for i=2:M;
    j=i-1;  % 作为 k 的行数
    f(i,n)=f(j,n)+k(j,n-1)*b(j,n-1);
    b(i,n)=b(j,n-1)+k(j,n-1)*f(j,n);
    k(j,n)=k(j,n-1)-beta*[f(i,n)*b(j,n-1)+b(i,n)*f(j,n)] ;
end;
end;
for n=1:L;
a11(n)=-k(1,n)*[1+k(2,n)];
a22(n)=-k(2,n);
end;
n=1:L;
figure(1);
plot(n,a1,'r:',n,w1,'b',n,a11,'black',n,w2,'b',n,a22,'black',n,a2,'r:'),
title('LMS 横向与格型滤波器')
xlabel('时间 n'),ylabel('权值逼近');
legend('黑色---格型权值','蓝色---横向权值');
figure(2);
subplot(2,1,1)
plot(n,e(n).^2,'r')
title('LMS 横向滤波器误差')
xlabel('时间 n'),ylabel('误差功率');
subplot(2,1,2)
plot(n,f(i,n).^2,'r')
title('LMS 格型滤波器误差')
xlabel('时间 n'),ylabel('误差功率');
```

运行结果如图 7-17 和图 7-18 所示。

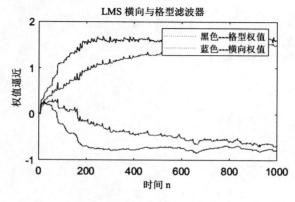

图 7-17 权值逼近图

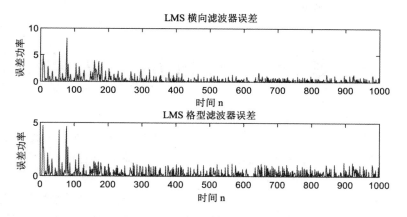

图 7-18 误差分析图

7.3.3 LS 自适应滤波器

基于 LMS 算法的自适应滤波器收敛速度较慢，而且调整过程中延时比较长，为了克服这一缺点，采样每个时刻对已有的输入信号重估误差平方和最小的准则，即最小二乘（Least Square，LS）准则。

定义信号的误差平方和为：

$$\xi(n) = \sum_j e_j^2 \qquad (7\text{-}65)$$

误差信号定义为：

$$e_j = d_j - y_j = d_j - X_j^{\mathrm{T}} W \qquad (7\text{-}66)$$

其中 d_j 是期望信号，X_j 是输入信号，W 表示滤波器的权值系数向量，实际通过改变 W 来使信号的误差平方和最小，这种方法称为最小二乘法。

LS 滤波对非平稳信号的适应性很强，在每一时刻对已输入的信号而言，重新评估使其信号误差平方和最小，因此该分析方法精确性很强。

运用 LS 滤波可以使用横向滤波器，但收敛速度较慢，使用格型滤波器不但收敛速度快，在抗干扰方面也优于横向滤波器。

▪ 7.4　本章小结

设计维纳滤波器时需要知道输入信号的统计特性，当信号统计特性偏离设计条件时，就不再是最优滤波器。设计卡尔曼滤波器时必须知道产生输入过程的系统的状态方程和观测方程，即要求对信号和噪声的统计特性有先验知识，实际应用中往往难以预知。

如果输入信号的统计特性未知，或者输入信号的统计特性随时间变化，只能使用自适应滤波器。它能够自动地迭代调节自身的滤波器参数，以满足某种准则的要求，从而实现最优滤波。

当自适应学习过程结束后，滤波器系数就不再变化，此时滤波器就变成了线性系统，故此类自适应滤波器被称为线性自适应滤波器，因为这类系统便于设计且易于进行数学处理，所以实际应用广泛。

第 8 章　随机信号处理

随机信号处理的现状主要包括对随机信号处理的预处理、平稳随机信号处理过程的时域以及频域分析、随机信号处理过程的系统研究方法（系统描述方法和数学建模求解方法）等技术的学习和研究。

随机信号处理已广泛地应用于通信信号处理、数字图像处理、语音信号处理、机械信息处理、生物医学信号处理、声呐信号处理、雷达信号处理、遥测遥感信号处理、地球物理信号处理、气象信号处理等领域。

学习目标：

- 基本了解随机信号的定义
- 熟练运用随机信号的频谱分析方法
- 熟练掌握随机信号系统的处理模型

■ 8.1　随机信号处理基础

随机信号是不能用确定的数学关系式来描述的，不能预测其未来任何瞬时值，任何一次观测只代表其在变动范围中可能产生的结果之一，其值的变动服从统计规律。随机信号不是时间的确定函数，其在定义域内的任意时刻没有确定的函数值。

8.1.1　随机信号的基本定义

事物的变化与运动都是通过一定形式的物理量、化学量、生物量或者其他量的变化表现出来的，这些量随时间的变化统称为信号。对于各种各样的信号，可按不同的方法分类：

- 确定信号，随机信号。
- 连续信号，离散信号。
- 周期信号，非周期信号。

随机信号："随机"两个字的本义含有不可预测的意思，不能用单一时间函数表达，也就是指一些不规则的信号。常见的噪音和干扰都属于随机信号范畴。确定信号是理论上的抽象，与随机信号的特性之间有一定联系，用确定性来分析系统，使问题简化，在工程上有实际应用意义。

随机信号或称随机过程，采用统计数学方法，用随机过程理论分析研究。随机信号的一般特性有均值、最大值、最小值、均方值、平均功率值及平均频谱等。

8.1.2　离散随机信号的统计描述

从统计数学（概率论和数理统计）的观点来看，随机信号和噪声统称为随机过程。随机信号和噪声均可归纳为依赖于时间参数 t 的随机过程。

随机信号 $x(t)$ 的均值可以表示为：

$$E[x(t)] = \mu_x = \lim_{T \to \infty} \int_0^T x(t)\mathrm{d}t \qquad (8\text{-}1)$$

均值描述了随机信号的静态直流分量，它不随时间而变化。

随机信号 $x(t)$ 的均方值表达式为：

$$\phi_x^2 = \lim_{T \to \infty} \int_0^T x(t)^2 \mathrm{d}t \qquad (8\text{-}2)$$

均方值 ϕ_x^2 表示信号的强度或功率。

随机信号的均方根值表示为：

$$\phi_x = \sqrt{\lim_{T \to \infty} \int_0^T x(t)^2 \mathrm{d}t} \qquad (8\text{-}3)$$

其中，均方根值也是信号能量或强度的一种描述。

随机信号 $x(t)$ 的方差表达式为：

$$E[(x - \mu_x)^2] = \sigma_x^2 = \lim_{T \to \infty} \int_0^T [x(t) - \mu_x]^2 \mathrm{d}t \qquad (8\text{-}4)$$

其中，方差是信号幅值相对于均值分散程度的一种表示，也是信号纯波动（交流）分量大小的反映。

随机信号 $x(t)$ 的均方差可表示为：

$$\sigma_x = \sqrt{\lim_{T \to \infty} \int_0^T [x(t) - \mu_x]^2 \mathrm{d}t} \qquad (8\text{-}5)$$

其意义与方差的含义一致。

对于离散的各态历经的平稳随机信号序列，类似于连续随机信号，其数字特征可由下面的式子来表示。

均值：

$$E[(x(n)] = \mu_x = \lim_{N \to \infty} \frac{1}{N} \sum_{N=0}^{N} x(n) \qquad (8\text{-}6)$$

均方值：

$$E[(x^2(n)] = \phi_x^2 = \lim_{N \to \infty} \frac{1}{N} \sum_{N=0}^{N} x^2(n) \qquad (8\text{-}7)$$

方差：

$$E[(x(n) - \mu_x)^2] = \sigma_x^2 = \lim_{N \to \infty} \frac{1}{N} \sum_{N=0}^{N} [x(n) - \mu_x)^2] \qquad (8\text{-}8)$$

以上计算都是对无限长信号而言的，而工程上所取得的信号是有限长的，计算中时间参量和采样个数不可能趋向于无穷大。

对于有限长模拟随机信号，计算均值式改写为：

$$E[(x(t)] = \hat{\mu} = \frac{1}{N} \sum_{N=0}^{N} x(n) \tag{8-9}$$

在公式中，$\hat{\mu}$ 仅仅是对均值的估计。当时间参数足够长时，均值估计才能够精确地逼近真实值。对于周期信号，时间参数常取信号的周期，这样均值估计就能够很好地反映真实的均值。

对于有限长随机信号序列，计算均值估计改写为：

$$E[(x(n)] = \hat{\mu}_x = \frac{1}{N} \sum_{N=0}^{N} x(n) \tag{8-10}$$

当序列长度足够长时，均值估计也能够精确逼近真实均值。

在 MATLAB 工具箱中，没有专门函数来计算均值、均方值和方差。但随机信号的统计数字特征都可以通过编程来实现。在数值计算中，常常将连续信号离散化，当作随机序列来处理。

数学期望和方差是描述随机过程在各个孤立时刻的重要数字特征。它们反映不出整个随机过程不同时间的内在联系。引入自相关函数来描述随机过程任意两个不同时刻状态之间的联系。设 $x(t_1)$ 和 $x(t_2)$ 是随机过程 $x(t)$ 在 t_1 和 t_2 两个任意时刻的状态，$p_X(x_1, x_2; t_1, t_2)$ 是相应的二维概率密度，称它们的二阶联合原点矩为 $x(t)$ 的自相关函数，简称相关函数：

$$\begin{aligned} R_X(t_1, t_2) &= E[x(t_1)x(t_2)] \\ &= \int_{-\infty}^{+\infty} \int_{-\infty}^{+\infty} x_1 x_2 p_X(x_1, x_2; t_1, t_2) \mathrm{d}x_1 \mathrm{d}x_2 \end{aligned} \tag{8-11}$$

若取 $t_1 = t_2 = t$，则有：

$$R_X(t_1, t_2) = R_X(t, t) = E(x(t)x(t)) = E(x^2(t)) \tag{8-12}$$

此时自相关函数退化为均方值。

任意两个不同时刻、两个随机变量的中心矩定义为协方差函数或中心化自相关函数：

$$\begin{aligned} C_X(t_1, t_2) &= E\left[\{x(t_1) - \mu_1\}\{x(t_2) - \mu_2\}\right] \\ &= \int_{-\infty}^{\infty} \int_{-\infty}^{\infty} [x_1 - \mu_1][x_2 - \mu_2] p_X(x_1, x_2; t_1, t_2) \mathrm{d}x_1 \mathrm{d}x_2 \end{aligned} \tag{8-13}$$

数学期望和方差描述了随机过程在各个孤立时刻的特征，但没有反映随机过程不同时刻之间的内在联系。自相关函数和自协方差函数是用来衡量同一随机过程在任意两个时刻的随机变量的相关程度。

设有两个随机过程 $x(t)$ 和 $y(t)$，它们在任意两个时刻 t_1 和 t_2 的状态分别为 $x(t_1)$ 和 $x(t_2)$，则随机过程 $x(t)$ 和 $y(t)$ 的互相关函数定义为：

$$R_{XY}(t_1, t_2) = E\left[x(t_1)y(t_2)\right] = \int_{-\infty}^{\infty} \int_{-\infty}^{\infty} xy p_{X,Y}(x_1, x_2; t_1, t_2) \mathrm{d}x_1 \mathrm{d}x_2 \tag{8-14}$$

类似地，定义两个随机过程的互协方差函数为：

$$C_{XY}(t_1, t_2) = E[\{x(t_1) - \mu_x\}\{y(t_2) - \mu_y\}] \tag{8-15}$$

如果对任意的 $t_1, t_2, \cdots, t_n; t_1', t_2', \cdots t_m'$ 都有：

$$P_{XY}(x_1, x_2, \cdots, x_n, y_1, y_2, \cdots, y_m; t_1, t_2, \cdots, t_n; t_1', t_2', \cdots t_m')$$
$$= p_X(x_1, x_2, \cdots, x_n; t_1, t_2, \cdots, t_n) p_Y(y_1, y_2, \cdots, y_m; t_1', t_2', \cdots t_m') \tag{8-16}$$

则称 $x(t)$ 和 $y(t)$ 之间是互相统计独立的。

8.1.3 平稳随机序列及其数字特征

在信息处理与传输中，经常遇到一类称为平稳随机序列的重要信号。所谓平稳随机序列，是指它的 N 维概率分布函数或 N 维概率密度函数与时间 n 的起始位置无关。换句话说，平稳随机序列的统计特性不随时间而发生变化。

上面这类随机序列称为狭义（严）平稳随机序列，这一严平稳的条件在实际情况下很难满足。

许多随机序列不是平稳随机序列，但它们的均值和方差不随时间改变，其相关函数仅是时间差的函数。一般将这一类随机序列称为广义（宽）平稳随机序列。

平稳随机序列的一维概率密度函数与时间无关，因此均值、方差和均方值均是与时间无关的常数。

$$m_x = E[x(n)] = E[x(n+m)] \tag{8-17}$$

$$\sigma_x^2 = E[|x_n - m_x|^2] = E[|x_{n+m} - m_x|^2] \tag{8-18}$$

$$E[|X_n|^2] = E[|X_{n+m}|^2] \tag{8-19}$$

二维概率密度函数仅决定于时间差，与起始时间无关。自相关函数与自协方差函数是时间差的函数。

$$r_{xx}(m) = E[X_n^* X_{n+m}] \tag{8-20}$$

$$\text{cov}_{xx}(m) = E[(X_n - m_x)^*(X_{n+m} - m_x)] \tag{8-21}$$

两个各自平稳且联合平稳的随机序列，其互相关函数为：

$$r_{xy}(m) = r_{xy}(n, n+m) = E[X_n^* Y_{n+m}] \tag{8-22}$$

显然，对于自相关函数和互相关函数，下面的公式成立：

$$r_{xx}^*(m) = r_{xx}(-m) \tag{8-23}$$

$$r_{xy}^*(m) = r_{yx}(-m) \tag{8-24}$$

若 $r_{xy}(m) = 0$，则称两个序列正交；若 $r_{xy}(m) = m_x^* m_y$，则称两个随机序列互不相关。

实平稳随机序列的相关函数、协方差函数有如下性质：

1) 自相关函数和自协方差函数是 m 的偶函数：

$$r_{xx}(m) = r_{xx}(-m), \quad \text{cov}_{xx}(m) = \text{cov}_{xx}(-m) \tag{8-25}$$

$$r_{xy}(m) = r_{yx}(-m), \quad \text{cov}_{xy}(m) = \text{cov}_{yx}(-m) \tag{8-26}$$

2）$r_{xx}(0)$ 数值上等于随机序列的平均功率：$r_{xx}(0)=E[X_n^2]$。

3）$r_{xx}(0)\geqslant|r_{xx}(m)|$。

4）$\lim\limits_{m\to\infty}r_{xx}(m)=m_x^2$，$\lim\limits_{m\to\infty}r_{xy}(m)=m_xm_y$。

5）$\mathrm{cov}_{xx}(m)=r_{xx}(m)-m_x^2$，$\mathrm{cov}_{xx}(0)=\sigma_x^2$。

8.1.4 平稳随机序列的功率谱

平稳随机序列是非周期函数，且是能量无限信号，无法直接利用傅里叶变换进行分析。随机序列的自相关函数是非周期序列，但随着时间差 m 的增大，趋近于随机序列的均值。如果随机序列的均值为 0，$r_{xy}(m)$ 是收敛序列。随机序列自相关函数的 Z 变换为：

$$P_{xx}(z)=\sum_{m=-\infty}^{\infty}r_{xx}(m)z^{-m} \tag{8-27}$$

将 $z=\mathrm{e}^{\mathrm{j}\omega}$ 代入有：

$$P_{xx}(\mathrm{e}^{\mathrm{j}\omega})=\sum_{m=-\infty}^{\infty}r_{xx}(m)\mathrm{e}^{-\mathrm{j}\omega m} \tag{8-28}$$

$$r_{xx}(m)=\frac{1}{2\pi}\int_{-\pi}^{\pi}P_{xx}(\mathrm{e}^{\mathrm{j}\omega})\mathrm{e}^{\mathrm{j}\omega m}\mathrm{d}\omega \tag{8-29}$$

将 $m=0$ 代入反变换公式，得：

$$r_{xx}(0)=\frac{1}{2\pi}\int_{-\pi}^{\pi}P_{xx}(\mathrm{e}^{\mathrm{j}\omega})\mathrm{d}\omega \tag{8-30}$$

$P_{xx}(\mathrm{e}^{\mathrm{j}\omega})$ 称为功率谱密度，简称功率谱。

实平稳随机序列的功率谱有如下性质：

1）功率谱是 ω 的偶函数：

$$P_{xx}(\omega)=P_{xx}(-\omega) \tag{8-31}$$

$$P_{xx}(\mathrm{e}^{\mathrm{j}\omega})=\sum_{m=-\infty}^{\infty}r_{xx}(m)\mathrm{e}^{-\mathrm{j}\omega m}=r_{xx}(0)+2\sum_{m=1}^{\infty}r_{xx}(m)\cos(\omega m) \tag{8-32}$$

$$r_{xx}(m)=\frac{1}{2\pi}\int_{-\pi}^{\pi}P_{xx}(\mathrm{e}^{\mathrm{j}\omega})\mathrm{e}^{\mathrm{j}\omega n}\mathrm{d}\omega=\frac{1}{\pi}\int_0^{\pi}P_{xx}(\mathrm{e}^{\mathrm{j}\omega})\cos(\omega m)\mathrm{d}\omega \tag{8-33}$$

2）功率谱是实的非负函数。

$r_{xx}^*(m)=r_{xx}(-m)$ 进行 Z 变换，得：

$$P_{xx}(z)=P_{xx}^*\left(\frac{1}{z^*}\right) \tag{8-34}$$

类似地，互相关函数的 Z 变换表示：

$$P_{xy}(z)=\sum_{-\infty}^{\infty}r_{xy}(m)z^{-m} \tag{8-35}$$

$r_{xy}^*(m) = r_{yx}(-m)$ 进行 Z 变换，得：

$$P_{xy}(z) = P_{yx}^*\left(\frac{1}{z^*}\right) \qquad (8\text{-}36)$$

8.1.5　随机序列的各态历经性

集合平均要求对大量的样本进行平均，实际上这种做法是不现实的。在很多情况下，可以用研究一条样本曲线来代替研究整个随机序列。

如果平稳随机序列的集合平均值与集合自相关函数值按概率趋于平稳随机序列样本函数的时间平均值与时间自相关函数，则称该平稳随机序列具有各态历经性。

平稳随机序列虽有各态历经性的和非各态历经性的两种，但实际遇到的平稳随机序列一般都是各态历经性的。用研究平稳随机序列的一条样本曲线代替研究其集合，用时间平均代替集合平均，这给研究平稳随机序列带来了很大方便。

8.1.6　特定的随机序列

1. 正态（高斯）随机序列

正态随机序列的概率密度函数是"钟"形曲线，$N(m_x, \sigma^2)$ 具有指数型自相关函数的平稳高斯过程，称为高斯—马尔可夫过程。这种信号的自相关函数和谱密度函数为：

$$R_X(m) = \sigma^2 e^{-\beta|m|}, \quad P_{xx}(e^{j\omega}) = \frac{2\sigma^2\beta}{\omega^2 + \beta^2} \qquad (8\text{-}37)$$

高斯—马尔可夫是一种常见的随机信号，适合大多数物理过程，具有较好的精确性，数学描述简单。过程的自相关函数特性完全描述了过程的特性。

2. 白噪声序列

随机序列的变量不同时刻之间是两两不相关的，即：

$$r_{xx}(x_n, x_m) = \sigma_{x_n}^2 \delta_{mn} \qquad (8\text{-}38)$$

式中，$\delta_{mn} = \begin{cases} 1 & m = n \\ 0 & m \neq n \end{cases}$，称为白噪声序列。白噪声是随机性最强的随机序列，实际上不存在，是一种理想的噪声。一般只要信号的带宽大于系统的带宽，并且在系统的带宽内信号的频谱基本恒定，便可认为该信号是白噪声。服从正态分布的白噪声序列称为正态白噪声序列。

值得注意的是，正态和白色是两种不同的概念，正态是指信号取值的规律服从正态分布，白色是指信号不同时刻取值的关联性。

8.1.7　MATLAB 在随机信号处理中的基本应用

1. 均匀分布的白噪声序列 rand()

用法：x=rand(m,n)。

功能：产生 m×n 的均匀分布随机数矩阵。例如，x=rand(100,1)，产生一个 100 个样本的均匀分布白噪声列向量。

2. 正态分布白噪声序列

用法：x=randn(m,n)。

功能：产生 m×n 的标准正态分布随机数矩阵。例如，x=randn(100,1)，产生一个 100 个样本的正态分布白噪声列向量。

3. 韦伯分布白噪声序列 weibrnd()

用法：x=weibrnd(A,B,m,n)。

功能：产生 m×n 的韦伯分布随机数矩阵，其中 A、B 是韦伯分布的两个参数。例如，x=weibrnd(1,1.5,100,1)，产生一个 100 个样本的韦伯分布白噪声列向量，韦伯分布参数 a=1，b=1.5。

4. 均值函数 mean()

用法：m=mean(x)。

功能：返回 X(n) 按 $\frac{1}{N}\sum_{n=1}^{N}x(n)$ 估计的均值，其中 x 为样本序列 $x(n)(n=1,2,\cdots,N-1)$ 构成的数据向量。

5. 方差函数 var()

用法：sigma2=var(x)。

功能：返回 X(n) 按 $\frac{1}{N-1}\sum_{n=0}^{N-1}[x(n)-\hat{m}_x]^2$ 估计的方差，这一估计是无偏估计。实际上也经常采用式 $\frac{1}{N}\sum_{n=0}^{N-1}[x[n]-\hat{m}_x]^2$ 估计方差。

6. 互相关函数估计 xcorr

```
c = xcorr(x,y)
c = xcorr(x)
c = xcorr(x,y,'option')
c = xcorr(x,'option')
```

xcorr(x,y)计算 X 与 Y 的互相关，向量 X 表示序列 x(n)，向量 Y 表示序列 y(n)。xcorr(x)计算 X 的自相关。option 选项是：

选项为 biased 时，$\hat{R}_x(m)=\frac{1}{N}\sum_{n=0}^{N-|m|-1}x_{n+m}x_n$。

选项为 unbiased 时，$\hat{R}_x(m)=\frac{1}{N-|m|}\sum_{n=0}^{N-|m|-1}x_{n+m}x_n$。

7. 概率密度的估计

概率密度的估计有两个函数：ksdensity 和 hist。

ksdensity 函数直接计算随机序列概率密度的估计，它的用法是：

```
[f,xi] = ksdensity(x)
```

功能是估计用向量 x 表示的随机序列在 xi 处的概率密度 f。也可以指定 xi，估计对应点的概率密度值，用法为：

```
f = ksdensity(x,xi)
```

直方图函数 hist 的用法为：

```
hist(y,x)
```

功能是画出用向量 y 表示的随机序列的直方图，参数 x 表示计算直方图划分的单元，也是用向量表示。

【例 8-1】 计算长度 $N=50000$ 的正态高斯随机信号的均值、均方差、均方值根、方差和均方差。

程序代码如下：

```
>> N=50000;
randn('state',0);
y=randn(1,N);
disp('平均值:');
yM=mean(y)
disp('平方值:');
yp=y*y'/N
disp('平方根:');
ys=sqrt(yp)
disp('标准差:');
yst=std(y,1)
disp('方差:');
yd=yst.*yst
```

程序的运行结果如下：

```
平均值:yM =0.0090
平方值:yp =1.0087
平方根:ys =1.0043
标准差:yst =1.0043
方差:yd =1.0086
```

注意，函数 s=std(x,flag)计算标准差时。x 为向量或矩阵；s 为标准差；flag 为控制符，用来控制标准算法。当 flag=1 时，按下式计算无偏标准差：

$$s = \sqrt{\frac{1}{N}\sum_{i=1}^{N}(x_i - \mu_x)^2} \tag{8-39}$$

当 flag=1 时，按照下式计算有偏标准差：

$$s = \sqrt{\frac{1}{N-1}\sum_{i=1}^{N}(x_i - \mu_x)^2} \tag{8-40}$$

【例 8-2】 产生一个正态随机序列。

程序代码如下：

```
>> a=0.8;
sigma=2;
```

```
N=500;
u=randn(N,1);
x(1)=sigma*u(1)/sqrt (1-a^2);
for i=2:N
    x(i)=a*x(i-1)+sigma*u(i);
end
plot(x);
xlabel('n');ylabel('x(n)');
```

运行结果如图 8-1 所示。

【例 8-3】 对随机信号进行概率密度分析。程序代码如下：

```
>> a=0.8;
sigma=2;
N=200;
u=randn(N,1);
x(1)=sigma*u(1)/sqrt (1-a^2);
for i=2:N
    x(i)=a*x(i-1)+sigma*u(i);
end
[f,xi] = ksdensity(x);
plot(xi,f);
xlabel('x');
ylabel('f(x)');
axis([-15 15 0 0.13]);
```

运行结果如图 8-2 所示。

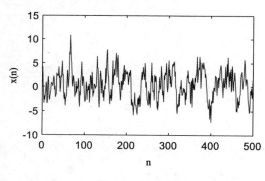

图 8-1　随机序列

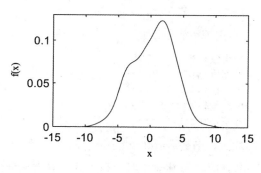

图 8-2　密度估计

▪8.2　随机信号的频谱分析

　　现代信号分析中，对于常见的具有各态历经的平稳随机信号，不可能用清楚的数学关系式来描述，但可以利用给定的 N 个样本数据估计一个平稳随机信号的功率谱密度，叫作功率谱估计（PSD）。它是数字信号处理的重要研究内容之一。

　　功率谱估计可以分为经典功率谱估计（非参数估计）和现代功率谱估计（参数估计）。功率谱估计在实际工程中有重要的应用价值，如在语音信号识别、雷达杂波分析、波达方向估计、地震勘探信号处理、水声信号处理、系统辨识中的非线性系统识别、物理光学中的透镜干涉、流体力学中的内波分析、太阳黑子活动周期研究等许多领域发挥了重要作用。

　　谱估计分为两大类：非参数化方法和参数化方法。非参数化谱估计又叫作经典谱估计，其主要缺陷是频率分辨率低；而参数化谱估计又叫作现代谱估计，具有频率分辨率高的优点。

　　因此，有时又把参数化谱估计叫高分辨率谱估计。经典谱估计方法也是直接按定义用有限长度数据来估计的。有两条基本途径：

- 先估计相关函数，再经傅里叶变换得到功率谱估计。
- 把功率谱和信号幅频特性的平方联系起来。

　　不论采用哪一条途径，存在的共同问题都是估计的方差特性不好，而且估计值沿频率轴起伏剧烈。数据越长，这一现象越严重。因此，需要采用一些措施来改进估计的性能。

　　经典功率谱估计是将数据工作区外的未知数据假设为零，相当于数据加窗。经典功率谱估计方法分为：相关函数法、周期图法以及两种改进的周期图估计法，即平均周期图法和平滑平均周期图法，其中周期图法应用较多，具有代表性。

　　现代功率谱估计即参数谱估计方法是通过观测数据估计参数模型，再按照求参数模型输出功率的方法估计信号功率谱，主要是针对经典谱估计的分辨率低和方差性能不好等问题提出的。

　　主要方法有最大熵谱分析法（AR 模型法）、Pisarenko 谐波分解法、Prony 提取极点法、Prony 谱线分解法以及 Capon 最大似然法等。其中 AR 模型法应用较多，具有代表性。常用的模型有 ARMA 模型、AR 模型、MA 模型。

　　谱估计的目标是基于一个有限的数据集合描述一个信号的功率（在频率上的）分布。功率谱估计在很多场合下都是有用的，包括对宽带噪声湮没下的信号的检测。

　　从数学上看，一个平稳随机过程 x_n 的功率谱和相关序列通过离散时间傅里叶变换构成联系。从归一化角频率角度来看，有下式：

$$S_{xx}(\omega) = \sum_{m=-\infty}^{\infty} R_{xx}(m)e^{-j\omega m} \tag{8-41}$$

其中，$S_{xx}(\omega) = |X(\omega)|^2$，$X(\omega) = \lim_{N \to \infty} \frac{1}{\sqrt{N}} \sum_{n=-N/2}^{N/2} x_n e^{j\omega n}$，$-\pi < \omega \leqslant \pi$。其 MATLAB 近似为 $X = \mathrm{fft}(x, N) / \mathrm{sqrt}(N)$，在下文中，$X_L(f)$ 就是指 MATLAB fft 函数的计算结果。

　　使用关系 $\omega = 2\pi f / f_s$ 可以写成物理频率 f 的函数，其中 f_s 是采样频率，那么有下式：

$$S_{xx}(f) = \sum_{m=-\infty}^{\infty} R_{xx}(m)e^{-2\pi j f m / f_s} \tag{8-42}$$

相关序列可以从功率谱用 IDFT 变换求得：

$$R_{xx}(m) = \int_{-\pi}^{\pi} \frac{S_{xx}(\omega)e^{j\omega m}}{2\pi}d\omega = \int_{-f_s/2}^{f_s/2} \frac{S_{xx}(f)e^{2\pi j f m / f_s}}{f_s}df \tag{8-43}$$

序列 x_n 在整个奈奎斯特（Nyquist）间隔上的平均功率可以表示为：

$$R_{xx}(0) = \int_{-\pi}^{\pi} \frac{S_{xx}(\omega)}{2\pi}d\omega = \int_{-f_s/2}^{f_s/2} \frac{S_{xx}(f)}{f_s}df \tag{8-44}$$

上式中的 $R_{xx}(\omega) = \dfrac{S_{xx}(\omega)}{2\pi}$，$R_{xx}(f) = \dfrac{S_{xx}(f)}{f_s}$，被定义为平稳随机信号 x_n 的功率谱密度（Power Spectral Density，PSD）。

一个信号在频带 $[\omega_1, \omega_2], 0 \leqslant \omega_1 < \omega_2 \leqslant \pi$ 上的平均功率可以通过对功率谱密度在频带上积分求出：

$$\bar{P}_{[\omega1,\omega2]}\int_{\omega_1}^{\omega_2} P_{xx}(\omega)\mathrm{d}\omega + \int_{-\omega_2}^{-\omega_1} P_{xx}(\omega)\mathrm{d}\omega \tag{8-45}$$

从上式可以看出，$P_{xx}(\omega)$ 是一个信号在一个无穷小的频带上的功率浓度，这也是为什么它被称为功率谱密度。

功率谱密度的单位是功率每单位频率。在 $P_{xx}(\omega)$ 的情况下，单位是瓦特/弧度/抽或只是瓦特/弧度。在 $P_{xx}(f)$ 的情况下，单位是瓦特/赫兹。功率谱密度对频率的积分得到的单位是瓦特，正如平均功率 $\bar{P}_{[\omega_1,\omega_2]}$ 所期望的那样。

对于实信号，功率谱密度是关于直流信号对称的，所以 $0 \leqslant \omega \leqslant \pi$ 的 $P_{xx}(\omega)$ 就足够完整地描述功率谱密度了。然而要获得整个 Nyquist 间隔上的平均功率，有必要引入单边功率谱密度的概念：

$$P_{\text{onesided}}(\omega) = \begin{cases} 0 & -\pi \leqslant \omega < 0 \\ 2P_{xx}(\omega) & 0 \leqslant \omega \leqslant \pi_1 \end{cases} \tag{8-46}$$

信号在频带 $[\omega_1, \omega_2], 0 \leqslant \omega_1 < \omega_2 < \pi$ 上的平均功率可以用单边功率谱密度求出：

$$\bar{P}_{[\omega1,\omega2]}\int_{\omega_1}^{\omega_2} P_{\text{onesided}}(\omega)\mathrm{d}\omega \tag{8-47}$$

MATLAB 信号处理工具箱提供了三种方法：

（1）非参量类方法（Nonparametric Method）

功率谱密度直接从信号本身估计出来。最简单的就是周期图法（Periodogram），一种改进的周期图法是 Welch 法，更现代的一种方法是多椎体法（Multitaper Method）。

（2）参量类方法（Parametric Method）

这类方法假设信号是一个由白噪声驱动的线性系统的输出。这类方法的例子是 Yule-Walker Autoregressive（AR）Method 和 Burg Method。这些方法先估计假设的产生信号的线性系统的参数。这些方法想要对可用数据相对较少的情况产生优于传统非参数方法的结果。

（3）子空间法（Subspace Method）

又称为 High-Resolution Method（高分辨率法）或者 Super-Resolution Method（超分辨率方法），基于对自相关矩阵的特征分析或者特征值分解产生信号的频率分量，代表方法有 Multiple Signal Classification（MUSIC）Method 和 Eigenvector（EV）Method。这类方法对线谱（正弦信号的谱）最合适，对检测噪声下的正弦信号很有效，特别是低信噪比的情况。

8.2.1 非参量类方法

1. 周期图法

一个估计功率谱的简单方法是直接求随机过程采样的 DFT，然后取结果的幅度的平方。这样的方法叫作周期图法。一个长 L 的信号 $x_L[n]$ 的功率谱密度的周期图估计是：

$$\hat{P}_{xx}(f) = \frac{|X_L(f)|^2}{f_s L} \tag{8-48}$$

这里 $X_L(f)$ 运用的是 MATLAB 里面的 FFT 的定义（不带归一化系数），所以要除以 L，其中：

$$X_L(f) = \sum_{N=0}^{L-1} x_L[n] \mathrm{e}^{-2\pi \mathrm{j} f n / f_s} \tag{8-49}$$

实际对 $X_L(f)$ 的计算可以只在有限的频率点上执行并且使用 FFT。实践时大多数周期图法的应用都计算 N 点功率谱密度估计：

$$\hat{P}_{xx}(f_k) = \frac{|X_L(f_k)|^2}{f_s L}, \quad f_k = \frac{k f_s}{N}, \quad k = 0, 1, \cdots, N-1 \tag{8-50}$$

其中，$X_L(f_k) = \sum_{N=0}^{L-1} x_L[n] \mathrm{e}^{-2\pi \mathrm{j} k n / N}$，选择 N 是大于 L 的下一个 2 的幂次是明智的，要计算 $X_L[f_k]$，我们直接对 $x_L[n]$ 补零到长度为 N。假如 $L>N$，在计算 $X_L[f_k]$ 前，我们必须绕回 $x_L[n]$ 模 N。

考虑有限长信号 $x_L[n]$，把它表示成无限长序列 $x[n]$ 乘以一个有限长矩形窗 $w_R[n]$ 的乘积的形式经常很有用：

$$x_L[n] = x[n] \cdot w_R[n] \tag{8-51}$$

因为时域的乘积等效于频域的卷积，所以上式的傅里叶变换是：

$$X_L(f) = \frac{1}{f_s} \int_{-f_s/2}^{f_s/2} X(\rho) W_R(f-\rho) \mathrm{d}p \tag{8-52}$$

前文中导出的表达式 $\hat{P}_{xx}(f) = \frac{|X_L(f)|^2}{f_s L}$，说明卷积对周期图有影响。

分辨率指的是区分频谱特征的能力，是分析谱估计性能的关键概念。

要区分两个在频率上离得很近的正弦，要求两个频率差大于任何一个信号泄漏频谱的主瓣宽度。主瓣宽度定义为主瓣上峰值功率一半的点间的距离（3dB 带宽）。该宽度近似等于 f_s/L。两个频率为 f_1、f_2 的正弦信号，可分辨条件是：$\Delta f = (f_1 - f_2) > \dfrac{f_s}{L}$。

周期图是对功率谱密度的有偏估计。期望值是：

$$E\left\{\frac{|X_L(f)|^2}{f_s L}\right\} = \frac{1}{f_s L} \int_{-f_s/2}^{f_s/2} P_{xx}(\rho) |W_R(f-\rho)|^2 \mathrm{d}\rho \tag{8-53}$$

该式和频谱泄漏中的 $X_L(f)$ 式相似，除了这里的表达式用的是平均功率，而不是幅度。这暗示了周期图产生的估计对应一个有泄漏的功率谱密度，而非真正的功率谱密度。$|W_R(f-\rho)|^2$ 本质上是一个三角形（Bartlett）窗，这导致了最大旁瓣峰值比主瓣峰值低 27dB，大致是非平方矩形窗的 2 倍。周期图估计是渐进无偏的。

随着记录数据趋于无穷大，矩形窗对频谱、对 Dirac 函数的近似也就越来越好。然而在某些情况下，周期图法估计很不好。

周期图法估计的方差为：

$$\mathrm{var}\left\{\frac{|X_L(f)|^2}{f_s L}\right\} \approx P_{xx}^2(f)\left[1+\left(\frac{\sin(2\pi Lf/f_s)}{L\sin(2\pi Lf/f_s)}\right)^2\right] \tag{8-54}$$

L 趋于无穷大，方差也不趋于 0。用统计学术语讲，该估计不是无偏估计。然而周期图在信噪比大的时候仍然是有用的谱估计器，特别是数据够长。

【例 8-4】 用傅里叶变换求取信号的功率谱——周期图法。

程序代码如下：

```
>> clf;
Fs=1000;
N=256;Nfft=256;
% 数据的长度和 FFT 所用的数据长度
n=0:N-1;t=n/Fs;
% 采用的时间序列
xn=sin(2*pi*50*t)+2*sin(2*pi*120*t)+randn(1,N);
Pxx=10*log10(abs(fft(xn,Nfft).^2)/N);
% 傅里叶振幅谱平方的平均值，并转化为 dB
f=(0:length(Pxx)-1)*Fs/length(Pxx);
% 给出频率序列
subplot(2,1,1),plot(f,Pxx);
% 绘制功率谱曲线
xlabel('频率/Hz');ylabel('功率谱/dB');
title('周期图 N=256');
grid on;
Fs=1000;
N=1024;Nfft=1024;
% 数据的长度和 FFT 所用的数据长度
n=0:N-1;t=n/Fs;
%采用的时间序列
xn=sin(2*pi*50*t)+2*sin(2*pi*120*t)+randn(1,N);
Pxx=10*log10(abs(fft(xn,Nfft).^2)/N);
% 傅里叶振幅谱平方的平均值，并转化为 dB
f=(0:length(Pxx)-1)*Fs/length(Pxx);
% 给出频率序列
subplot(2,1,2),plot(f,Pxx);
% 绘制功率谱曲线
xlabel('频率/Hz');ylabel('功率谱/dB');
title('周期图 N=1024');
grid on;
```

运行结果如图 8-3 所示。

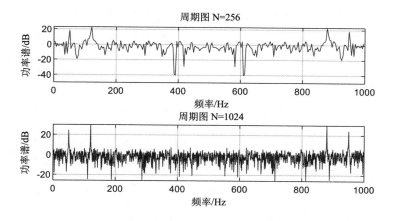

图 8-3　周期图法

2．修正周期图法

在 FFT 前先加窗，平滑数据的边缘，可以降低旁瓣的高度。旁瓣是使用矩形窗产生的陡峭的剪切引入的寄生频率，对于非矩形窗，结束点衰减地平滑，所以引入较小的寄生频率。但是，非矩形窗增宽了主瓣，因此降低了频谱分辨率。

periodogram 函数允许指定对数据加的窗，事实上加汉明窗后信号的主瓣大约是矩形窗主瓣的 2 倍。对于固定长度信号，汉明窗能达到的谱估计分辨率大约是矩形窗分辨率的一半。

这种冲突可以在某种程度上被变化窗解决，例如凯塞（Kaiser）窗。非矩形窗会影响信号的功率，因为一些采样被削弱了。为了解决这个问题，periodogram 函数将窗归一化。这样的窗不影响信号的平均功率。

修正周期图法估计的功率谱是：

$$\hat{P}_{xx}(f) = \frac{\left|X_L(f)\right|^2}{f_s L U} \tag{8-55}$$

其中，U 是窗归一化常数，$U = \dfrac{1}{L}\displaystyle\sum_{n=0}^{L-1}\left|w(n)\right|^2$。

【例 8-5】　用傅里叶变换求取信号的功率谱——分段周期图法。

```
>> clf;
Fs=1000;
N=1024;Nsec=256;
% 数据的长度和 FFT 所用的数据长度
n=0:N-1;t=n/Fs;
% 采用的时间序列
randn('state',0);
xn=sin(2*pi*50*t)+2*sin(2*pi*120*t)+randn(1,N);
Pxx1=abs(fft(xn(1:256),Nsec).^2)/Nsec;
% 第一段功率谱
Pxx2=abs(fft(xn(257:512),Nsec).^2)/Nsec;
% 第二段功率谱
Pxx3=abs(fft(xn(513:768),Nsec).^2)/Nsec;
% 第三段功率谱
```

```
Pxx4=abs(fft(xn(769:1024),Nsec).^2)/Nsec;
% 第四段功率谱
Pxx=10*log10(Pxx1+Pxx2+Pxx3+Pxx4/4);
% 傅里叶振幅谱平方的平均值，并转化为 dB
f=(0:length(Pxx)-1)*Fs/length(Pxx);
% 给出频率序列
subplot(1,2,1),plot(f(1:Nsec/2),Pxx(1:Nsec/2));
% 绘制功率谱曲线
xlabel('频率/Hz');ylabel('功率谱/dB');
title('平均周期图（无重叠）N=4*256');grid on;
% 运用信号重叠分段估计功率谱
Pxx1=abs(fft(xn(1:256),Nsec).^2)/Nsec;
% 第一段功率谱
Pxx2=abs(fft(xn(129:384),Nsec).^2)/Nsec;
% 第二段功率谱
Pxx3=abs(fft(xn(257:512),Nsec).^2)/Nsec;
% 第三段功率谱
Pxx4=abs(fft(xn(385:640),Nsec).^2)/Nsec;
% 第四段功率谱
Pxx5=abs(fft(xn(513:768),Nsec).^2)/Nsec;
% 第五段功率谱
Pxx6=abs(fft(xn(641:896),Nsec).^2)/Nsec;
% 第六段功率谱
Pxx7=abs(fft(xn(769:1024),Nsec).^2)/Nsec;
% 第七段功率谱
Pxx=10*log10(Pxx1+Pxx2+Pxx3+Pxx4+Pxx5+Pxx6+Pxx7/7);
% 傅里叶振幅谱平方的平均值，并转化为 dB
f=(0:length(Pxx)-1)*Fs/length(Pxx);
% 给出频率序列
subplot(1,2,2),plot(f(1:Nsec/2),Pxx(1:Nsec/2));
% 绘制功率谱曲线
xlabel('频率/Hz');ylabel('功率谱/dB');
title('平均周期图（重叠 1/2）N=1024');
grid on;
```

运行结果如图 8-4 所示。

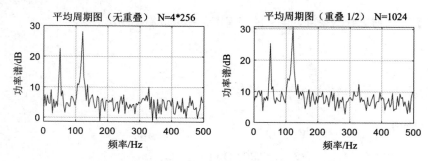

图 8-4　平均周期图法

3. Welch 法

将数据序列划分为不同的段（可以有重叠），对每段进行改进周期图法估计，再平均。用 spectrum.welch 对象或 pwelch 函数求解，默认情况下，数据划分为 4 段，50%重叠，应用汉明窗。

取平均的目的是减小方差，重叠会引入冗余，但是加汉明窗可以部分消除这些冗余，因为窗口边缘数据的权重比较小。数据段的缩短和非矩形窗的使用使得频谱分辨率下降。

Welch 法的偏差：

$$E\left\{\hat{P}_{\text{welch}}\right\} = \frac{1}{f_s L_s U}\int_{-f_s/2}^{f_s/2} P_{xx}(\rho)\left|W_R(f-\rho)\right|^2 \mathrm{d}\rho \tag{8-56}$$

其中，L_s 是分段数据的长度，$U = \dfrac{1}{L}\displaystyle\sum_{n=0}^{L-1}\left|w(n)\right|^2$ 是窗归一化常数。对一定长度的数据，Welch 法估计的偏差会大于周期图法，因为 $L > L_s$。方差比较难以量化，由于它和分段长以及实用的窗都有关系，但是总的说方差反比于使用的段数。

【例 8-6】　用傅里叶变换求取信号的功率谱——Welch 法。

程序代码如下：

```
>> clf;
Fs=1000;
N=1024;Nfft=256;
n=0:N-1;t=n/Fs;
window=hanning(256);
noverlap=128;
randn('state',0);
xn=sin(2*pi*50*t)+2*sin(2*pi*120*t)+randn(1,N);
Pxx= pwelch (xn,window,noverlap,Nfft,Fs);
f=(0:Nfft/2)*Fs/Nfft;
plot(f,10*log10(Pxx));
xlabel('频率/Hz');ylabel('功率谱/dB');
title('Welch 法');
grid on;
```

运行结果如图 8-5 所示。

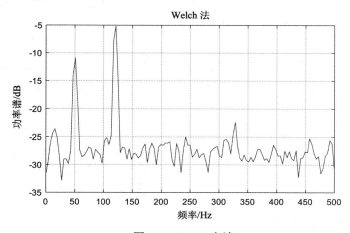

图 8-5　Welch 方法

4．多窗口法

周期图法估计可以用滤波器组来表示。L 个带通滤波器对信号 $x_L[n]$ 进行滤波，每个滤波器的

3dB 带宽是 f_s / L。所有滤波器的幅度响应相似于矩形窗的幅度响应。周期图估计就是对每个滤波器输出信号功率的计算，仅仅使用输出信号的一个采样点计算输出信号功率，而且假设 $x_L[n]$ 的功率谱密度在每个滤波器的频带上是常数。

信号长度增加，带通滤波器的带宽就会减少，近似度就更好。但是有两个原因对精确度有影响：①矩形窗对应的带通滤波器性能很差；②每个带通滤波器输出信号功率的计算仅仅使用一个采样点。这使得估计很粗糙。

Welch 法也可以用滤波器组给出相似的解释。在 Welch 法中使用了多个点来计算输出功率，降低了估计的方差。另一方面，每个带通滤波器的带宽增大了，分辨率下降了。

Thompson 的多椎体法（Multi-Taper Method，MTM）构建在上述结论之上，提供更优的功率谱密度估计。MTM 方法没有使用带通滤波器（它们本质上是矩形窗，如同周期图法中一样），而是使用一组最优滤波器计算估计值。这些最优 FIR 滤波器是由一组离散扁平类球体序列（DPSS，也叫作 Slepian 序列）得到的。

除此之外，MTM 方法提供了一个时间–带宽参数，有了它能在估计方差和分辨率之间进行平衡。该参数由时间–带宽乘积得到，即 NW，同时它直接与谱估计的多椎体数有关。总有 2*NW–1 个多椎体被用来形成估计。这就意味着，随着 NW 的提高，会有越来越多的功率谱估计值，估计方差会越来越小。然而，每个多椎体的带宽仍然正比于 NW，因而 NE 提高，每个估计会存在更大的泄漏，从而整体估计会更加呈现有偏。对每一组数据，总有一个 NW 值能在估计偏差和方差间获得最好的折中。

信号处理工具箱中实现 MTM 方法的函数是 pmtm，而实现该方法的对象是 spectrum.mtm。

功率谱密度是互谱密度（CPSD）函数的一个特例，互谱密度由两个信号 x_n、y_n 定义：

$$P_{xy}(\omega) = \frac{1}{2\pi} \sum_{m=-\infty}^{\infty} R_{xy}(\omega) e^{-j\omega m} \tag{8-57}$$

如同互相关与协方差的例子，工具箱估计功率谱密度和互谱密度是因为信号长度有限。为了使用 Welch 方法估计相隔等长信号 x 和 y 的互功率谱密度，cpsd 函数通过将 x 的 FFT 和 y 的 FFT 再共轭之后相乘的方式得到周期图。与实值功率谱密度不同，互谱密度是一个复数函数。cpsd 函数如同 pwelch 函数一样处理信号的分段和加窗问题。

Welch 方法的一个应用是非参数系统的识别。假设 H 是一个线性时不变系统，x(n) 和 y(n) 是 H 的输入和输出，则 x(n) 的功率谱与 x(n) 和 y(n) 的互谱密度通过如下方式相关联：

$$P_{yx}(\omega) = H(\omega) P_{xx}(\omega) \tag{8-58}$$

x(n) 和 y(n) 的一个传输函数是：

$$\hat{H}(\omega) = \frac{P_{yx}(\omega)}{P_{xx}(\omega)} \tag{8-59}$$

传递函数法同时估计出幅度和相位信息。tfestimate 函数使用 Welch 方法计算互谱密度和功率谱，然后得到它们的商作为传输函数的估计值。tfestimate 函数的使用方法和 cpsd 函数相同。

两个信号幅度平方相干性如下：

$$C_{xy}(\omega) = \frac{\left|P_{xy}(\omega)\right|^2}{P_{xx}(\omega)P_{yy}(\omega)} \tag{8-60}$$

该商是一个 0~1 的实数，表征了 $x(n)$ 和 $y(n)$ 之间的相干性。mscohere 函数输入两个序列 x 和 y，计算其功率谱和互谱密度，返回互谱密度幅度平方与两个功率谱乘积的商。函数的选项和操作与 cpsd 函数和 tfestimate 函数相类似。

【例 8-7】 功率谱估计——多椎体法的实现。

程序代码如下：

```
>> clf;
Fs=1000;
N=1024;Nfft=256;n=0:N-1;t=n/Fs;
randn('state',0);
xn=sin(2*pi*50*t)+2*sin(2*pi*120*t)+randn(1,N);
[Pxx1,f]=pmtm(xn,4,Nfft,Fs);
%  此处有问题
subplot(2,1,1),plot(f,10*log10(Pxx1));
xlabel('频率/Hz');ylabel('功率谱/dB');
title('多椎体法（MTM）NW=4');
grid on;
[Pxx,f]=pmtm(xn,2,Nfft,Fs);
subplot(2,1,2),plot(f,10*log10(Pxx));
xlabel('频率/Hz');ylabel('功率谱/dB');
title('多椎体法（MTM）NW=2');
grid on;
```

运行结果如图 8-6 所示。

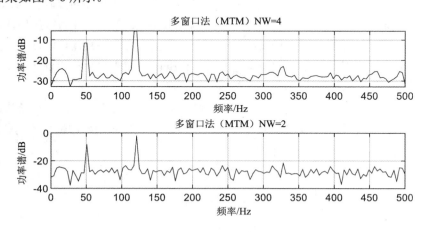

图 8-6　多椎体法

8.2.2　参数法

参数法在信号长度较短时能够获得比非参数法更高的分辨率。这类方法使用不同的方式来估计频谱，不是试图直接从数据中估计功率谱密度，而是将数据建模成一个由白噪声驱动的线性系统的输出，并试图估计出该系统的参数。

最常用的线性系统模型是全极点模型，也就是一个滤波器，它的所有零点都在 z 平面的原点。这样一个滤波器输入白噪声后的输出是一个自回归（AR）过程。正是由于这个原因，这一类方法被称作 AR 方法。

AR 方法便于描述谱呈现尖峰的数据，即功率谱密度在某些频点特别大。在很多实际应用中（如语音信号），数据都具有带尖峰的谱，所以 AR 模型通常会很有用。另外，AR 模型具有相对易于求解的系统线性方程。

1. Yule-Walker 法

Yule-Walker 自回归（AR）法通过计算信号自相关函数的有偏估计、求解前向预测误差的最小二乘最小化来获得 AR 参数。这就得出了 Yule-Walker 等式。

$$\begin{bmatrix} r(1) & r(2)^* & \cdots & r(p)^* \\ r(2) & r(1)^* & \cdots & r(p-1)^* \\ \vdots & \vdots & & \vdots \\ r(p) & \cdots & r(2) & r(1) \end{bmatrix} \begin{bmatrix} a(2) \\ a(3) \\ \vdots \\ a(p+1) \end{bmatrix} = \begin{bmatrix} -r(2) \\ -r(3) \\ \vdots \\ -r(p+1) \end{bmatrix} \tag{8-61}$$

Yule-Walker 自回归法的结果与最大熵估计器的结果一致。由于自相关函数的有偏估计的使用，确保了上述自相关矩阵正定，因此矩阵可逆且方程一定有解。另外，这样计算的 AR 参数总会产生一个稳定的全极点模型。Yule-Walker 方程通过 Levinson 算法可以高效地求解。工具箱中的对象 spectrum.yulear 和 pyulear 函数实现了 Yule-Walker 方法。Yule-Walker 自回归法的谱比周期图法更加平滑，这是因为其内在的简单全极点模型的缘故。

2. Burg 法

Burg 自回归（AR）法谱估计是基于最小化前向后向预测误差的，同时满足 Levinson-Durbin 递归。与其他的 AR 估计方法对比，Burg 法避免了对自相关函数的计算，改为直接估计反射系数。

Burg 法的首要优势在于解决含有低噪声的间隔紧密的正弦信号，并且对短数据进行估计，在这种情况下，AR 功率谱密度估计非常逼近真值。另外，Burg 法确保产生一个稳定 AR 模型，并且能高效计算。

Burg 法的精度在阶数高、数据记录长、信噪比高（这会导致线分裂，或者在谱估计中产生无关峰）的情况下较低。Burg 法计算的谱密度估计也易受噪声正弦信号初始相位导致的频率偏移（相对于真实频率）的影响。这一效应在分析短数据序列时会被放大。

工具箱中的 spectrum.burg 对象和 pburg 函数实现了 Burg 法。

【例 8-8】 用 Burg 法进行功率谱估计。程序代码如下：

```
>> clear;
clc;
N=1024;
Nfft=128;
n=[0:N-1];
randn('state',0);
wn=randn(1,N);
xn=sqrt(20)*sin(2*pi*0.6*n)+sqrt(20)*sin(2*pi*0.5*n)+wn;
[Pxx1,f]=pburg(xn,15,Nfft,1);
```

```
% 用 Burg 法进行功率谱估计，阶数为 15，点数为 1024
Pxx1=10*log10(Pxx1);
hold on;
subplot(2,2,1);plot(f,Pxx1);
xlabel('频率');
ylabel('功率谱(dB)');
title('Burg 法　阶数=15,N=1024');
grid on;
[Pxx2,f]=pburg(xn,20,Nfft,1);
% 用 Burg 法进行功率谱估计，阶数为 20，点数为 1024
Pxx2=10*log10(Pxx2);
hold on
subplot(2,2,2);plot(f,Pxx2);
xlabel('频率');
ylabel('功率谱(dB)');
title('Burg 法　阶数=20,N=1024');
grid on;
N=512;
Nfft=128;
n=[0:N-1];
randn('state',0);
wn=randn(1,N);
xn=sqrt(20)*sin(2*pi*0.2*n)+sqrt(20)*sin(2*pi*0.3*n)+wn;
[Pxx3,f]=pburg(xn,15,Nfft,1);
% 用 Burg 法进行功率谱估计，阶数为 15，点数为 512
Pxx3=10*log10(Pxx3);
hold on
subplot(2,2,3);plot(f,Pxx3);
xlabel('频率');
ylabel('功率谱 (dB)');
title('Burg 法　阶数=15,N=512');
grid on;
[Pxx4,f]=pburg(xn,10,Nfft,1);
% 用 Burg 法进行功率谱估计，阶数为 10，点数为 256
Pxx4=10*log10(Pxx4);
hold on
subplot(2,2,4);plot(f,Pxx4);
xlabel('频率');
ylabel('功率谱(dB)');
title('Burg 法　阶数=10,N=256');
grid on;
```

运行结果如图 8-7 所示。

3. 协方差和修正协方差法

自回归（AR）谱估计的协方差算法基于最小化前向预测误差而产生。而修正协方差算法基于最小化前向和后向预测误差而产生。工具箱中的 spectrum.cov 对象和 pcov 函数以及 spectrum.mcov 对象和 pmcov 函数实现了各自的算法。

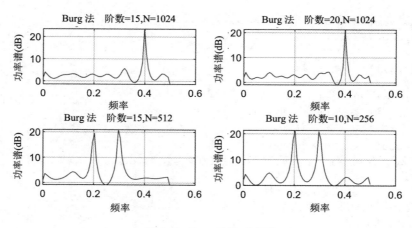

图 8-7　Burg 估计功率谱

8.2.3　子空间法

spectrum.music 对象和 pmusic 函数以及 spectrum.eigenvector 对象和 peig 函数提供了两种相关的谱分析方法：

1）spectrum.music 对象和 pmusic 函数提供 Schmidt 提出的 MUSIC 算法。

2）spectrum.eigenvector 对象和 peig 函数提供 Johnson 提出的 EV 算法。

这两种算法均基于对自相关矩阵的特征分析，用于对频率的估计。这种谱分析将数据相关矩阵的信息分为信号子空间或者噪声子空间。

特征分析方法通过计算信号和噪声子空间向量的某些函数来生成其频率估计值。MUSIC 和 EV 技术选择一个函数，它在一个输入正弦信号的频率点上趋于无穷（分母趋于 0）。使用数字技术得到的估计值在感兴趣的频点上具有尖锐的峰值，这就意味着向量中可能没有无穷大点。

MUSIC 估计如下面的方程所示：

$$P_{\mathrm{MUSIC}}(f) = \frac{1}{e^H(f)\left(\displaystyle\sum_{k=p+1}^{N} v_k v_k^H\right)e(f)} = \frac{1}{\displaystyle\sum_{k=p+1}^{N}\left|v_k^H e(f)\right|^2} \qquad (8\text{-}62)$$

此处 N 是特征向量的维数，$e(f)$ 是复正弦信号向量：

$$e(f) = \left[1\ \exp(\mathrm{j}2\pi f)\ \exp(\mathrm{j}2\pi f\cdot 2)\ \exp(\mathrm{j}2\pi f\cdot 4)\ \cdots\ \exp(\mathrm{j}2\pi f\cdot(n-1))\right]^H \qquad (8\text{-}63)$$

v 表示输入信号相关矩阵的特征向量，v_k 是第 k 个特征向量，H 代表共轭转置。求和中的特征向量对应最小的特征值并形成噪声空间（p 是信号子空间维度）。

表达式 $v_k^H e(f)$ 等价于一个傅里叶变换（向量 $e(f)$ 由复指数组成）。这一形式对于数值计算有用，因为 FFT 能够对每一个 v_k 进行计算，然后幅度平方再被求和。

EV 算法通过自相关矩阵的特征值对求和进行加权：

$$P_{\mathrm{EV}}(f) = \frac{1}{\left(\displaystyle\sum_{n=p+1}^{N}\left|v_k^H e(f)\right|^2\right)\bigg/ \lambda_k} \qquad (8\text{-}64)$$

工具箱中的 pmusic 函数和 peig 函数采用 SVD（奇值分解）对信号进行计算，采用 eig 函数来分析自相关矩阵，并将特征向量归为信号子空间和噪声子空间。当使用 SVD 的时候，pmusic 和 peig 并未显式地计算相关矩阵，但是奇异值是特征值。

【例 8-9】　功率谱估计——多信号分类法的实现。程序代码如下：

```
>> clf;
Fs=1000;
N=1024;Nfft=256;
n=0:N-1;t=n/Fs;
randn('state',0);
xn=sin(2*pi*100*t)+2*sin(2*pi*200*t)+randn(1,N);
pmusic(xn,[7,1.1],Nfft,Fs,32,16);
xlabel('频率/kHz');ylabel('功率谱/dB');
title('music方法估计功率谱');
grid on;
```

运行结果如图 8-8 所示。

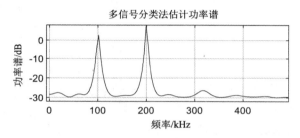

图 8-8　多信号分类法

8.3　随机信号系统处理模型

通信系统中遇到的信号通常总带有某种随机性，即通信信号的某个或几个参数不能预知或不能完全预知，我们把这种具有随机性的信号称为随机信号。

随机信号处理学科的目的总的来说是找出这些随机信号的统计规律，解决它们给工作带来的负面影响。而为随机信号建立参数模型是研究随机信号的一种基本方法，其含义是认为随机信号 $x(n)$ 是由白噪声 $w(n)$ 激励某一确定系统的响应。

只要白噪声的参数确定了，研究随机信号就可以转为研究产生随机信号的系统。信号的现代建模方法是建立在具有最大的不确定性基础上的预测。而针对随机信号则常用线性模型，有 AR（自回归）模型、MA（滑动平均）模型、ARMA（自回归滑移平均）模型。下面简单介绍这 3 种模型。

AR 模型是一种全极模型，这是线性的，性能好，用得较多。MA 模型是全零模型，结构简单，但是非线性的。ARMA 模型是极–零模型，二者综合。模型的选择主要取决于要处理的信号的特点和任务需求。

8.3.1　AR(1)模型

$\mathrm{Var}[x(n)]$ 和 $\mathrm{rx}(n,n+1)$ 均是 n 的函数，因此随机过程 $\{x(n)\}$ 不是二阶平稳的，但是如果 $|a|<1$，且 n

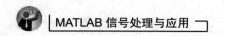

足够大，则：

$$\sigma_x^2 = \frac{\sigma_w^2}{1-a^2} , \quad r_x(n, n+l) = \sigma_w^2 \frac{a^l}{1-a^2} \tag{8-65}$$

自相关系数可以改写为：

$$r_x(l) = \sigma_w^2 \frac{a^{|l|}}{1-a^2} , \quad \rho_x(l) = r_x(l)/r_x(0) = a^{|l|} , \quad l = 0, \pm 1, \pm 2, \cdots \tag{8-66}$$

该系统的传递函数是：

$$H(z) = \frac{1}{1-az^{-1}} \tag{8-67}$$

功率谱函数为：

$$S_x(\omega) = \sigma_w^2 \left| H(\mathrm{e}^{\mathrm{j}\omega}) \right|^2 = \frac{\sigma_w^2}{1-2a\cos\omega+a^2} \tag{8-68}$$

8.3.2　AR(2)模型

系统的传递函数是：

$$H(z) = \frac{1}{1+a_1 z^{-1}+a_2 z^{-2}} = \frac{1}{(1-p_1 z^{-1})(1-p_2 z^{-1})} \tag{8-69}$$

如果两个极点都在单位圆内，则 $H(z)$ 为稳定系统。

当 $a_1^2/4 < a_2 \leqslant 1$ 时，有：

$$p_{1,2} = r\mathrm{e}^{\pm \mathrm{j}\theta} , \quad 0 \leqslant r \leqslant 1 , \quad H(z) = \frac{1}{1-(2r\cos\theta)z^{-1}+r^2 z^{-2}} \tag{8-70}$$

冲击响应为：

$$h(n) = \frac{1}{p_1-p_2}(p_1^{n+1}-p_2^{n+1})u(n) \tag{8-71}$$

系统的自相关系数为：

$$r_x(l) = \frac{1}{(p_1-p_2)(1-p_1 p_2)}\left(\frac{p_1^{l+1}}{1-p_1^2} - \frac{p_2^{l+1}}{1-p_2^2} \right) \quad l \geqslant 0$$
$$r_x(l) = r_x^*(-l) \qquad\qquad\qquad\qquad l < 0 \tag{8-72}$$

系统的功率谱为：

$$S_x(\omega) = \sigma_w^2 \frac{1}{(1-2r\cos(\omega-\theta)+r^2)(1-2r\cos(\omega+\theta)+r^2)} \tag{8-73}$$

8.3.3　AR(p)模型

系统的差分方程为：

$$x(n) + a_1 x(n-1) + \cdots + a_p x(n-p) = w(n) \tag{8-74}$$

Yule–Walker 方程：

$$r_x(l) = \begin{cases} -\sum\limits_{k=1}^{p} a_k r_x(l-k) + \sigma_w^2 & l = 0 \\ -\sum\limits_{k=1}^{p} a_k r_x(l-k) & l > 0 \end{cases} \tag{8-75}$$

那么有：

$$\begin{bmatrix} r_x(0) & r_x(1) & \cdots & r_x(p) \\ r_x(1) & r_x(0) & \cdots & r_x(p-1) \\ \vdots & \vdots & & \vdots \\ r_x(p) & r_x(p-1) & \cdots & r_x(0) \end{bmatrix} \begin{bmatrix} 1 \\ a_1 \\ \vdots \\ a_p \end{bmatrix} = \begin{bmatrix} \sigma_w^2 \\ 0 \\ \vdots \\ 0 \end{bmatrix} \tag{8-76}$$

系统传递函数为：

$$H(z) = \frac{1}{1 + a_1 z^{-1} + \cdots + a_p z^{-p}} \tag{8-77}$$

功率谱密度为：

$$S_x(\omega) = \sigma_w^2 \left| \frac{1}{1 + a_1 z^{-1} + \cdots + a_p z^{-p}} \right|_{z = e^{j\omega}}^2 = \sigma_w^2 \left| \frac{1}{(1 + p_1 e^{-j\omega}) \cdots (1 - p_p e^{-j\omega})} \right|^2 \tag{8-78}$$

P 是系统阶数，系统函数中只有极点，无零点，也称为全极点模型。系统由于极点的原因，要考虑到稳定性，因而要注意极点的分布位置，用 $AP(p)$ 来表示。

【例 8-10】　利用 MATLAB 对一个线性时不变系统建立 AR 模型，利用相应的仿真算法进行时域模型的参数估计以及仿真随机信号的频域分析。

程序代码如下：

```
>> % 仿真信号功率谱估计和自相关函数
a=[1 0.3 0.2 0.5 0.2 0.4 0.6 0.2 0.1 0.5 0.3 0.1 0.6];
% 仿真信号
t=0:0.001:0.4;
y=sin(2*pi*t*30)+randn(size(t));
% 加入白噪声正弦信号
x=filter(1,a,y);
% 周期图估计, 512 点 FFT
subplot(3,1,1);
periodogram(x,[],512,1000);
axis([0 500 -50 0]);
xlabel('频率/Hz');
ylabel('功率谱/dB');
title('周期图功率谱估计');
grid on;
% welch 功率谱估计
subplot(3,1,2);
pwelch(x,128,64,[],1000);
```

```
axis([0 500 -50 0]);
xlabel('频率/Hz');
ylabel('功率谱/dB');
title('welch 功率谱估计');
grid on;
subplot(3,1,3);
R=xcorr(x);
plot(R);
axis([0 600 -500 500]);
xlabel('时间/t');
ylabel('R(t)/dB');
title('x 的自相关函数');
grid on;
```

运行结果如图 8-9 所示。

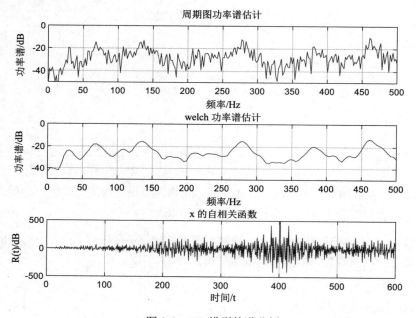

图 8-9　AR 模型的谱分析

对通过 AR 模型后所产生的仿真信号进行了传统的周期图功率谱估计和改进的 Welch 功率谱估计。周期图的分辨率受到 $2\pi/N$ 的限制，N 越大，分辨率越高，同时谱线起伏加剧，方差性能不好。改进的 Welch 方法是平滑与平均的，减小了方差，但又降低了分辨率。

因此，按实际情况具体选择。另外，随机信号 x 本身由一个非周期正弦和白噪声构成，其自相关函数在 $t=0$ 时有最大值，但当 t 稍大时，迅速衰减至零附近，利用这一点就可以辨识随机信号中是否含有周期成分。

【例 8-11】　对一随机信号 AR 模型进行参数估计。

程序代码如下：

```
>> a=[1 0.2 0.3 0.5 0.2 0.4 0.6 0.2 0.1 0.5 0.3 0.1 0.5];
% 仿真信号
t=1:1200;
y=sin(2*pi*10*t)+randn(1,1200);
```

```matlab
% 加入白噪声正弦信号
x=filter(1,a,y);
figure(1)
plot(t,x);
title('原信号')
grid on;
% 模型参数估计
ar1=arburg(x,12);        % burg 法
ar2=aryule(x,12);        % Yule-Walker 法
X1=filter(1,ar1,y);
X2=filter(1,ar2,y);
figure(2)
subplot(2,1,1);
plot(X1);
title('burg 法估计信号')
grid on;
subplot(2,1,2);
plot(X2);
title('Yule-Walker 法估计信号')
grid on;
% AR 模型原始参数与估计参数对比
% burg 法
figure(3)
subplot(2,1,1);
plot(a,'r*')
hold on
plot(ar1,'bo')
grid on;title('burg 法参数估计对比');legend('给定参数值','估计参数值')
% Yule-Walker 法
subplot(2,1,2);
plot(a,'r*')
hold on
plot(ar2,'bo')
grid on;title('Yule-Walker 法参数估计对比');legend('给定参数值','估计参数值')
% 误差分析
error1=sum(abs(a-ar1).^2);
error2=sum(abs(a-ar2).^2);
```

运行结果如图 8-10～图 8-12 所示。

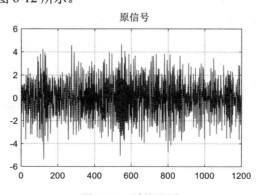

图 8-10　原信号图

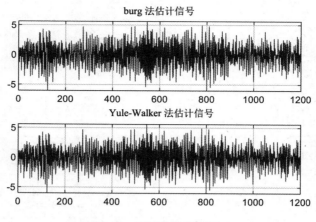

图 8-11　不同估计信号图

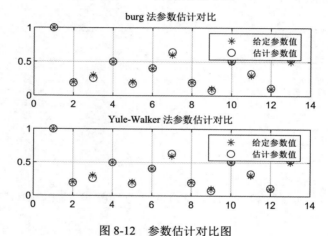

图 8-12　参数估计对比图

运行结果如下：

```
>> error1
error1 =
    0.0103
>> error2
error2 =
    0.0092
```

以上程序及图形是分别用 Burg 和 Yule-Walker 方法对 AR 模型进行了参数估计，同时画出了两种方法处理下的信号图形和参数对比图，以及两种方法下各自估计出的参数与 AR 模型实际参数的差值。

可以看出，两种方法对 AR 模型的参数估计还是比较准确的。相比之下，Yule–Walker 误差更小一些，更接近实际参数。当然，在实际问题中还是要具体选择相应的方法。

【例 8-12】　自相关法求 AR 模型谱估计。

程序代码如下：

```
>> clear all
N=256;
```

```
% 信号长度
f1=0.05;
f2=0.4;
f3=0.42;
A1=-0.850848;
p=15;
% AR 模型阶次
V1=randn(1,N);
V2=randn(1,N);
U=0;
% 噪声均值
Q=0.101043;
% 噪声方差
b=sqrt(Q/2);
V1=U+b*V1;
% 生成 1*N 阶均值为 U、方差为 Q/2 的高斯白噪声序列
V2=U+b*V2;
% 生成 1*N 阶均值为 U、方差为 Q/2 的高斯白噪声序列
V=V1+j*V2;   % 生成 1*N 阶均值为 U、方差为 Q 的复高斯白噪声序列
z(1)=V(1,1);
for n=2:1:N
    z(n)=-A1*z(n-1)+V(1,n);
end
x(1)=6;
for n=2:1:N
    x(n)=2*cos(2*pi*f1*(n-1))+2*cos(2*pi*f2*(n-1))+2*cos(2*pi*f3*(n-1))+
z(n-1);
end
for k=0:1:p
    t5=0;
    for n=0:1:N-k-1
        t5=t5+conj(x(n+1))*x(n+1+k);
    end
    Rxx(k+1)=t5/N;
end
a(1,1)=-Rxx(2)/Rxx(1);
p1(1)=(1-abs(a(1,1))^2)*Rxx(1);
for k=2:1:p
    t=0;
    for l=1:1:k-1
        t=a(k-1,l).*Rxx(k-l+1)+t;
    end
    a(k,k)=-(Rxx(k+1)+t)./p1(k-1);
    for i=1:1:k-1
        a(k,i)=a(k-1,i)+a(k,k)*conj(a(k-1,k-i));
    end
    p1(k)=(1-(abs(a(k,k)))^2).*p1(k-1);
end
for k=1:1:p
    a(k)=a(p,k);
end
f=-0.5:0.0001:0.5;
```

```
f0=length(f);
for t=1:f0
    s=0;
    for k=1:p
        s=s+a(k)*exp(-j*2*pi*f(t)*k);
    end
    X(t)=Q/(abs(1+s))^2;
end
 plot(f,10*log10(X))
xlabel('频率');
ylabel('PSD(dB)');
title('自相关法求 AR 模型谱估计')
```

运行结果如图 8-13 所示。

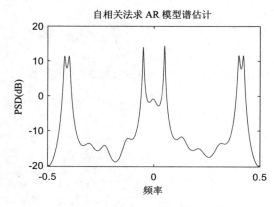

图 8-13　自相关法求 AR 模型谱估计

8.3.4　MA 模型

随机信号 $x(n)$ 由当前的激励值 $w(n)$ 和若干次过去的激励 $w(n-k)$ 线性组合产生，该过程的差分方程为：

$$x(n) = b_0 w(n) + b_1 w(n-1) + \cdots + b_q w(n-q) = \sum_{k=0}^{q} b_k w(n-k) \tag{8-79}$$

该系统的系统函数是：

$$H(z) = 1 + b_1 z^{-1} + \cdots + b_q z^{-q} = (1 - z_1 z^{-1})(1 - z_2 z^{-1}) \cdots (1 - z_q z^{-1}) \tag{8-80}$$

q 表示系统阶数，系统函数只有零点，没有极点，所以该系统一定是稳定的系统，也称为全零点模型，用 MA(q) 来表示。

自相关系数为：

$$r_x(l) = \begin{cases} \sigma_w^2 \sum_{k=l}^{q} b_k b_{k-l} & 0 \leqslant l \leqslant q \\ 0 & |l| > q \end{cases}, \quad r_x(l) = r_x(-l), \quad -1 \geqslant l \geqslant -q \tag{8-81}$$

功率谱密度为：

$$S_x(\omega) = \sigma_w^2 \left| \prod_{k=1}^{q} (z - q_k) \right|_{z=e^{j\omega}}^{2} \tag{8-82}$$

【例 8-13】 MA 模型功率谱估计 MATLAB 实现。

程序代码如下：

```
>> N=456;
B1=[1 0.3544 0.3508 0.1736 0.2401];
A1=[1];
w=linspace(0,pi,512);
H1=freqz(B1,A1,w);
% 产生信号的频域响应
Ps1=abs(H1).^2;
SPy11=0;%20 次 AR(4)
SPy14=0;%20 次 MA(4)
VSPy11=0;%20 次 AR(4)
VSPy14=0;%20 次 MA(4)
for k=1:20
% 采用自协方差法对 AR 模型参数进行估计%
y1=filter(B1,A1,randn(1,N)).*[zeros(1,200),ones(1,256)];
[Py11,F]=pcov(y1,4,512,1);%AR(4)的估计%
[Py13,F]=periodogram(y1,[],512,1);
SPy11=SPy11+Py11;
VSPy11=VSPy11+abs(Py11).^2;
% ------------MA 模型-------------- %
y=zeros(1,256);
for i=1:256
y(i)=y1(200+i);
end
ny=[0:255];
z=fliplr(y);nz=-fliplr(ny);
nb=ny(1)+nz(1);ne=ny(length(y))+nz(length(z));
n=[nb:ne];
Ry=conv(y,z);
R4=zeros(8,4);
r4=zeros(8,1);
for i=1:8
r4(i,1)=-Ry(260+i);
for j=1:4
R4(i,j)=Ry(260+i-j);
end
end
R4
r4
a4=inv(R4'*R4)*R4'*r4
% 利用最小二乘法得到的估计参数
%对 MA 的参数 b(1)-b(4)进行估计%
A1
A14=[1,a4']
% AR 的参数 a(1)-a(4)的估计值
B14=fliplr(conv(fliplr(B1),fliplr(A14)));
```

```
% MA 模型的分子
y24=filter(B14,A1,randn(1,N));%.*[zeros(1,200),ones(1,256)];
% 由估计出的 MA 模型产生数据
[Ama4,Ema4]=arburg(y24,32),
B1
b4=arburg(Ama4,4)
% 求出 MA 模型的参数
%---求功率谱---%
w=linspace(0,pi,512);
%H1=freqz(B1,A1,w)
H14=freqz(b4,A14,w);
% 产生信号的频域响应
%Ps1=abs(H1).^2;     % 真实谱
Py14=abs(H14).^2;    % 估计谱
SPy14=SPy14+Py14;
VSPy14=VSPy14+abs(Py14).^2;
end
figure(1)
plot(w./(2*pi),Ps1,w./(2*pi),SPy14/20);
legend('真实功率谱','20 次 MA(4)估计的平均值');
grid on;
xlabel('频率');
ylabel('功率');
```

运行结果如图 8-14 所示。

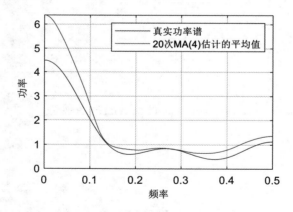

图 8-14 MA 模型功率谱估计

最后一次运行结果如下：

```
  Ema4 =
    0.9721
B1 =
    1.0000    0.3544    0.3508    0.1736    0.2401
b4 =
    1.0000    0.1015    0.4491   -0.0746    0.5963
```

8.3.5 ARMA 模型

ARMA 模型是 AR 模型和 MA 模型的结合，ARMA(p,q)过程的差分方程为：

$$\sum_{k=0}^{p} a_k x(n-k) = \sum_{k=0}^{q} b_k w(n-k) \tag{8-83}$$

系统传递函数为:

$$H(z) = \frac{1 + b_1 z^{-1} + b_2 z^{-2} + \cdots + b_q z^{-q}}{1 + a_1 z^{-1} + a_2 z^{-2} + \cdots + a_q z^{-p}} = \frac{(1 - z_1 z^{-1})(1 - z_2 z^{-1}) \cdots (1 - z_q z^{-1})}{(1 - p_1 z^{-1})(1 - p_2 z^{-1}) \cdots (1 - p_q z^{-1})} \tag{8-84}$$

它既有零点,又有极点,所以也称为极点零点模型,要考虑极点、零点的分布位置,保证系统的稳定,用 ARMA(p,q) 表示。

自相关系数与模型的关系是:

$$r_x(l) = \begin{cases} -\displaystyle\sum_{k=1}^{p} a_k r_x(l-k) + \sum_{k=l}^{q} b_k r_{wx}(l-k) & 0 \leqslant l \leqslant q \\ -\displaystyle\sum_{k=1}^{p} a_k r_x(l-k) & l > q \end{cases} \tag{8-85}$$

对上述系数进行修正,得到:

$$r_x(l) = \begin{cases} -\displaystyle\sum_{k=1}^{p} a_k r_x(l-k) + \sigma_w^2 \sum_{k=l}^{q} b_k h(k-l) & 0 \leqslant l \leqslant q \\ -\displaystyle\sum_{k=1}^{p} a_k r_x(l-k) & l > q \end{cases} \tag{8-86}$$

系统的功率谱密度为:

$$S_x(\omega) = \sigma_w^2 \left| \frac{1 + \displaystyle\sum_{k=1}^{q} b_k z^{-k}}{1 + \displaystyle\sum_{k=1}^{q} a_k z^{-k}} \right|^2_{z = e^{j\omega}} = \sigma_w^2 \left| \frac{\displaystyle\prod_{k=1}^{q} (1 - z_k z^{-1})}{\displaystyle\prod_{k=1}^{p} (1 - p_k z^{-1})} \right|^2_{z = e^{j\omega}} \tag{8-87}$$

【例 8-14】　模拟一个 ARMA 模型,然后进行时频归并。考察归并前后模型的变化。程序代码如下:

```
clear
tic
% s 设定 ARMA 模型的多项式系数。ARMA 模型中只有多项式 A(q) 和 C(q)
a1 = -(0.6)^(1/3);
a2 = (0.6)^(2/3);
a3 = 0;
a4 = 0;
c1 = 0;
c2 = 0;
c3 = 0;
c4 = 0;
obv = 3000;
% obv 是模拟的观测数目
A = [1 a1 a2 a3 a4];
B = [];
```

```
% 因为 ARMA 模型没有输入，因此多项式 B 是空的
C = [1 c1 c2 c3 c4];
D = [];
% 把 D 也设为空的
F = [];
% ARMA 模型里的 F 多项式也是空的
m = idpoly(A,B,C,D,F,1,1)
% 这样就生成了 ARMA 模型，把它存储在 m 中。采样间隔 Ts 设为 1
error = randn(obv, 1);
% 生成一个 obv*1 的正态随机序列，准备用作模型的误差项
e = iddata([],error,1);
% 用 randn 函数生成一个噪声序列，存储在 e 中。采样间隔是 1 秒
%u = [];
% 因为是 ARMA 模型，没有输出，所以把 u 设为空的
y = sim(m,e);
get(y)
% 使用 get 函数来查看动态系统的所有性质
r=y.OutputData;
% 把 y.OutputData 的全部值赋给变量 r，r 就是一个 obv*1 的向量
figure(1)
plot(r)
title('模拟信号');
ylabel('幅值');
xlabel('时间')
% 绘出 y 随时间变化的曲线
figure(2)
subplot(2,1,1)
n=100;
[ACF,Lags,Bounds]=autocorr(r,n,2);
x=Lags(2:n);
y=ACF(2:n);
% 注意这里的 y 和前面 y 完全不同
h=stem(x,y,'fill','-');
set(h(1),'Marker','.')
hold on
ylim([-1 1]);
a=Bounds(1,1)*ones(1,n-1);
line('XData',x,'YData',a,'Color','red','linestyle','--')
line('XData',x,'YData',-a,'Color','red','linestyle','--')
ylabel('自相关系数')
title('模拟信号系数');
subplot(2,1,2)
[PACF,Lags,Bounds]=parcorr(r,n,2);
x=Lags(2:n);
y=PACF(2:n);
h=stem(x,y,'fill','-');
set(h(1),'Marker','.')
hold on
ylim([-1 1]);
b=Bounds(1,1)*ones(1,n-1);
line('XData',x,'YData',b,'Color','red','linestyle','--')
line('XData',x,'YData',-b,'Color','red','linestyle','--')
```

```
ylabel('偏自相关系数')
m = 3;
R = reshape(r,m,obv/m);
% 把向量 r 变形成 m*(obv/m)的矩阵 R
aggregatedr = sum(R);
% sum(R)计算矩阵 R 每一列的和, 得到的 1*(obv/m)行向量 aggregatedr 就是时频归并后得到
的序列
dlmwrite('output.txt',aggregatedr','delimiter','\t','precision',6,'newlin
e','pc');
% 至此完成了对 r 的时频归并
figure(3)
subplot(2,1,1)
n=100;
bound = 1;
[ACF,Lags,Bounds]=autocorr(aggregatedr,n,2);
x=Lags(2:n);
y=ACF(2:n);
h=stem(x,y,'fill','-');
set(h(1),'Marker','.')
hold on
ylim([-bound bound]);
a=Bounds(1,1)*ones(1,n-1);
line('XData',x,'YData',a,'Color','red','linestyle','--')
line('XData',x,'YData',-a,'Color','red','linestyle','--')
ylabel('自相关系数')
title('归并模拟信号系数');
subplot(2,1,2)
[PACF,Lags,Bounds]=parcorr(aggregatedr,n,2);
x=Lags(2:n);
y=PACF(2:n);
h=stem(x,y,'fill','-');
set(h(1),'Marker','.')
hold on
ylim([-bound bound]);
b=Bounds(1,1)*ones(1,n-1);
line('XData',x,'YData',b,'Color','red','linestyle','--')
line('XData',x,'YData',-b,'Color','red','linestyle','--')
ylabel('偏自相关系数')
t=toc;
```

运行结果如图 8-15～图 8-17 所示。

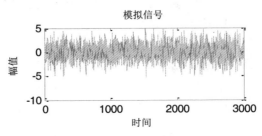

图 8-15　原信号图

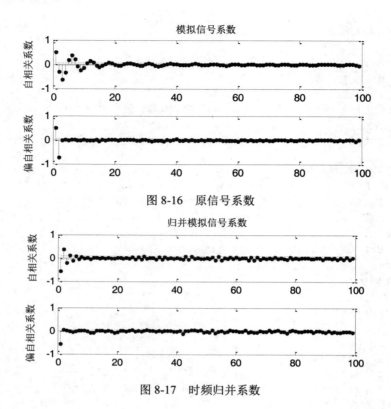

图 8-16　原信号系数

图 8-17　时频归并系数

运行结果如下：

```
m =
Discrete-time ARMA model:  A(z)y(t) = C(z)e(t)
  A(z) = 1 - 0.8434 z^-1 + 0.7114 z^-2
  C(z) = 1
Sample time: 1 seconds
Parameterization:
    Polynomial orders:   na=4   nc=4
    Number of free coefficients: 8
    Use "polydata", "getpvec", "getcov" for parameters and their uncertainties.
```

▪ 8.4　本章小结

为了适应高速发展的信息时代节拍，随机信号处理也不断地提出一些新方法，包括时频分析、小波变换、人工神经网络等，这些都需要在后续的学习中进行积累。

本章主要介绍了随机信号的基础知识，随后对随机信号的频谱分析进行较为详细的讲解，还对通信系统中常见的随机信号的三种常用线性模型进行了详细的讲解。

第 9 章　小 波 分 析

小波分析克服了短时傅里叶变换在单分辨率上的缺陷，具有多分辨率分析的特点，在时域和频域都有表征信号局部信息的能力，时间窗和频率窗都可以根据信号的具体形态动态调整。小波分析可以探测正常信号中的瞬态，并展示其频率成分，被称为数学显微镜，广泛应用于各个时频分析领域。

学习目标：

- 熟练掌握小波变换
- 熟练运用信号的重构
- 熟练掌握小波阈值的选取

■ 9.1　信号的小波变换

近年来，一种简明有效的构造小波基的方法——提升方案（Lifting Scheme）得到了很大的发展和重视。利用提升方案可把现存的所有紧支撑小波分解成更为基本的步骤，另外，它还为构造非线性小波提供了一种有力的手段，所以利用提升方案构造的小波被认为是第二代小波。

9.1.1　信号的连续小波变换

小波分析方法的出现可以追溯到 1910 年 Haar 提出的 Haar 规范正交基，以及 1938 年 Littlewood-Paley 对傅里叶级数建立的 L–P 理论。

为了克服传统傅里叶分析的不足，在 20 世纪 80 年代初便有科学家使用"小波"的概念来进行数据处理，比较著名的是 1984 年法国地球物理学家 Morlet 引入小波的概念对石油勘探中的地震信号进行存储和表示。

在数学方面所做的探索主要是 R. Coifman 和 G. Weiss 创立的"原子"和"分子"学说，这些"原子"和"分子"构成了不同函数空间的基的组成部分。

Lemaire 和 Battle 继 Meyer 之后也分别独立地给出了具有指数衰减的小波函数。1987 年，Mallat 利用多分辨分析的概念统一了这之前的各种具体小波的构造，并提出了现今广泛应用的 Mallat 快速小波分解和重构算法。

1988 年，Daubechies 构造了具有紧支集的正交小波基。Coifman、Meyer 等人在 1989 年引入了小波包的概念。基于样条函数的单正交小波基由崔锦泰和王建忠在 1990 年构造出来。1992 年，A. Cohen、I. Daubechies 等人构造出了紧支撑双正交小波基。同一时期，有关小波变换与滤波器组之间的关系也得到了深入研究。小波分析的理论基础基本建立起来。

小波是函数空间 $L^2(R)$ 中满足下述条件的一个函数或者信号 $\psi(x)$：

$$C_\psi = \int_{R^+} \frac{\left|\hat{\psi}(\omega)\right|^2}{|\omega|} \mathrm{d}\omega < \infty \tag{9-1}$$

式中，$R^* = R - \{0\}$ 表示非零实数全体，$\hat{\psi}(\omega)$ 是 $\psi(x)$ 的傅里叶变换，$\psi(x)$ 称为小波母函数。可以看出，小波在频率上有很好的衰减性质。

一组小波基函数是通过尺度因子和位移因子由基本小波产生的，对于实数对 (a,b)，参数 a 为非零实数，函数：

$$\psi(a,b)(x) = \frac{1}{\sqrt{|a|}} \psi\left(\frac{x-b}{a}\right) \tag{9-2}$$

称为由小波母函数 $\psi(x)$ 生成的依赖于参数对 (a,b) 的连续小波函数，简称小波。其中，a 称为伸缩因子，b 称为平移因子。

对信号 $f(x)$ 的连续小波变换也称为积分小波变换，定义为：

$$W_f(a,b) = \frac{1}{\sqrt{|a|}} \int_R f(x) \psi\left(\frac{x-b}{a}\right) \mathrm{d}x = \left\langle f(x), \psi_{a,b}(x) \right\rangle \tag{9-3}$$

其逆变换（回复信号或重构信号）为：

$$f(x) = \frac{1}{C_\psi} \int_{SR \times R^*} w_f(a,b) \psi\left(\frac{x-b}{a}\right) \mathrm{d}a \mathrm{d}b \tag{9-4}$$

连续小波变换具有如下性质：

1）线性：设 $f(t) = ag(t) + \beta h(t)$，则 $WT_f(a,b) = \alpha WT_g(a,b) + \beta WT_h(a,b)$。

2）平移不变性：若 $f(t) \leftrightarrow WT_f(a,b)$，则 $f(t-\tau) \leftrightarrow WT_f(a,b-\tau)$。平移不变性是一个很好的性质，在实际应用中，尽管离散小波变换要用得广泛一些，但在需要有平移不变性的情况下，离散小波变换是不能直接使用的。

3）伸缩共变性：若 $f(t) \leftrightarrow WT_f(a,b)$，则 $f(ct) \leftrightarrow \frac{1}{\sqrt{c}} WT_f(ca,cb)$。

4）冗余性：连续小波变换中存在信息表述的冗余度。其表现是由连续小波变换恢复原信号的重构公式不是唯一的，小波变换的核函数 $\psi_{a,b}(t)$ 存在许多可能的选择。尽管冗余的存在可以提高信号重建时计算的稳定性，但增加了分析和解释小波变换结果的困难。

9.1.2 信号的离散小波变换

由于连续小波变换存在冗余，因而有必要搞清楚，为了重构信号，需针对变换域的变量 a、b 进行何种离散化，以消除变换中的冗余。在实际中，常取 $b = \frac{k}{2^j}$，$a = \frac{1}{2^j}$，$j, k \in Z$，此时信号 $f(x)$ 的离散小波变换定义为：

$$W_f(2^{-j}, 2^{-j}k) = 2^{-j/2} \int_{-\infty}^{+\infty} f(x) \psi(2^{-j}x - k) \mathrm{d}x \tag{9-5}$$

其逆变换（恢复信号或重构信号）为：

$$f(t) = C \sum_{j=-\infty}^{+\infty} \sum_{k=-\infty}^{+\infty} W_f(2^j, 2^j k) \psi_{(2^j, 2^j k)}(x) \qquad (9-6)$$

其中，C 是一个与信号无关的常数。

显然小波函数具有多样性。在 MATLAB 小波工具箱中提供了多种小波幻术，包括 Harr 小波、Daubecheies（dbN）小波系、Symlets（symN）小波系、ReverseBior（rbio）小波系、Meyer（meyer）小波、Dmeyer（dmey）小波、Morlet（morl）小波、Complex Gaussian（cgau）小波系、Complex morlet（cmor）小波系、Lemaire（lem）小波系等。实际应用中应根据支撑长度、对称性、正则性等标准选择合适的小波函数。

【例 9-1】 利用 cwt 函数对信号进行连续小波分解，并利用 wavedec 函数进行离散小波分解比较。程序代码如下：

```
>> clear all
load noissin
noissin=noissin(1:510);
lv = length(noissin);
subplot(311), plot(noissin);
title('原始信号.');
set(gca,'Xlim',[0 510])
% 执行离散 5 层 sym2 小波变换
[c,l] = wavedec(noissin,5,'sym2');
% 扩展离散小波系数进行画图
% 层数 1～5 分别对应尺度 2、4、8、16 和 32
cfd = zeros(5,lv);
for k = 1:5
    d = detcoef(c,l,k);
    d = d(ones(1,2^k),:);
    cfd(k,:) = wkeep(d(:)',lv);
end
cfd = cfd(:);
I = find(abs(cfd)<sqrt(eps));
cfd(I)=zeros(size(I));
cfd = reshape(cfd,5,lv);
% 画出离散系数
subplot(312), colormap(pink(64));
img = image(flipud(wcodemat(cfd,64,'row')));
set(get(img,'parent'),'YtickLabel',[]);
title('离散变换,系数绝对值.')
ylabel('层数')
subplot(313)
ccfs = cwt(noissin,1:32,'sym2','plot');
title('连续变换, 系数绝对值.')
colormap(pink(64));
ylabel('尺度')
```

运行结果如图 9-1 所示。

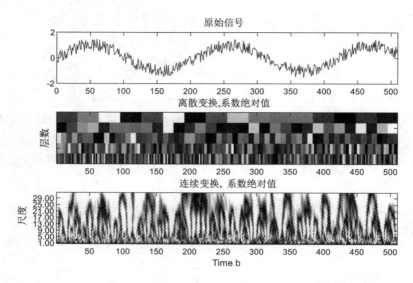

图 9-1　信号的小波分解

9.1.3　信号的小波包

短时傅里叶变换是一种等分析窗的分析方法，小波变换相当于等 Q 滤波器组，语音、图像比较适合用小波变换进行分析，但并非所有信号的特性都与小波变换相适应。以雷达为例，复杂目标的回波，其包络的起伏取决于目标的姿态变化，而多普勒频率则取决于目标的径向速度，二者并无必然的联系，所以在雷达里也经常使用短时傅里叶变换。

当对某类信号，等宽和等 Q 滤波器都不适用时，有必要按信号特性选用相应组合的滤波器，这就引出了小波包的概念。Coifman 及 Wickerhauser 在多分辨分析的基础上提出了小波包的概念，可以实现对信号任意频段的聚焦。

一种自然的做法是将尺度空间和小波空间用一个新的空间统一表征出来。假设波包的基本思想是：

$$\begin{cases} U_j^0 = V_j \\ U_j^1 = W_j \end{cases}, \quad j \in Z \tag{9-7}$$

定义子空间 U_j^n 是函数 $w_n(t)$ 的闭包空间，而 U_j^{2n} 是函数 $w_{2n}(t)$ 的闭包空间，并令 w_n 满足如下双尺度方程：

$$w_{2n}(t) = \sqrt{2} \sum_k h(k) w_n(2t-k) \tag{9-8}$$

$$w_{2n+1}(t) = \sqrt{2} \sum_k g(k) w_n(2t-k) \tag{9-9}$$

式中 $g(k) = (-1)^k h(1-k)$，即两个系数也具有正交关系。等价表示：

$$U_{j+1}^n = U_j^{2n} \oplus U_j^{2n+1}, \quad j \in Z, \quad n \in Z_+ \tag{9-10}$$

【例 9-2】　利用 MATLAB 中的 wpdec 和 wpcoef 函数进行一维小波包分解和提取分解的系数。程序代码如下：

```
>> t1=linspace(0.301, 0.5, 200);
xt1=9*sin(100*pi*t1)+5*sin(180*pi*t1)+sin(240*pi*t1);
t2=linspace(0.501, 0.7, 200);
xt2=9*sin(100*pi*t2)+5*sin(180*pi*t2)+sin(240*pi*t2)+sin(2*pi*t2);
t=[t1,t2];
xt=[xt1,xt2];
figure(1);
plot(t,xt);
title('原始信号');
xlabel('时间(t)'); ylabel('幅值');
T=wpdec(xt,3,'db2');
% 进行小波包分解
plot(T);
figure(2);
% 计算小波包分解系数
y7=wpcoef(T,[3,6]);
figure(3);
subplot(2,1,1);
plot(y7);
title('节点(3,6)系数');
% 重构小波包系数
yy7=wprcoef(T,[3,6]);
subplot(2,1,2);
plot(t,yy7); title('第三层分解高频段3');
```

运行结果如图 9-2～图 9-4 所示。

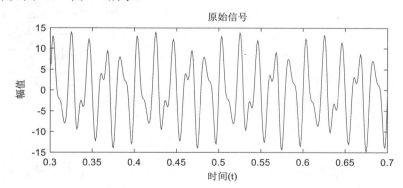

图 9-2　原始信号图

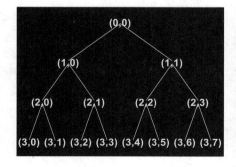

图 9-3　小波分解树图

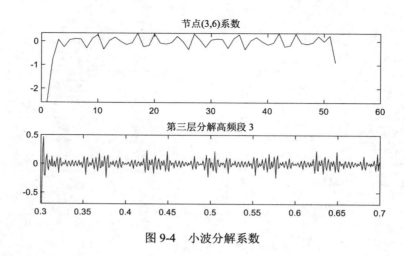

图 9-4　小波分解系数

9.1.4　常用的小波函数

　　与标准傅里叶分析相比较，小波分析中应用到的小波函数不具有唯一性，即小波函数 $\psi(x)$ 具有多样性。小波分析在工程应用中一个十分重要的问题是最优小波基的选择，这是因为用不同的小波基分析同一个问题会产生不同的结果。

　　在面对某一具体应用时，除了要选择比较各小波的基本身的正交性、对称性、正则性、紧支集、消失矩等问题外，还要注意具体的应用环境的制约。目前主要是通过小波分析方法处理信号结果的好坏来判定小波基的好坏，并由此选定小波基。

　　一般而言，小波基的对称性和正交性不兼容，例如具有正交性的 Daubechies 小波就不具备对称性。正则性是函数光滑程度的一种描述，是函数领域能量的一种度量。我们说小波是具有紧支集的函数 $f(x)$，是指使得函数 $f(x)$ 不等于零的 x 的取值范围是有限的，范围越小，表明小波支集的长度越短，即支集越紧。函数 $\psi(x)$ 的 k 阶矩是指积分 $m_k = \int_{-\infty}^{+\infty} \psi(x)x^k \mathrm{d}x$。$k$ 阶消失矩就是指使得上式为零的那个 m_k。消失矩的实际影响是将信号能量相对集中在少数几个小波系数里，小波消失矩与小波支集的长度有着密切关系。

　　根据不同的标准，小波函数具有不同的类型。这些标准通常有：

　　1）ψ、$\hat{\psi}$、ϕ、$\hat{\phi}$ 的支撑长度，即当时间或频率趋向于无穷大时，ψ、$\hat{\psi}$、ϕ、$\hat{\phi}$ 从一个有限值收敛到 0 的速度。

　　2）对称性。在图像信号处理中对避免移相是有用的。

　　3）ψ 和 ϕ 的消失矩阶数。对于数据压缩是非常有用的。

　　4）正则性。对信号的重构以获得较好的平滑效果是非常有用的。

　　在众多的小波基函数中，有一些小波函数被实践证明是非常有用的。下面介绍几种常用的小波函数。

1. Haar 小波

Haar 小波是小波分析中最早用到的一个具有紧支撑的正交小波函数，同时也是最简单的一个函数，它是非连续的，类似于一个阶梯函数。Haar 函数的定义如下：

$$h(t) = \begin{cases} 1 & 0 \leqslant t \leqslant \dfrac{1}{2} \\ -1 & \dfrac{1}{2} < t \leqslant 1 \\ 0 & \text{其他} \end{cases} \tag{9-11}$$

尺度函数为：

$$\begin{cases} \varphi(t) = 1 & 0 \leqslant t \leqslant 1 \\ \varphi(t) = 0 & \text{其他} \end{cases} \tag{9-12}$$

2. Mexican Hat 小波

Mexican Hat 函数为：

$$\psi(t) = \frac{2}{\sqrt{3}} \pi^{-1/4} \left(1 - t^2\right) e^{-t^2/2} \tag{9-13}$$

它是高斯（Gauss）函数的二阶导数，在时域和频域都有很好的局部化，并且满足：

$$\frac{1}{\sqrt{c}} W_f(ca, cb), \quad c > 0, \quad \int_{-\infty}^{+\infty} \psi(x)\mathrm{d}x = 0 \tag{9-14}$$

由于它的尺度函数不存在，所以不具有正交性。

3. Daubechies（dbN）小波系

Daubechies 函数是由世界著名的小波分析学者 Inrid Daubechies 构造的小波函数，除了 db1（即 Haar 小波）外，其他小波没有明确的表达式，但是转换函数 h 的平方模是很明确的。db$N$ 函数是紧支撑校准正交小波，它的出现使得离散小波分析成为可能。

假设 $P(y) = \sum\limits_{k=0}^{N-1} C_k^{N-1+k} y^k$，其中 C_k^{N-1+k} 为二项式的系数，则有：

$$\left| m_0\left(\omega\right) \right|^2 = \left(\cos^2 \frac{\omega}{2} \right)^N P\left(\sin^2 \frac{\omega}{2} \right) \tag{9-15}$$

其中，$m_0(\omega) = \dfrac{1}{\sqrt{2}} \sum\limits_{k=0}^{2N-1} h_k \mathrm{e}^{-jk\omega}$。小波函数 ψ 和尺度函数 ϕ 的有效支撑长度为 $2N-1$，小波函数 ψ 的消失矩阶数为 N。db$N$ 大多不具有对称性，但具有正交性。函数的正则性随着序号 N 的增加而增加。

4. Biorthogonal（biorNr.Nd）小波系

Biorthogonal 函数系的主要特性体现在具有线性相位性，它主要应用于信号的重构中，通常采用一个函数进行分解，用另一个函数进行重构。众所周知，如果采用同一个滤波器进行分解和重构，对称性和重构的精确性将会产生矛盾，而采用两个函数则可以解决这个问题。Biorthogonal 函数系通常表示成 biorNr.Nd 的形式：

```
Nr=1 Nd=1,3,5
Nr=2 Nd=2,4,6,8
Nr=3 Nd=1,3,5,7,9
```

```
Nr=4 Nd=4
Nr=5 Nd=5
Nr=6 Nd=8
```

其中，r 表示重构（Reconstruction），d 表示分解（Decomposition）。

9.2 信号分析

在利用 MATLAB 进行小波分析时，小波分解函数和系数提取函数的结果都是分解系数。我们知道，复杂的周期信号可以分解为一组正弦函数的和与傅里叶级数，而傅里叶变换对应傅里叶级数的系数；同样，信号也可以表示为一组小波基函数的和，小波变换系数对应这组小波基函数的系数。

多尺度分解是按照多分辨分析理论，分解尺度越大，分解系数的长度越小（是上一个尺度的二分之一）。我们发现分解得到的小波低频系数的变化规律和原始信号相似，但要注意低频系数的数值和长度与原始信号以及后面重构得到的各层信号是不一样的。

9.2.1 信号的重构

1988 年，Mallat 在构造正交小波基时提出了多尺度的概念，给出了离散正交二进小波变换的金字塔算法，即任何函数 $f(x) \in L_2(R)$ 都可以根据分辨率为 2^{-N} 的 $f(x)$ 的低频部分（近似部分）和分辨率为 2^{-j}（$0 \leq j \leq N$）的 $f(x)$ 的高频部分（细节部分）完全重构。

多尺度分析时只对低频部分进行进一步分解，而高频部分则不予考虑。分解具有如下关系：

$$f(x) = A_n + D_n + D_{n-1} + \cdots + D_2 + D_1 \tag{9-16}$$

其中，$f(x)$ 代表信号，A 代表低频近似部分，D 代表高频细节部分，n 代表分解层数。

对信号采样后，可得到在一个大的有限频带中的一个信号，对这个信号进行小波多尺度分解，其实质就是把采到的信号分成两个信号，即高频部分和低频部分，低频部分通常包含信号的主要信息，高频部分则与噪音及扰动联系在一起。

根据分析的需要，可以继续对所得到的低频部分进行分解，如此又得到了更低频部分的信号和频率相对较高部分的信号。信号分解的层数不是任意的，对于长度为 N 的信号最多分成 $\log_2 N$ 层。在实际应用中，可根据实际需要选择合适的分解层数。

通常情况下，一些含噪信号的发展趋势是难以分辨的。由于噪声的污染，对我们有用的信号的发展趋势在时域中看不出来，但是通过小波分解可以去除那些干扰信号，最终显现出有用信号的真面目。这里我们会用到 wrcoef 函数。

【例 9-3】 小波变换在信号趋势检测中的应用。程序代码如下：

```
% 调入含突变点的信号
>> load cnoislop;
x=cnoislop;
N=length(x);
t=1:N;
figure(1);
plot(t,x,'LineWidth',2);
xlabel('时间 t/s');ylabel('幅值');
```

```
title('原信号')
% 一维小波分解
[c,l]=wavedec(x,6,'db3');
% 重构第1~6层逼近系数
a6=wrcoef('a',c,l,'db3',6);
a5=wrcoef('a',c,l,'db3',5);
a4=wrcoef('a',c,l,'db3',4);
a3=wrcoef('a',c,l,'db3',3);
a2=wrcoef('a',c,l,'db3',2);
a1=wrcoef('a',c,l,'db3',1);
% 显示逼近系数
figure(2)
title('单尺度系数重构')
subplot(6,1,1);plot(a6,'LineWidth',2);ylabel('a6');
title('单尺度系数重构')
subplot(6,1,2);plot(a5,'LineWidth',2);ylabel('a5');
subplot(6,1,3);plot(a4,'LineWidth',2);ylabel('a4');
subplot(6,1,4);plot(a3,'LineWidth',2);ylabel('a3');
subplot(6,1,5);plot(a2,'LineWidth',2);ylabel('a2');
subplot(6,1,6);plot(a1,'LineWidth',2);ylabel('a1');
xlabel('时间 t/s');
```

运行结果如图 9-5 和图 9-6 所示。

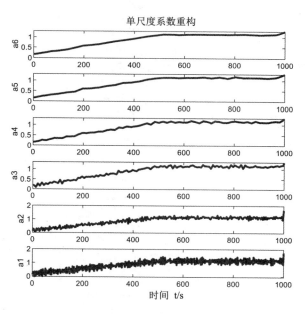

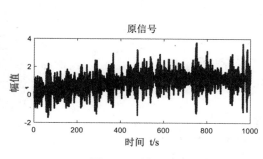

图 9-5　原信号图　　　　　　　　　　图 9-6　系数重构

　　从生成的含噪斜波信号波形可以看出，由于噪声的污染，信号的发展趋势是不可见的。利用 db3 小波对其进行 6 层分解，得到的逼近信号，从 a1 到 a6 信号的发展趋势变得越来越清晰。

　　这是因为随着尺度的增加，时间分辨率降低，噪声影响变小，因此信号的发展趋势会表现得更为明显。另外，还可以在频率中理解它的含义，即尺度分解中的低频部分随着分解层数的增加，所含有的高频信息会随之减小。当分解到下一个层次时，就有更高一些的频率信息被滤掉，所剩下的就是信号的发展趋势。

【例 9-4】 利用 upcoef 函数对小波进行重构。

程序代码如下：

```
>> load leleccum;
s = leleccum(1:2000);
subplot(5,1,1); plot(s);
title('原始信号');
[c,l] = wavedec(s, 3, 'db6');
ca1 = appcoef(c, l, 'db6', 1);
sca1 = upcoef('a', ca1, 'db6', 1);
subplot(5,1,2); plot(sca1);
title('尺度 1 低频系数 ca1 向上 1 步重构信号');
axis([0,2000, 200, 600]);
cd1 = detcoef(c,l,1);
scd1 = upcoef('d', cd1, 'db6', 1);
subplot(5,1,3); plot(scd1);
title('尺度 1 高频系数 cd1 向上 1 步重构信号')'
axis([0,2000, -20, 20]);
% 产生与 db6 小波相应的滤波器
[Lo_R, Hi_R] = wfilters('db6', 'r');
ca2 = appcoef(c, l, 'db6', 2);
sca2 = upcoef('a', ca2, Lo_R, Hi_R, 2);
subplot(5,1,4); plot(sca2);
title('尺度 2 低频系数 ca2 向上 2 步重构信号');
axis([0,2000, 200, 600]);
cd2 = detcoef(c, l, 2);
scd2 = upcoef('d', cd2, 'db6', 2);
subplot(5,1,5); plot(scd2);
title('尺度 2 高频系数 cd2 向上 2 步重构信号');
axis([0,2000, -20, 20]);
```

运行结果如图 9-7 所示。

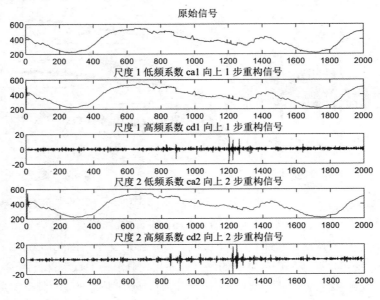

图 9-7 系数重构

9.2.2 提升小波在信号中的应用

小波提升方法又称提升小波，最初是 Sweldens 等学者于 20 世纪 90 年代中期提出来的关于小波构造的一种新方法，后来该方法被推广并形成了所谓的"第二代小波"。

传统小波结构依赖于傅里叶变换，从频域来分析问题，而提升小波直接在时（空）域来分析问题。提升小波不仅保留了小波的特性，同时克服了原有的局限性，为小波变换提供了一个完全的时域解释。

提升小波的另一个特点在于它能够包容传统小波，也就是说，所有的传统小波都可以通过提升小波构造出来。提升小波不但改进了传统的离散小波变换，同时引入了一些新特性，如可以用提升小波构造具有较高阶次消失矩的小波。

通过提升框架技术仅用一系列简单的提升就可以有效地完成小波的分解与重建。此外，通过提升小波不仅可以构造出第一代的所有小波，而且可以方便地设计出新的第二代小波，而这些小波的构成不再通过傅里叶变换，不再通过母小波的变换和平移，而是直接在时域空间得到。提升小波的算法优越性概括如下：

1）多分辨率特性。提升小波提供了一种信号的多分辨率分析方法。

2）在位计算。提升小波采用完全置位的小波变换，即无须辅助内存，原始信号可以由小波变换系数替代。

3）反变换容易实现。

4）原理简单。提升小波不依赖傅里叶变换构造小波，原理简单，思路清晰，便于应用。

【例 9-5】　利用 lwtcoef 函数实现一维提升小波变换。

程序代码如下：

```
>> clear all;
lshaar=liftwave('haar');
% 添加到提升方案
els={'p',[-0.125 0.125],0}
lsnew=addlift(lshaar,els);
load noisdopp;
x= noisdopp;
xDec=lwt2(x,lsnew,2)
% 提取第一层的低频系数
ca1=lwtcoef2('ca',xDec,lsnew,2,1)
a1=lwtcoef2('a',xDec,lsnew,2,1)
a2=lwtcoef2('a',xDec,lsnew,2,2)
h1=lwtcoef2('h',xDec,lsnew,2,1)
v1=lwtcoef2('v',xDec,lsnew,2,1)
d1=lwtcoef2('d',xDec,lsnew,2,1)
h2=lwtcoef2('h',xDec,lsnew,2,2)
v2=lwtcoef2('v',xDec,lsnew,2,2)
d2=lwtcoef2('d',xDec,lsnew,2,2)
[cA,cD]=lwt(x,lsnew);
figure(1);
subplot(311);
plot(x);
title('原始信号');
```

```
subplot(312);
plot(cA);
title('提升小波分解的低频信号');
subplot(313);
plot(cD);
title('提升小波分解的高频信号');
% 直接使用 Haar 小波进行 2 层提升小波分解
[cA,cD]=lwt(x,'haar',2);
figure(2);
subplot(311);
plot(x);
title('原始信号');
subplot(312);
plot(cA);
title('2 层提升小波分解的低频信号');
subplot(313);
plot(cD);
title('2 层提升小波分解的高频信号');
```

运行结果如下：

```
Text (尺度 1 高频系数 cd1 向上 1 步重构信号) - 属性:
                  String: '尺度 1 高频系数 cd1 向上 1 步重构信号'
                FontSize: 8.8000
              FontWeight: 'normal'
                FontName: 'Helvetica'
                   Color: [0 0 0]
     HorizontalAlignment: 'center'
                Position: [1.2500e+03 21.1282 1.4211e-14]
                   Units: 'data'
```

结果如图 9-8 和图 9-9 所示。

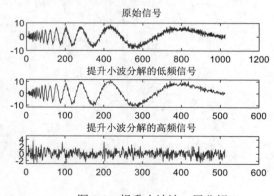

图 9-8 提升小波法一层分解   图 9-9 提升小波法二次分解

【例 9-6】 用 lwtcoef 函数实现小波变换的重构。程序代码如下：

```
>> clear all;
lshaar=liftwave('haar');
els={'p',[-0.125 0.125],0};
lsnew=addlift(lshaar,els);
% 进行单层提升小波分解
load noisdopp
```

```
x=noisdopp;
% 实施提升小波变换
[cA,cD]=lwt(x,lsnew);
xRec=ilwt(cA,cD,lsnew);
xDec=lwt(x,lsnew,2);
% 重构近似信号和细节信号
a1=lwtcoef('a',xDec,lsnew,2,1);
a2=lwtcoef('a',xDec,lsnew,2,2);
d1=lwtcoef('d',xDec,lsnew,2,1);
d2=lwtcoef('d',xDec,lsnew,2,2);
% 检查重构误差
err=max(abs(x-a2-d2-d1))
figure;
subplot(311);
plot(x);
title('原始信号');
subplot(323);
plot(a1);
title('重构第一层近似信号');
subplot(324);
plot(a2);
title('重构第二层近似信号');
subplot(325);
plot(d1);
title('重构第一层细节信号');
subplot(326);
plot(d2);
title('重构第二层细节信号');
```

运行结果如图 9-10 所示。

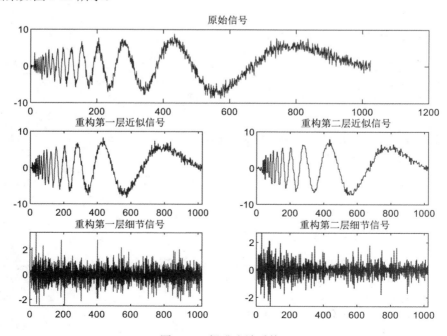

图 9-10 提升小波重构

【例9-7】　提升小波分解和重构的实现。

程序代码如下：

```
>> clc;
clear;
[w1,ns]=wnoise(4,10,7);
figure(1);
subplot(311);plot(ns);title('原始信号');
p=length(ns);
for i=1:3
    N=p/2^(i-1);
    M=N/2;
    for j=1:N
        x(j+2)=ns(j);
    end
    x(1)=ns(3);
    x(2)=ns(2);
    x(N+3)=ns(N-1);          % 扩展为 N+3 值
    Ye=dyaddown(x,0);        % 偶抽取
    Yo=dyaddown(x,1);        % 奇抽取
    for j=1:M+1;
        d(j)=Ye(j)-(Yo(j)+Yo(j+1))/2;        % 计算细节系数
    end
    for j=1:M
        detail(j)=d(j+1);
        dd(i,j)=detail(j);
    end
    for j=1:M
        approximation(j)=Yo(j+1)+(d(j)+d(j+1))/4;
    end
    for j=1:M
        ns(j)=approximation(j);
    end
end
for j=1:p/2^3
    s3(j)=approximation(j);
end
subplot(312);
plot(s3);title('提升小波分解第三层低频系数');
figure(2);
for j=1:p/2
    d1(1,j)=dd(1,j);
end
subplot(311);
plot(d1(1,:));title('第一层高频系数');
for j=1:p/2^2
    d2(1,j)=dd(2,j);
end
subplot(312);
plot(d2(1,:));title('第二层高频系数');
for j=1:p/2^3
    d3(1,j)=dd(3,j);
```

```
end
subplot(313);
plot(d3(1,:));title('第三层高频系数');
for j=3:-1:1
    M=p/2^j;
    N=2*M;
    for i=1:M
        s(i)=approximation(i);
    end
    s(M+1)=approximation(M);
    for i=1:M
        du(i+1)=dd(j,i);
    end
    du(1)=dd(j,1);
    du(M+2)=dd(j,M-1);
    for i=1:M+1
        h(2*i-1)=s(i)-(du(i)+du(i+1))/4;
    end
    for i=1:M
        y(2*i-1)=h(2*i-1);
    end
    for i=1:M
        y(2*i)=du(i+1)+(h(2*i-1)+h(2*i+1))/2;
    end
    for i=1:2*M
        approximation(i)=y(i);
    end
end
figure(1);
subplot(313);
plot(approximation);title('重构信号');
```

运行结果如图 9-11 和图 9-12 所示。

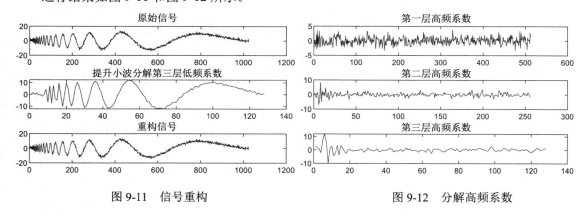

图 9-11 信号重构   图 9-12 分解高频系数

9.3 信号去噪

对含噪信号的消噪处理过程可以分为三个步骤。第一步，选择一个小波，确定小波分解的层次 M，然后利用离散小波变换对含噪信号进行 M 层小波分解。

由于噪声信号主要位于每层信号分解后的细节部分，因此对这些细节部分进行处理即可实现消噪。同一个信号用不同的小波基进行分解所得到的消噪效果是不同的，因此找到合适的小波基对于信号的消噪是很重要的。

第二步，对第一层到第 M 层的每一层高频系数进行阈值量化处理。阈值量化方法一般有强制去噪、默认阈值去噪和给定软（或硬）阈值去噪三种方法。

强制去噪方法是把小波分解结构中的高频系数全部变为零，即把高频部分全部滤除掉，再对信号进行重构处理。

这种方法比较简单，重构后的去噪信号也比较平滑，但容易丢失信号的有用成分。默认阈值去噪方法是首先产生信号的默认阈值，然后进行去噪处理。

给定软（或硬）阈值去噪在实际的去噪处理过程中，阈值往往可以通过经验公式获得。

第三步，根据小波分解第 M 层的低频系数和经过量化处理后的第一层到第 M 层的高频系数进行信号的小波重构。

9.3.1　小波阈值去噪

小波阈值去噪方法认为对于小波系数包含有信号的重要信息，其幅值较大，但数目较少，而噪声对于小波系数是一致分布的，个数较多，但幅值较小。

基于这一思想，Donoho 等人提出了软阈值和硬阈值去噪方法，即在众多小波系数中，把绝对值较小的系数置为零，而让绝对值较大的系数保留或收缩，分别对应硬阈值和软阈值方法，得到估计小波系数（Estimated Wavelet Coefficients，EWC），然后利用估计小波系数直接进行信号重构，即可达到去噪的目的。

1995 年，Donoho 提出了一种新的基于阈值处理思想的小波域去噪技术，也是对信号先求小波分析值，再对小波分析值进行去噪处理，最后反分析得到去噪后的信号。

去噪处理中阈值的选取是基于近似极大极小化思想，以处理后的信号与原信号以最大概率逼近为约束条件。然后考虑采用软阈值，并以此对小波分析系数进行处理，能获得较好的去噪效果，有效提高信噪比。

【例 9-8】　利用 wden 函数对一维信号进行自动消噪。程序代码如下：

```
>> snr = 4;
t=0:1/10000:1-0.0001;
y=sin(2*pi*t);
n = randn(size(t));
s=y+n;
xd = wden(s,'heursure','s','one',3,'sym8');
subplot(3,1,1);
plot(s);
xlabel('n');
ylabel('幅值');
title('含噪信号');
subplot(3,1,2);
plot(y);
title('原始信号');
xlabel('n');
ylabel('幅值');
subplot(3,1,3);
```

```
plot(xd);
title('消噪信号');
xlabel('样本信号');
ylabel('幅值')
```

运行结果如图 9-13 所示。

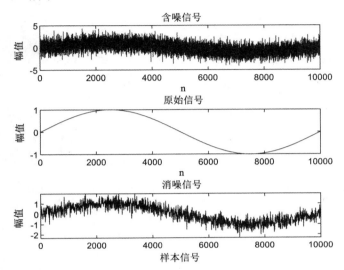

图 9-13 wden 函数自动消噪

【例 9-9】 利用小波消噪对非平稳信号进行噪声消除。程序代码如下：

```
>> [l,h]=wfilters('db10','d');
low_construct=l;
L_fre=20;                    % 滤波器长度
low_decompose=low_construct(end:-1:1);      % 低通分解滤波器
for i_high=1:L_fre;       % 确定 h1(n)=(-1)^n,
% 高通重建滤波器
if(mod(i_high,2)==0);
coefficient=-1;
else
coefficient=1;
end
high_construct(1,i_high)=low_decompose(1,i_high)*coefficient;
end
high_decompose=high_construct(end:-1:1);
% 高通分解滤波器
L_signal=100;        % 信号长度
n=1:L_signal;        % 原始信号赋值
f=10;
t=0.001;
y=10*cos(2*pi*50*n*t).*exp(-30*n*t);
zero1=zeros(1,60);
% 信号加噪声信号产生
zero2=zeros(1,30);
noise=[zero1,3*(randn(1,10)-0.5),zero2];
y_noise=y+noise;
```

```
figure(1);
subplot(2,1,1);
plot(y);
title('原信号');
grid on;
subplot(2,1,2);
plot(y_noise);
title('受噪声污染的信号');
grid on;
check1=sum(high_decompose);
check2=sum(low_decompose);
check3=norm(high_decompose);
check4=norm(low_decompose);
l_fre=conv(y_noise,low_decompose);
% 卷积
l_fre_down=dyaddown(l_fre);
% 低频细节
h_fre=conv(y_noise,high_decompose);
h_fre_down=dyaddown(h_fre);
% 信号高频细节
figure(2);
subplot(2,1,1)
plot(l_fre_down);
title('小波分解的低频系数');
grid on;
subplot(2,1,2);
plot(h_fre_down);
title('小波分解的高频系数');
grid on;
% 消噪处理
for i_decrease=31:44;
if abs(h_fre_down(1,i_decrease))>=0.000001
h_fre_down(1,i_decrease)=(10^-7);
end
end
l_fre_pull=dyadup(l_fre_down);
% 0 差值
h_fre_pull=dyadup(h_fre_down);
l_fre_denoise=conv(low_construct,l_fre_pull);
h_fre_denoise=conv(high_construct,h_fre_pull);
l_fre_keep=wkeep(l_fre_denoise,L_signal);
% 取结果的中心部分, 消除卷积影响
h_fre_keep=wkeep(h_fre_denoise,L_signal);
sig_denoise=l_fre_keep+h_fre_keep;
% 消噪后信号重构
% 平滑处理
for j=1:2
for i=60:70;
sig_denoise(i)=sig_denoise(i-2)+sig_denoise(i+2)/2;
end;
end;
figure(3);
```

```
subplot(2,1,1)
plot(y);
ylabel('原信号');
grid on;
subplot(2,1,2);
plot(sig_denoise);
ylabel('消噪后信号');
grid on;
```

运行结果如图 9-14～图 9-16 所示。

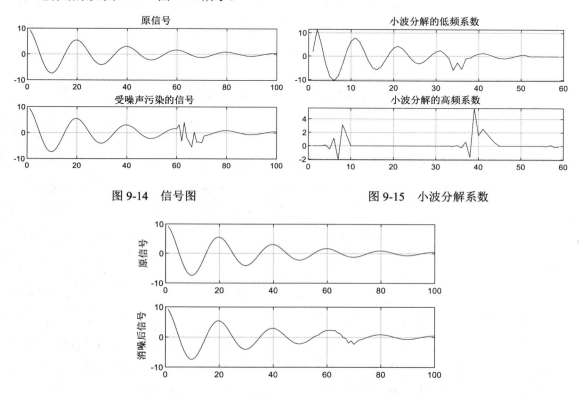

图 9-14　信号图　　　　　　　　　　图 9-15　小波分解系数

图 9-16　去噪前后信号对比

9.3.2　小波消噪阈值的选取规则

1. 通用阈值 T_1 （Sqtwolog 规则）

设含噪信号 $f(t)$ 在尺度 $1\sim m$ （$1<m<J$）上通过小波分解得到小波系数的个数总和为 n ，J 为二进尺度，附加噪声信号的标准差是 σ ，则通用阈值为：

$$T_1 = \sigma\sqrt{2\ln(n)} \tag{9-17}$$

该方法的依据为 N 个具有独立同分布的标准高斯变量中的最大值小于 T_1 的概率随着 N 的增大而趋于 1。若被测信号含有独立同分布的噪声，经小波分析后，其噪声部分的小波系数也是独立同分布的。

如果具有独立同分布的噪声经小波分解后，它的系数序列长度 N 很大，则可知：该小波系数

中最大值小于 T_1 的概率接近 1，即存在一个阈值 T_1，使得该序列所有的小波系数都小于它。小波系数随着分解层次的加深，其长度也越来越短，根据 T_1 的计算公式，可知该阈值也越来越小，因此在假定噪声具有独立同分布特性的情况下，可通过设置简单的阈值来去除噪声。

2. Stein 无偏风险阈值 T_2（Rigrsure 规则）

这是一种基于 Stein 的无偏似然估计原理的自适应阈值选择。对于一个给定的阈值 t，得到它的似然估计，再将非似然 t 最小化，就可以得到所选的阈值。具体的选择规则为：设 W 为一向量，其元素为小波系数的平方，并按照由大到小的顺序排列，即 T_3，n 的含义同上。再设一风险向量 R，其元素为：

$$r_i = \left[n - 2i - (n-i) + \sum_{k=1}^{i} \omega_k \right] \Big/ n , \quad i = 1, 2, \cdots, n \tag{9-18}$$

以 R 元素中的最小值 r_b 作为风险值，由 r_b 的下标变量 b 求出对应的 ω_n，则阈值 T_2 为：

$$T_2 = \sigma \sqrt{\omega_b} \tag{9-19}$$

3. 试探法的 Stein 无偏风险阈值 T_3（Heursure 规则）

前两种阈值的综合，也是最优预测变量阈值选择。如果信噪比很小，SURE 估计有很大的噪声，就适合采用这种固定的阈值。设 W 为 n 个小波系数的平方和，令：$\sigma = \text{middle}(w_{1,k}, 0 \le k \le 2^{j-1} - 1) / 0.6745$，具体的阈值选择规则为：

$$\eta = (W - n)/n , \quad \eta = (\log_2 n)^{3/2} \sqrt{n} \tag{9-20}$$

$$T_3 = T_1 , \quad \eta < \mu , \quad T_3 = \min(T_1, T_2) , \quad \eta > \mu \tag{9-21}$$

4. 最大最小准则阈值 T_4（MinMax 规则）

这种方法采用的是固定阈值，产生一个最小均方误差的极值，而不是误差。这种极值的原理在统计学上常被用来设计估计器。被去噪的信号可以看作与未知回归函数的估计式相似，这种极值估计器可以在一个给定的函数集中实现最大均方误差最小化。具体的阈值选取规则为：

$$T_4 = 0 , \quad n < 32 , \quad T_4 = \sigma(0.3936) + 0.1829 \log_2 n , \quad n > 32 \tag{9-22}$$

$$\sigma = \text{middle}(W_{1,k}, 0 \le k \le 2^{j-1} - 1)/0.6745 \tag{9-23}$$

在式中，n 为小波系数的个数，σ 为噪声信号的标准差，$W_{1,k}$ 表示尺度为 1 的小波系数，式中的 σ 的分子部分表示对分解出的第一级小波系数取绝对值后再取中值。

9.4 小波分析和傅里叶分析的比较

小波分析是傅里叶分析思想的发展和拓延，它自产生以来，就一直与傅里叶分析密切相关，可以说小波分析是一种广义上的傅里叶分析。小波分析的存在性证明，小波基的构造以及结果分析都依赖于傅里叶分析，两者是相辅相成的，比较后有以下特点：

1）傅里叶分析的实质是把能量有限的信号 $f(t)$ 分解到以 $\{e^{j\omega t}\}$ 为正交基的空间上去；小波分析的实质是把能量有限的信号 $f(t)$ 分解到 W_{-j}（$j = 1, 2, \cdots, J$）和 V_{-j}，所构成的空间上去。

2）傅里叶分析用到的基本函数只有 $\sin(\omega t)$、$\cos(\omega t)$、$\exp(j\omega t)$，具有唯一性；小波分析用到的函数则不具有唯一性，同一个工程问题用不同的小波函数进行分析有时结果相差甚远。小波函数的选用是小波分析应用中的一个难题，目前往往是通过经验和不断地实验来选择小波函数。

3）在频域中，傅里叶分析具有良好的局部化能力，特别是对于那些频率成分比较简单的确定性信号，傅里叶分析很容易把信号表示成各频率成分的叠加和的形式。但是在时域中，傅里叶分析没有局部化能力，即无法从信号 $f(t)$ 的傅里叶分析 $\hat{f}(\omega)$ 中看出 $f(t)$ 在任一时间点附近的形态。事实上，$\hat{f}(\omega)\mathrm{d}\omega$ 是关于频率为 ω 的谐波分量的振幅，在傅里叶展开式中，它是由 $f(t)$ 的整体性态所决定的。

4）在小波分析尺度中，尺度 a 的值越大，相当于傅里叶分析中 ω 的值越小。

5）在短时傅里叶分析中，分析系数 $S(\omega, \tau)$ 主要依赖于信号在 $[\tau - \delta, \tau + \delta]$ 片段中的情况，时间宽度是 2δ（因为 δ 是由窗函数 $g(t)$ 唯一确定的，所以 2δ 是一个定值）。在小波分析中，分析系数 $W_f(a, b)$ 主要依赖于信号在 $\lfloor b - a\Delta_\psi, b + a\Delta_\psi \rfloor$ 片段中的情况，时间宽度是 $2a\Delta_\psi$，该时间宽度是随着尺度 a 的变化而变化的，所以小波分析具有时间局部分析能力。

6）如果用信号通过滤波器来解释，小波分析和傅里叶分析的不同之处在于：对短时傅里叶分析来说，带通滤波器的带宽 Δf 与中心频率 f 无关；相反，小波分析带通滤波器的带宽 Δf 正比于中心频率 f，即 $Q = \Delta f / f = C$（C 为常数），即滤波器有一个恒定的相对带宽，称为等 Q 结构（Q 为滤波器的品质因数）。

【例 9-10】 用小波分析和傅里叶变换分析进行信号噪声消除并比较两者的去噪声能力。

程序代码如下：

```
>> snr=3;                % 设置信噪比
init=2055615866;         % 设置随机数初值
[si,xi]=wnoise(1,11,snr,init);      % 产生矩形波信号和含白噪声信号
lev=5;
xd=wden(xi,'heursure','s','one',lev,'sym8');
figure
subplot(321);
plot(si);
axis([1 2048 -15 15]);
title('原始信号');
subplot(322);
plot(xi);
axis([1 2048 -15 15]);
title('含噪声信号');
ssi=fft(si);
ssi=abs(ssi);
xxi=fft(xi);
absx=abs(xxi);
subplot(323);
plot(ssi);
title('原始信号的频谱');
subplot(324);
```

```
plot(absx);
title('含噪信号的频谱');        % 进行低通滤波
indd2=200:1800;
xxi(indd2)=zeros(size(indd2));
xden=ifft(xxi);                % 进行傅里叶反变换
xden=real(xden);
xden=abs(xden);
subplot(325);
plot(xd);
axis([1 2048 -15 15]);
title('小波消噪后的信号');
subplot(326);
plot(xden);
axis([1 2048 -15 15]);
title('傅里叶分析消噪后的信号');
```

运行结果如图 9-17 所示。

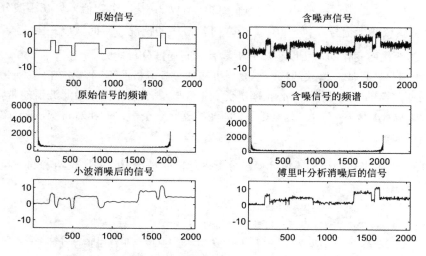

图 9-17   小波和傅里叶消噪比较

9.5   本章小结

　　小波变换作为能随频率的变化自动调整分析窗大小的分析工具，它是近 20 年来发展起来的一种新的时频分析方法。其典型应用包括齿轮变速控制、起重机的非正常噪声、自动目标锁定、物理中的间断现象等。

　　本章介绍了小波分析的基本理论，主要包括连续小波分析、小波分析和傅里叶分析的比较，以及常用小波的介绍、多分辨率分析的性质。基于小波分析的去噪方法，对于非平稳信号，要比传统的滤波去噪方法的效果好，主要是由于传统的滤波器都具有低通性，对需要分析在每个时刻含有不同频率成分的非平稳信号来说，很难进行匹配分析。

第 10 章　信号处理中的应用

随着 MATLAB 通信、信号处理专业函数库和专业工具箱的成熟，它们在通信理论研究、算法设计、系统设计、建模仿真和性能分析验证等方面的应用也更加广泛。MATLAB 软件是集数值分析、信号处图形显示于一体，界面友好，具有强大的专业函数库和工具箱，在数字信号处理的科学研究中越来越重要的计算和仿真验证工具。本章将通过实例说明 MATLAB 在信号处理中的应用。

学习目标：

- 熟练掌握瞬时混合盲信号的分离
- 基本掌握语音信号的分析方法
- 掌握雷达信号的分析方法

10.1　瞬时混合盲信号分离

在信号处理和计算机应用范围内，盲源分离是一个重要的问题。由于盲源分离不需要了解很多先验知识的来源，因此它适用于各个方面，如语音识别、生物医学图像处理以及遥感图像解释。到目前为止，各种各样的方法已经被开发用来执行盲源分离，包括基于独立成分分析（Independent Component Analysis，ICA）、稀疏的成分分析（Sparse Component Analysis，SCA）以及非负组成部分分析。

独立成分分析是传统的盲源分离方法，旨在恢复独立成分观测的混合物。FastICA 是一个典型的独立成分分析方法。而独立成分分析在解决盲源分离这一问题中起着重要的作用，并且在理论和实践的领域都带来了创新的信号处理方法。

当两种混合矩阵和来源非负相关时，盲分离的另一个方法就是所谓的非负盲源分离（用高阶奇数多项式拟合）。在实际应用方面保留着许多非负假设。

10.1.1　盲信号分离方法

盲信号分离在信号处理领域具有重要的地位，其主要目的是从观测的混合信号中恢复出混合以前的源信号。而源信号本身以及源信号的混合过程我们并不知晓，这样就只能通过对多通道混合信号的分析来进行分离。

目前基于非线性主分量分析的盲信号分离典型方法有递推最小二乘算法和自然梯度最小二乘算法。非线性 PCA 准则：

$$\min J(w) = E\left\{\left\| v - wg(w^\mathrm{T} v) \right\|^2\right\} \tag{10-1}$$

P. Pajunnen 和 J. Karhunen 从这个准则出发，借鉴 Yang 的子空间跟踪算法的推导，给出了递推最小二乘算法（Recursive Least Square，RLS）：

$$Z_t = g(W_{t-1}v_t) = g(y_t)$$

$$h_t = P_{t-1}z_t$$

$$m_t = \frac{h_t}{\beta + z_t^T h_t}$$

$$P_t = \frac{1}{\beta}\text{Tri}\left[P_{t-1} - m_t h_t^T\right]$$

$$W_t = W_{t-1} + m_t\left[v_t^T - z_t^T W_{t-1}\right]$$

（10-2）

以上的递推最小二乘算法是从非线性 PCA 准则出发的一种随机梯度算法。从自然梯度角度出发提出了一种收敛速度更快的递推最小二乘算法。

首先利用正交约束下的自然梯度公式：

$$\tilde{\nabla}J(W_t) = WW^T \cdot \nabla J(W) - W \cdot [\nabla J(W)]^T W$$

（10-3）

给出盲信号分离最佳权系数矩阵：

$$W_{\text{opt},t} = \left[\sum_{i=1}^{t}\beta^{t-i}y_i z_i^T\right]^{-1}\left[\sum_{i=1}^{t}\beta^{t-i}y_i z_i^T\right] = R_t^{-1}C_t$$

（10-4）

然后运用矩阵求逆原理，得到权系数矩阵更新的递推最小二乘算法：

$$y_t = W_{t-1}v_t$$

$$z_t = g(y_t)$$

$$Q_t = \frac{P_{t-1}}{\beta + z_t^T P_{t-1}y_t}$$

$$P_t = \frac{1}{\beta}\left[P_{t-1} - Q_t y_t z_t^T P_{t-1}\right]$$

$$W_t = W_{t-1} + \left[P_t z_t v_t^T - Q_t y_t z_t^T W_{t-1}\right]$$

（10-5）

EASI（Equivariant variant Adaptive Separation via Independence）方法是一种借助独立性进行等变化自适应分离的 LMS 方法。迭代公式如下：

$$W(0) = I$$

$$y(t) = W(t)S(t)$$

$$g(y(t)) = y^3(t)$$

$$W(t+1) = W(t) + u[y(t)y^T(t) - I + g(y(t))y^T(t) - y(t)g^T(y(t))]W(t)$$

（10-6）

【例 10-1】 自然梯度法的实现。程序代码如下：

```
>> clear
k=4000;          % 数据点
fs=10000;        % 采样频率
for t=1:k
    s(1,t)=sign(cos(2*pi*120*t/fs));    % 符号信号
    s(2,t)=sin(2*pi*500*t/fs);          % 高频正弦信号
    s(3,t)=sin(2*pi*50*t/fs);           % 低频正弦信号
    s(4,t)=sin(2*pi*9*t/fs)*sin(2*pi*200*t/fs);    % 幅值调制信号
```

```
end
a=1;
% 生成[-a,a]的均匀分布随机噪声
s(5,:)=a-2*a*rand(1,k);
figure(1)                        % 源信号图
for n=1:5
subplot(5,1,n);
plot(s(n,:));
title(strcat('source',num2str(n)));
end
A=a-2*a*rand(5,5);
% 混合矩阵，[-a,a]的均匀分布
x=A*s;
% 观测信号
figure(2)                        % 观察信号图
for n=1:5
subplot(5,1,n);
plot(x(n,:));
title(strcat('Plus noise',num2str(n)));
end
for n=1:5
% 观测信号零均值处理
    ave=mean(x(5,:));
    x(5,:)=x(5,:)-ave;
end
I=eye(5,5);                      % 生成单位矩阵
w1=0.5*eye(5,5);                 % 初始化 W1
for t=1:k
    y(:,t)=w1*x(:,t);           % 迭代
    for l=1:5
        FIy(l)=y(l,t)^3;        % 非线性函数
    end
    w1=w1+0.005*(I-FIy'*y(:,t)')*w1;
        c=w1*A;
% 性能矩阵
    for p=1:5
% 计算串音误差
        max1(p)=abs(c(p,1));
        for q=1:5
            if max1(p)<=abs(c(p,q))
                max1(p)=abs(c(p,q));
            else max1(p)=max1(p);
                end
        end
    end
    s2=0;
    for p=1:5
        s1=0;
        for q=1:5
            s1=s1+abs(c(p,q))/max1(p);
        end
        s2=s2+abs(s1-1);
```

```
end
     for q=1:5
     max2(q)=abs(c(1,q));
     for p=1:5
        if max2(q)<=abs(c(p,q))
           max2(q)=abs(c(p,q));
        else max2(q)=max2(q);
        end
     end
  end
  s4=0;
  for q=1:5
     s3=0;
     for p=1:5
        s3=s3+abs(c(p,q))/max2(q);
     end
     s4=s4+abs(s3-1);
  end
  e(t)=s2+s4;
end
y=w1*x;
% 估计源信号
figure(3)                    % 估计源信号图
for n=1:5
subplot(5,1,n);
plot(y(n,:));
title(strcat(' source estimate ',num2str(n)));
end
figure(4)                    % 串音误差图
plot(e)
title('ECT');
```

运行结果如图 10-1～图 10-4 所示。

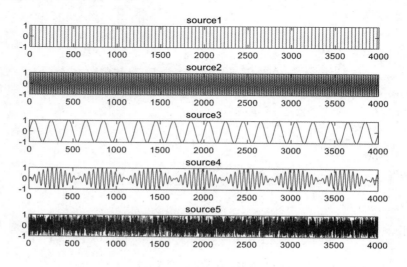

图 10-1　源信号

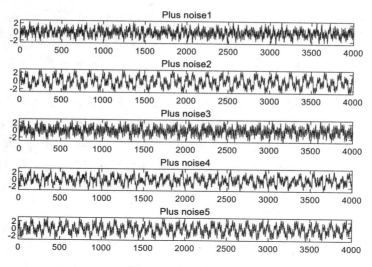

图 10-2　加噪信号

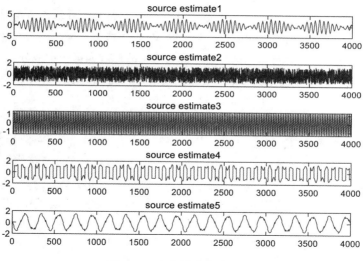

图 10-3　盲信号分离信号

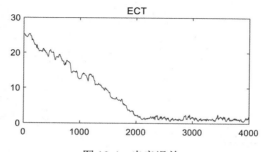

图 10-4　串音误差

10.1.2　主成分分析

在实际问题中经常会遇到研究多个变量的问题，而且在多数情况下，多个变量之间常常存在一定的相关性。由于变量个数较多，再加上变量之间的相关性，势必增加了分析问题的复杂性。

如何把多个变量综合为少数几个代表性变量，既能够代表原始变量的绝大多数信息，又互不相关，并且在新的综合变量基础上可以进一步进行统计分析，这时就需要进行主成分分析（Principal Component Analysis，或称主分量分析，PCA）。

在模式识别中，一个常见的问题就是特征选择或特征提取，在理论上要选择与原始数据空间具有相同的维数。然而，我们希望设计一种变换使得数据集由维数较少的"有效"特征来表示。

主成分分析由皮尔逊（Pearson，1901）首先引入，后来被霍特林（Hotelling，1933）发展了。

主成分分析是采取一种数学降维的方法找出几个综合变量来代替原来众多的变量，使这些综合变量尽可能代表原来变量的信息量，而且彼此之间互不相关。这种把多个变量化为少数几个互相无关的综合变量的统计分析方法就叫作主成分分析。

主成分分析要做的就是设法将原来众多具有一定相关性的变量重新组合为一组新的相互无关的综合变量来代替原来的变量。

通常，数学上的处理方法就是将原来的变量进行线性组合，作为新的综合变量，但是如果这种组合不加以限制，则会有很多，应该如何选择呢？

如果将选取的第一个线性组合（第一个综合变量）记为 z_1，自然希望它尽可能多地反映原来变量的信息，这里"信息"用方差来测量，即希望 $\mathrm{Var}(z_1)$ 越大，表示 z_1 包含的信息越多。因此，在所有的线性组合中，所选取的 z_1 应该是方差最大的，故称 z_1 为第一主成分。

如果第一主成分不足以代表原来 P 个变量的信息，再考虑选取 z_2，即第二个线性组合。为了有效地反映原来的信息，z_1 已有的信息就不需要再出现在 z_2 中，用数学语言表达就是要求 $\mathrm{Cov}(z_1, z_2) = 0$，称 z_2 为第二主成分，以此类推，可以构造出第三，第四，…，第 P 主成分。

在 PCA 中，我们感兴趣的是找到一个从原 d 维输入空间到新的 k 维空间的具有最小信息损失的映射。设 $x = (x_1, x_2, \cdots, x_n)^{\mathrm{T}}$ 为一个 n 维的向量，$\mathrm{Cov}(x) = \sum$，主成分是这样的 w_1，样本投影到 w_1 上之后被广泛散布，使得样本之间的差别变得最明显，即最大化方差。

设 $z_1 = w_1^{\mathrm{T}} x$，希望在约束条件下 $\|w_1\| = 1$，找到向量 w_1 使 $\mathrm{var}(z_1) = w_1^{\mathrm{T}} \sum w_1$，写成拉格朗日问题：

$$\max_{w_1} w_1^{\mathrm{T}} \sum w_1 - \alpha(w_1^{\mathrm{T}} w_1 - 1) \tag{10-7}$$

关于 w_1 求导有：

$$\sum w_1 = \alpha w_1 \tag{10-8}$$

如果 w_1 是 $\sum$ 的特征向量，α 是特征值，则上式成立。于是有：

$$w_1^{\mathrm{T}} \sum w_1 = \alpha w_1^{\mathrm{T}} w_1 = \alpha \tag{10-9}$$

为了使方差最大，选择具有最大特征值的特征向量，因此第一主成分 w_1 是输入样本的协方差阵的最大特征值对应的特征向量。

第二主成分 w_2 也应该是最大化方差，具有单位长度且与第一主成分正交，对于第二主成分有：

$$\max_{w_1} w_2^{\mathrm{T}} \sum w_2 - \alpha(w_2^{\mathrm{T}} w_2 - 1) - \beta(w_2^{\mathrm{T}} w_1 - 0) \tag{10-10}$$

对第二主成分进行求导有：

$$2\sum w_2 - 2\alpha w_2 - \beta w_1 = 0 \qquad (10\text{-}11)$$

两边乘以第一主成分的转置有：

$$2w_1^{\mathrm{T}}\Sigma w_2 - 2\alpha' w_1^{\mathrm{T}} w_2 - \beta w_1^{\mathrm{T}} w_1 = 0 \qquad (10\text{-}12)$$

其中：

$$
\begin{aligned}
& w_1^{\mathrm{T}} w_2 = 0 \\
& w_1^{\mathrm{T}}\Sigma w_2 = w_2^{\mathrm{T}}\Sigma w_1 \\
& w_1^{\mathrm{T}}\Sigma w_2 = w_2^{\mathrm{T}}\Sigma w_1 = w_2^{\mathrm{T}}\lambda_1 w_2 = \lambda_1 w_2^{\mathrm{T}} w_1 = 0
\end{aligned}
\qquad (10\text{-}13)
$$

当 $\beta = 0$ 时，有：

$$\Sigma w_2 = \alpha' w_2 \qquad (10\text{-}14)$$

于是有 $\lambda_2 = \alpha'$。类似地，可以证明其他维通过具有递减的特征值的特征向量给出。

在主成分分析中，我们首先应保证所提取的前几个主成分的累计贡献率达到一个较高的水平，其次对这些被提取的主成分必须都能够给出符合实际背景和意义的解释。

主成分的解释一般多少带点模糊性，不像原始变量的含义那么清楚、确切，这是变量降维过程中不得不付出的代价。

如果原始变量之间具有较高的相关性，则前面少数几个主成分的累计贡献率通常就能达到较高水平，也就是说，此时的累计贡献率通常容易得到满足。主成分分析的困难之处主要在于要能给出主成分的较好解释，所提取的主成分中有一个主成分解释不了，整个主成分分析也就失败了。

在 MATLAB 中，主成分分析算法实现如下：

```
function y = pca( mixedsig)
clc;clear
if nargin==0
    error('You must supply the mixed data as input argument.');
end
if length(size(mixedsig))>2
    error('Input data can not have more than two dimentions');
end
if any(any(isnan(mixedsig)))
    error('Input data contains NaN''s.');
end
% 去均值
meanValue=mean(mixedsig')';
mixedsig=mixedsig-meanValue*ones(1,size(mixedsig,2));
[Dim,NumOfSampl]=size(mixedsig);
oldDimention=Dim;
fprintf('Number of signals:%d\n',Dim);
fprintf('Number of samples:%d\n',NumOfSampl);
fprintf('Calculate PCA...\n');
firstEig=1;
lastEig=Dim;
covarianceMatrix=cov(mixedsig',1);
[E,D]=eig(covarianceMatrix);
% 计算协防差矩阵特征值大于阈值的个数 lastEig
```

```
rankTolerance=1e-5;
maxLastEig=sum(diag(D)>rankTolerance);
lastEig=maxLastEig;
% 降序排列特征值
eigenvalues=flipud(sort(diag(D)));
% 去掉较小的特征值
if lastEig<oldDimention
    lowerLimitValue=(eigenvalues(lastEig)+eigenvalues(lastEig+1))/2;
else
    lowerLimitValue=eigenvalues(oldDimention)-1;
end
lowerColomns=diag(D)>lowerLimitValue;
% 去掉较大的特征值
if firstEig>1
    higherLimitValue=(eigenvalues(firstEig-1)+eigenvalues(firstEig))/2;
else
    higherLimitValue=eigenvalues(1)+1;
end
higherColomns=diag(D)<higherLimitValue;
% 合并选择的特征值
selectedColomns=lowerColomns&higherColomns;
% 输出处理结果信息
fprintf('Selected[%d]dimentions.\n',sum(selectedColomns));
fprintf('Smallest remaining(non-zero)eigenvalue[%g]\n', eigenvalues
(lastEig));
fprintf('Largest remaining(non-zero)eigenvalue[%g]\n', eigenvalues
(firstEig));
fprintf('Sum of removed eigenvalues[%g]\n', sum(diag(D).*
(~selectedColomns)));
    % 选择相应的特征值和特征向量
    E=selcol(E,selectedColomns);
    D=selcol(selcol(D,selectedColomns)',selectedColomns);
    % 计算白化矩阵
    whiteningMatrix=inv(sqrt(D))*E';
    dewhiteningMatrix=E*sqrt(D);
    % 提取主分量
    y=whiteningMatrix*mixedsig;
    end
```

【例10-2】 主成分分析算法用于语音信号分离。程序代码如下：

```
clear;
[s1,fs]=audioread('C:\Windows\Media\tada.wav');
[s2,fs]=audioread('C:\Windows\Media\tada.wav');
[s3,fs]=audioread('C:\Windows\Media\tada.wav');
[s4,fs]=audioread('C:\Windows\Media\tada.wav');
% 混杂原始数据并读入
s=[s1';s2';s3';s4'];
A=rand(4,8);
x=A*s;
x1=x(1,:);x2=x(2,:);x3=x(3,:);x4=x(4,:);
x1=x1';x2=x2';x3=x3';x4=x4';
```

```matlab
% 中心化，使其均值为 0
mean_x= [mean(x1(:))*ones(size(x1)),mean(x2(:))*ones(size(x2)),...
         mean(x3(:))*ones(size(x3)),mean(x4(:))*ones(size(x4))] ;
x1=x1-mean(x1(:))*ones(size(x1));
x2=x2-mean(x2(:))*ones(size(x2));
x3=x3-mean(x3(:))*ones(size(x3));
x4=x4-mean(x4(:))*ones(size(x4));
% 使用 PCA 的方法白化中心化后的变量，使其不相关且方差为 1
x=[x1,x2,x3,x4];
covx=cov(x);
[E,D] = eig(covx);
whitening=inv(sqrt(D))*E';
z=whitening*x';
% 计算使混杂变量非高斯性最大的投影矩阵，估计原变量
Comp_No=size(z,1);
Sample_Size=length(z);
Max_Iter_No=1000;
% 最大迭代次数
Mix_A=zeros(Comp_No);
% 初始投影矩阵
% 使用随机梯度下降法计算投影矩阵
for comp=1:Comp_No
    wold=rand(size(z,1),1)+0.6;
    wold=wold/norm(wold,2);
    B=Mix_A;
    % 计算投影矩阵的每一列
    for iter=1:Max_Iter_No
        % 迭代计算每一列
        wnew=(z*((z'*wold).^3))/(Sample_Size)-3.*wold;
        wnew=wnew./norm(wnew,2);
        % 使每次计算的列向量不同，与其余列正交
        wnew=wnew-B*B'*wnew;
        wnew=wnew./norm(wnew,2);
        % 是否收敛
        if 1-abs(wnew'*wold) <= 0.0000001
            break;
        else
            wold=wnew;
        end
    end
    Mix_A(:,comp)=wnew;
end
% 恢复被中心化和白化后计算得到的结果
s_estimated=Mix_A'*z;
s_estimated=s_estimated+Mix_A'*whitening*mean_x';
s_estimated=s_estimated';
s_estimated1=s_estimated(:,1);
s_estimated2=s_estimated(:,2);
s_estimated3=s_estimated(:,3);
s_estimated4=s_estimated(:,4);
% 显示
figure;
```

```
subplot(3,4,1);plot(s1);title('source1');xlabel('t');
subplot(3,4,2);plot(s2); title('source2');
subplot(3,4,3);plot(s3); title('source3');
subplot(3,4,4);plot(s4); title('source4');
subplot(3,4,5);plot(x1); title(' Centralized1');
subplot(3,4,6);plot(x2); title(' Centralized2');
subplot(3,4,7);plot(x3); title(' Centralized3');
subplot(3,4,8);plot(x4); title(' Centralized4');
subplot(3,4,9);plot(s_estimated1); title(' recover1');
subplot(3,4,10);plot(s_estimated2); title(' recover2');
subplot(3,4,11);plot(s_estimated3); title(' recover3');
subplot(3,4,12);plot(s_estimated4); title(' recover4');
```

运行结果如图 10-5 所示。

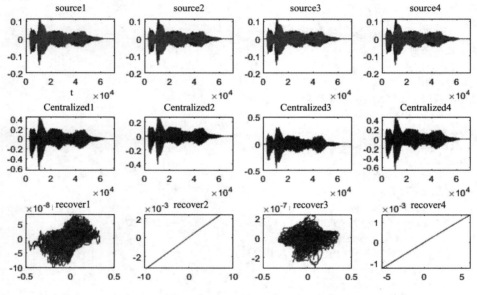

图 10-5　PCA 算法实现信号分离

10.1.3　独立成分分析

独立成分分析（Independent Component Analysis，ICA）是 20 世纪 90 年代发展起来的一种新的信号处理技术，它是从多维统计数据中找出隐含因子或分量的方法。从线性变换和线性空间角度，源信号为相互独立的非高斯信号，可以看作线性空间的基信号，而观测信号则为源信号的线性组合。

独立成分分析就是在源信号和线性变换均不可知的情况下，从观测的混合信号中估计出数据空间的基本结构或者说源信号。

目前，独立成分分析的研究工作大致可分为两大类，一类是独立成分分析的基本理论和算法的研究，基本理论的研究有基本线性独立成分分析、非线性独立成分分析、信号有时间延时的混合、卷积和的情况、带噪声的独立成分分析、源的不稳定问题等的研究。算法的研究可分为基于信息论准则的迭代估计方法和基于统计学的代数方法两大类，从原理上来说，它们都利用了源信号的独立性和非高斯性。各国学者提出了一系列估计算法，如 FastICA 算法、Infomax 算法、最大似然估计算法以及二阶累积量、四阶累积量等高阶累积量方法。

另一类集中在独立成分分析的实际应用方面，已经广泛应用在特征提取、生物医学信号处理、通信系统、金融、图像处理、语音信号处理等领域，并取得了一些成绩。这些应用充分展示了独立成分分析的特点和价值。

BSS 问题即盲信号分离问题，是信号处理中一个传统而又极具挑战性的课题。BSS 是指仅从观测的混合信号（通常是多个传感器的输出）中恢复独立的源信号，这里的"盲"是指：

- 源信号是不可观测的。
- 混合系统是事先未知的。

在科学研究和工程应用中，很多观测信号都可以假设成不可见的源信号的混合。所谓的"鸡尾酒会"问题就是一个典型的例子，简单来说就是当很多人（作为不同的声音源）同时在一个房间里说话时，声音信号由一组麦克风记录下来，这样每个麦克风记录的信号是所有人声音的一个混合，也就是通常所说的观测信号。

问题是：如何只从这组观测信号中提取每个说话者的声音信号（源信号）？如果混合系统是已知的，则以上问题退化成简单的求混合矩阵的逆矩阵。但是在更多情况下，人们无法获取有关混合系统的先验知识，这就要求人们从观测信号来推断这个混合矩阵，实现盲源分离。

设有 N 个未知的源信号 $S_i(t)$，$i=1,\cdots,N$，构成一个列向量 $S(t)=[S_1(t),\cdots,S_N(t)]^{\mathrm{T}}$，其中 t 是离散时刻，取值为 $0,1,2,\cdots$。设 A 是一个 $M\times N$ 维矩阵，一般称为混合矩阵。设 $X(t)=[X_1(t),\cdots,X_M(t)]^{\mathrm{T}}$ 是由 M 个可观察信号 $X_i(t)$，$i=1,\cdots,M$ 构成的列向量，且满足下列方程：

$$X(t)=AS(t) \qquad M\geqslant N \tag{10-15}$$

BSS 的问题是，对于任意 t，根据已知的 $X(t)$ 在 A 未知的条件下求未知的 $S(t)$。这构成一个无噪声的盲分离问题。设 $N(t)=[N_1(t),\cdots,N_M(t)]^{\mathrm{T}}$ 是由 M 个白色、高斯、统计独立噪声信号 $N_1(t)$ 构成的列向量，且 $X(t)$ 满足下列方程：

$$X(t)=AS(t)+N(t) \qquad M\geqslant N \tag{10-16}$$

则由已知的 $X(t)$ 在 A 未知时求 $S(t)$ 的问题是一个有噪声盲分离问题。

独立成分分析一般根据以下几个基本假设条件来解决 BSS 问题：

1）各信号源 $S_i(t)$ 均为 0 均值、实随机变量，各源信号之间统计独立。

2）源信号数 M 与观察信号数 N 相同，即 $N=M$，这时混合阵 A 是一个确定且未知的 $N\times N$ 维方阵。假设 A 是满秩的，逆矩阵 A^{-1} 存在。

3）各个 $S_i(t)$ 的 pdf（概率分布函数）中最多只允许有一个具有高斯分布。

4）各观察器引入的噪声很小，可以忽略不计。这时可以用式（10-15）描述源信号与观察信号之间的关系且 $N=M$。

5）关于各源信号的 pdf $p_i(S_i)$，略有一些先验知识。

这称为基本独立成分分析。独立成分分析的目的是对任何 t，根据已知的 $X(t)$ 在 A 未知的情况下求未知的 $S(t)$。独立成分分析的思路是设置一个 $N\times N$ 维反混合阵 $W=\left(w_{ij}\right)$，$X(t)$ 经过 W 变换后得到 N 维输出列向量 $Y(t)=\left[Y_1(t),\cdots,Y_N(t)\right]^{\mathrm{T}}$，即有：

$$Y(t) = WX(t) = WAS(t) \tag{10-17}$$

实现 $WA = I$（I 是 $N \times N$ 维单位阵），则 $Y(t) = S(t)$，从而达到源信号分离的目标。

应当说明，这是较理想的情况，实际往往不能同时满足上述假设条件。因此，最近几年，许多学者都涉及减弱这几个假设条件的独立成分分析研究，提出了一些新的理论，如非线性独立成分分析、带噪声的独立成分分析、信号有时间延时的混合、卷积和的情况、源的不稳定问题等，但这些理论还不够完善，许多问题还待进一步研究解决。下面简单介绍一下噪声独立成分分析和非线性独立成分分析。本文主要讨论基本独立成分分析。

在现实生活中，观察信号中往往包含噪声信号，因此在解决问题的时候应该把噪声考虑进去，以求使得问题的结果更加精确。噪声独立成分分析的定义如下：

$$X(t) = AS(t) + N(t) \qquad M \geq N \tag{10-18}$$

这里，$S(t)$、$X(t)$ 和 A 与基本独立成分分析中定义的 $S(t)$、$X(t)$ 和 A 相同，其中 $N(t) = [N_1(t), \cdots, N_M(t)]^T$ 是由 M 个白色、高斯、统计独立噪声信号 $N_1(t)$ 构成的列向量。

这里要求如下假设成立：

1）这个噪声是加性的，并且独立于独立分量。
2）噪声是高斯的。

在某些情况下，基本线性的独立成分分析太简单，不能对观察向量 $X(t)$ 予以充分的描述。非线性独立成分分析混合模型定义如下：

$$X(t) = f(S(t)) \tag{10-19}$$

这里，$X(t)$、$S(t)$ 与基本独立成分分析中定义的 $X(t)$、$S(t)$ 相同，其中 $f(\cdot)$ 是非线性混合函数。

FastICA 算法又称固定点（Fixed-Point）算法，是由芬兰赫尔辛基大学 Hyvärinen 等人提出来的。FastICA 算法是一种快速寻优迭代算法，与普通的神经网络算法不同的是，这种算法采用了批处理的方式，即在每一步迭代中有大量的样本数据参与运算。

但是从分布式并行处理的观点来看，该算法仍可称为一种神经网络算法。FastICA 算法有基于峭度、基于似然最大、基于负熵最大等形式，这里我们介绍基于负熵最大的 FastICA 算法。

它以负熵最大作为一个搜寻方向，可以实现顺序地提取独立源，充分体现了投影追踪（Projection Pursuit）这种传统线性变换的思想。此外，该算法采用了定点迭代的优化算法，使得收敛更加快速、稳健。

因为 FastICA 算法以负熵最大作为一个搜寻方向，因此先讨论一下负熵判决准则。由信息论理论可知，在所有等方差的随机变量中，高斯变量的熵最大，因而我们可以利用熵来度量非高斯性，常用熵的修正形式，即负熵。

根据中心极限定理，若一随机变量 X 由许多相互独立的随机变量 S_i（$i = 1, 2, 3, \cdots, N$）的和组成，只要 S_i 具有有限的均值和方差，则不论其为何种分布，随机变量 X 较 S_i 更接近高斯分布。

换言之，S_i 较 X 的非高斯性更强。因此，在分离过程中，可通过对分离结果的非高斯性度量来表示分离结果间的相互独立性，当非高斯性度量达到最大时，表明已完成对各独立分量的分离。

负熵的定义：

$$N_g(Y) = H(Y_{\text{Gauss}}) - H(Y) \qquad (10\text{-}20)$$

式中，Y_{Gauss} 是一个与 Y 具有相同方差的高斯随机变量，$H(\cdot)$ 为随机变量的微分熵：

$$H(Y) = -\int p_Y(\xi) \lg p_Y(\xi) \mathrm{d}\xi \qquad (10\text{-}21)$$

在具有相同方差的随机变量中，高斯分布的随机变量具有最大的微分熵。当 Y 具有高斯分布时，$N_g(Y) = 0$。Y 的非高斯性越强，其微分熵越小，$N_g(Y)$ 值越大，所以 $N_g(Y)$ 可以作为随机变量 Y 非高斯性的测度。计算微分熵需要知道 Y 的概率密度分布函数，这显然不切实际，于是采用如下近似公式：

$$N_g(Y) = \left\{ E\big[g(Y)\big] - E\big[g(Y_{\text{Gauss}})\big] \right\}^2 \qquad (10\text{-}22)$$

其中，$E[]$ 为均值运算，$g()$ 为非线性函数，可取 $g_1(y) = \tanh(a_1 y)$，或 $g_2(y) = y\exp(-y^2/2)$，或 $g_3(y) = y^3$ 等非线性函数，这里 $0 \leqslant a_2 \leqslant 2$，通常取 $a_1 = 1$。

快速独立成分分析学习规则是找一个方向以便 $W^{\mathrm{T}}X(Y = W^{\mathrm{T}}X)$ 具有最大的非高斯性。这里，非高斯性公式给出的负熵 $N_g(W^{\mathrm{T}}X)$ 的近似值来度量，$W^{\mathrm{T}}X$ 的方差约束为 1，对于白化数据而言，这等于约束 W 的范数为 1。

FastICA 算法的推导如下。

首先，$W^{\mathrm{T}}X$ 的负熵的最大近似值能通过对 $E\{G(W^{\mathrm{T}}X)\}$ 进行优化来获得。根据 Kuhn-Tucker 条件，在 $E\{X_g(W^{\mathrm{T}}X)^2\} = \|W\|^2 = 1$ 的约束下，$E\{G(W^{\mathrm{T}}X)\}$ 的最优值能在满足下式的点上获得：

$$E\{X_g(W^{\mathrm{T}}X)\} + \beta W = 0 \qquad (10\text{-}23)$$

这里，β 是一个恒定值，$\beta = E\{W_0^{\mathrm{T}}X_g(W_0^{\mathrm{T}}X)\}$，$W_0$ 是优化后的 W 值。下面我们利用牛顿迭代法解方程。用 F 表示上式方程左边的函数，可得 F 的雅可比矩阵 $JF(W)$ 如下：

$$JF(W) = E\{XX^{\mathrm{T}}g'(W^{\mathrm{T}}X)\} - \beta I \qquad (10\text{-}24)$$

为了简化矩阵的求逆，可以近似为上式的第一项。由于数据被白化，$E\{XX^{\mathrm{T}}\} = I$，因此 $E\{XX^{\mathrm{T}}g'(W^{\mathrm{T}}X)\} \approx E\{XX^{\mathrm{T}}\} \cdot E\{g'(W^{\mathrm{T}}X)\} = E\{g'(W^{\mathrm{T}}X)\}I$。雅可比矩阵变成了对角阵，并且能比较容易地求逆。因此，可以得到下面的近似牛顿迭代公式：

$$
\begin{aligned}
W^* &= W - \big\lfloor E\{Xg(W^{\mathrm{T}}X)\} - \beta W \big\rfloor \big/ \big\lfloor E\{g'(W^{\mathrm{T}}X)\} - \beta \big\rfloor \\
W &= W^* / \|W^*\|
\end{aligned}
\qquad (10\text{-}25)
$$

这里，W^* 是 W 的新值，$\beta = E\{W^{\mathrm{T}}Xg(W^{\mathrm{T}}X)\}$，规格化能提高解的稳定性。简化后就可以得到 FastICA 算法的迭代公式：

$$W^* = E\left\{Xg\left(W^\mathrm{T}X\right)\right\} - E\left\{g'\left(W^\mathrm{T}X\right)\right\}W$$
$$W = W^*\big/\left\|W^*\right\|$$

(10-26)

实践中，FastICA 算法中用的期望必须用它们的估计值代替。当然，最好的估计是相应的样本平均。理想情况下，所有的有效数据都应该参与计算，但这会降低计算速度。

所以通常用一部分样本的平均来估计，样本数目的多少对最后估计的精确度有很大影响。迭代中的样本点应该分别选取，假如收敛不理想的话，可以增加样本的数量。

【例 10-3】 快速独立成分分析方法的 MATLAB 实现。程序代码如下：

```
>> clear all
clc
K=4;
N=100;
k=1:N;
s1=rand(1,N);
s2=square(2*pi*k/8);
s3=sin(2*pi*k/32);
s4=cos(2*pi*k/32);
figure(1)
subplot(2,2,1);
plot(k,s1);
title('随机信号');
subplot(2,2,2);
plot(k,s2);
title('方波信号')
subplot(2,2,3);
plot(k,s3);
title('正弦信号')
subplot(2,2,4);
plot(k,s4);
title('余弦信号')
X=zeros(K,N);
A=randn(K);
H=A*[s1;s2;s3;s4];
for i=1:K
    H(i,:)=H(i,:)-1/N*sum(H(i,:));
end
figure(2);
plot(k,H);
title('观测信号')
% 实现对观察数据矩阵 H 的预白化
A=double(H);
m=mean(A,2);
A=A- m(:,ones(1,size(A,2)));
covarianceMatrix=cov(A');
[y, x] = eig (covarianceMatrix);
whiteningMatrix = x^(-.5)* y';
dewhiteningMatrix = y * sqrt (x);
new_A=whiteningMatrix*A;
figure(3)
```

```
plot(k,new_A);
title('信号白化')
for i=1:4
    for j=(i+1):4
        temp=x(i,i);
        temp_2=y(:,i);
        if temp<x(j,j)
            x(i,i)=x(j,j);
            x(j,j)=temp;
            y(:,i)=y(:,j);
            y(:,j)=temp_2;
        end
    end
end
d=x
v=y
d.^(1/2);
Y=inv(d.^(1/2))*v'*H;
% 用 FastICA 算法实现对源信进行分离
epsilon=0.0001;
W=rand(K);
for p=1:K
    W(:,p)=W(:,p)/norm(W(:,p));
    exit=0;
    count=0;
    iter=1;
    while exit==0;
        count=count+1;
        temp=W(:,p);   % 记录上次迭代的值
            W(:,p)=1/N*Y*((temp'*Y).^3)'-3*temp;
            ssum=zeros(K,1);
        for counter=1:p-1
            ssum=ssum+(W(:,p)'*W(:,counter))*W(:,counter);
        end
        W(:,p)=W(:,p)-ssum;     % 正交化
        W(:,p)=W(:,p)/norm(W(:,p));
        if(abs((dot(W(:,p),temp)))<1+epsilon)&(abs((dot(W(:,p),
temp)))>1-epsilon)
    % 判断是否收敛
            exit=1;
        end
        iter=iter+1;
    end
end
out=W'*Y;
figure(4)
subplot(2,2,1);
plot(k,out(1,:));
title (' source estimate 1');
subplot(2,2,2);
plot(k,out(2,:));
title (' source estimate 2');
```

```
subplot(2,2,3);
plot(k,out(3,:));
title (' source estimate 3');
subplot(2,2,4);
plot(k,out(4,:));
title (' source estimate 4');
```

运行结果如下：

```
d =
    1.9377         0         0         0
         0    1.7422         0         0
         0         0    0.4494         0
         0         0         0    0.0023
v =
    0.2109   -0.0175    0.8744    0.4367
   -0.3466    0.9109   -0.0099    0.2237
    0.2494   -0.1151   -0.4789    0.8338
    0.8793    0.3958   -0.0778   -0.2530
```

结果如图 10-6～图 10-9 所示。

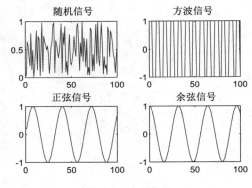

图 10-6　源信号

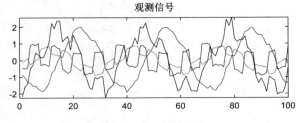

图 10-7　观测信号图

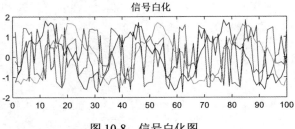

图 10-8　信号白化图

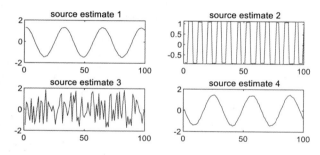

图 10-9　分离后信号图

10.1.4　盲信号处理应用实例

【例 10-4】　对盲信号实部和虚部进行处理的具体实现。程序代码如下：

```
>> echoF=1;
dB=15; T=1000;
L=4; M=4; N=5; d=M+N;
j=sqrt(-1);
mh=[-0.049+j*0.359 0.482-j*0.569 -0.556+j*0.587 1 -0.171+j*0.061;
    0.443-j*0.0364 1 0.921-j*0.194 0.189-j*0.208 -0.087-j*0.054;
    -0.221-j*0.322 -0.199+j*0.918 1 -0.284-j*0.524 0.136-j*0.19;
    0.417+j*0.030 1 0.873+j*0.145 0.285+j*0.309 -0.049+j*0.161];
h=[mh(1,:) mh(2,:) mh(3,:) mh(4,:)].';
s=sign(rand(1,T)-0.5);%+2*sign(rand(1,T)-0.5);
s=s+sqrt(-1)*(sign(rand(1,T)-0.5));%+2*sign(rand(1,T)-0.5));
TN=T-N+1; X=zeros(L*N,TN); SNR=[]; v=[]; % received signals
for i=1:L,
  x=filter(h((i-1)*(M+1)+1:i*(M+1)),1,s);
  n=randn(size(x))+sqrt(-1)*randn(size(x));
  n=n/norm(n)*10^(-dB/20)*norm(x);
  SNR=[SNR 20*log10(norm(x)/norm(n))];
  x=x+n;    v=[v n];
  for j=1:TN,
    X((i-1)*N+1:i*N, j)=x(j+N-1:-1:j).';
  end
end
if echoF SNR=SNR, end
ss=std(s)^2;    sv=std(v)^2;
Rx=X*X'/TN;
[U0,S0,V0]=svd(Rx);
for i=L*N:-1:1,
   if S0(i-1,i-1)-S0(i,i)>S0(i,i), break; end
end
i=d+1;
%i=rank(S0)+1;
if echoF, d=i-1, else d=i-1; end
sigma=0;
for i=i:L*N, sigma=sigma+S0(i,i); end
sigma=sigma/(L*N-d);
Q=zeros(L*(M+1), L*(M+1));
```

```
for i=d+1:L*N,
  Vm=zeros(L*(M+1), M+N);
  for j=1:(M+1),
    for k=1:L,
      Vm((k-1)*(M+1)+j, j:(j+N-1))=U0((k-1)*N+1:k*N, i).';
    end
  end
  Q=Q+Vm*Vm';
end
[U1,S1,V1]=svd(Q);
hb=U1(:,L*(M+1));
%%%%%%% Compare channel estimation MSE
hb_h=mean(hb./h);
hb1=hb/hb_h;
squ_err_h=sqrt((h-hb1)'*(h-hb1))/sqrt(h'*h);
bias=sum(abs(hb1-h))/(L*(M+1));
qh=hb'*Q*hb;
if echoF, squ_err_h, bias, qh, end
if echoF;
  subplot(221), te=length(h);
  plot(1:te,real(hb1),'bo-',1:te,real(h),'r+-');
  grid
  legend('Estimated','Accurate')
  title('Real part of Channel');
    subplot(223),
  plot(1:te,imag(hb1),'bo-',1:te,imag(h),'r+-');
 grid,;
  legend('Estimated','Accurate')
  title('Imag Part of Channel'),
  xlabel(['hb/h=' num2str(hb_h)]);
end
%%%% plot equalization results
H=zeros(L*N, M+N);
for j=1:N,
  for k=1:L,
    H((k-1)*N+j, j:(j+M))=hb1((k-1)*(M+1)+1:k*(M+1)).';
  end
end
Y=H'*U0(:,1:d)*inv(S0(1:d, 1:d)-sigma*eye(d))*U0(:,1:d)'*X; % zero-forcing
equalizer
  gd=H'*U0(:,1:d)*inv(S0(1:d, 1:d)-sigma*eye(d))*U0(:,1:d)';
  gd=gd(round(d/2), :).';
    fh=zeros(M+N,1);
    for j=1:L
      fh=fh+conv(h((j-1)*(M+1)+1:j*(M+1)), gd((j-1)*(N)+1:j*(N)));
    end
    ISI=[(fh'*fh-max(abs(fh))^2)/max(abs(fh))^2];
        dmax=find(max(abs(fh))==abs(fh));
        fh1=fh.'/fh(dmax); F1=gd.'/fh(dmax);
        MSE=ss*(fh1*fh1'-1)+sv*(F1*F1');
    if echoF, abs(fh.')/max(abs(fh)),  ISI_MSE=[ISI MSE],
  end
```

```
if echoF,
  subplot(222), plot(s,'ro'), grid, title('Transmitted Symbols')
  subplot(224), plot(Y(round(d/2),:),'ro'), grid,
  title('Estimated Symbols')
end
```

运行结果如下：

```
SNR =   15.0000   15.0000   15.0000   15.0000
d =     9
squ_err_h =   0.0231
bias =   0.0142
qh =   3.5808e-04 + 5.2923e-18i
ans =    0.0236    0.0138    0.0249    0.0739    1.0000    0.0856    0.0245
0.0179    0.0358
ISI_MSE =   0.0164    0.1206
```

结果如图 10-10 所示。

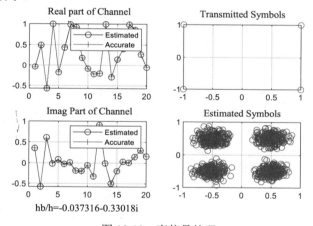

图 10-10　盲信号处理

▪ 10.2　雷达信号处理

定义雷达概念形成于 20 世纪初。雷达是英文 Radio Detection and Ranging 的音译，意为无线电检测和测距，是利用微波波段电磁波探测目标的电子设备。雷达的出现是由于二战期间，英国和德国交战时，英国急需一种能探测空中金属物体的雷达技术在反空袭战中帮助搜寻德国飞机。

10.2.1　雷达信号处理方法

雷达的主动探测距离就是利用雷达发出的电磁波主动探测目标的距离，这种方式被广泛应用。被动探测距离就是利用本雷达探测到目标处雷达发射的电磁波，同时保持雷达静默，以此来探测目标，反辐射导弹就是利用这个原理。

被动探测因为可以探测到微弱的电磁波，所以可以在远距离发现目标，而主动探测电磁波是双程的，到达目标处还要返回，波就比较微弱，难探测到目标，所以被动探测距离比主动探测距离大。

【例 10-5】 雷达信号模糊函数的 MATLAB 仿真实现。程序代码如下：

```
>> clear all
clc
clf
taup=1;        % 脉冲宽度
b=10;          % 带宽
up_down=-1;    % up_down=-1 正斜率，up_down=1 负斜率
x=lfm_ambg(taup,b,up_down);          % 计算模糊函数
taux=-1.1*taup:.01:1.1*taup;
fdy=-b:.01:b;
subplot(221)
mesh(100*taux,fdy./10,x)             % 画模糊函数
xlabel('Delay - \mus')
ylabel('Doppler - MHz')
zlabel('| \chi ( \tau,fd) |')
title('模糊函数')
subplot(222)
contour(100.*taux,fdy./10,x)         % 画等高线
xlabel('Delay - \mus')
ylabel('Doppler - MHz')
title('模糊函数等高线')
grid on
N_fd_0=(length(fdy)+1)/2;            % fd=0 的位置
x_tau=x(N_fd_0,:);                   % 时间模糊函数
subplot(223)
plot(100*taux,x_tau)
axis([-110  110  0 1])
xlabel('Delay - \mus')
ylabel('| \chi ( \tau,0) |')
title(' 时间模糊函数')
grid on
N_tau_0=(length(taux)+1)/2;          % tau=0 的位置
x_fd=x(:,N_tau_0);                   % 速度模糊函数
subplot(224)
plot(fdy./10,x_fd)
xlabel('Doppler - MHz')
ylabel('| \chi ( 0,fd) |')
title(' 速度模糊函数')
grid on
```

运行结果如图 10-11 所示。

运行中用到的模拟函数的子程序为：

```
function  x=lfm_ambg(taup,b,up_down)
% taup 脉冲宽度
% b 带宽
% up_down=-1 正斜率，  up_down=1 负斜率
eps=0.0000001;
i=0;
mu=up_down*b/2./taup;
for tau=-1.1*taup:.01:1.1*taup
```

```
        i=i+1;
        j=0;
    for fd=-b:.01:b
        j=j+1;
        val1=1-abs(tau)/taup;
        val2=pi*taup*(1-abs(tau)/taup);
        val3=(fd+mu*tau);
        val=val2*val3+eps;
        x(j,i)=abs(val1*sin(val)/val);
    end
end
```

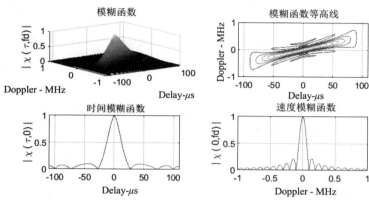

图 10-11　模糊函数

【例 10-6】　雷达成像的 MATLAB 基本实现。程序代码如下：

```
>> clc;clear;
c=3e8;          % 光速
fc=1.5e9;       % 载频
lambda=c/fc;    % 波长
% 测绘带区域
X0=200;         % 方位向[-X0,X0]
Rc=3000;
R0=150;         % 距离向[Rc-R0,Rc+R0]
% 距离向(Range)，r/t
Tr=1.5e-6;      % 脉宽 1.5us (200m)
Br=150e6;       % LFM 信号带宽 150MHz
Kr=Br/Tr;       % 调频斜率
Nr=512;
r=Rc+linspace(-R0,R0,Nr)
t=2*r/c;        % t 域序列
dt=R0*4/c/Nr;   % 采样周期
f=linspace(-1/2/dt,1/2/dt,Nr);     % f 域序列
%方位向(Azimuth),x/u
v=300;          % SAR 平台速度
Lsar=300;       % 合成孔径长度
Na=1024;
x=linspace(-X0,X0,Na);
u=x/v;          % u 域序列
du=2*X0/v/Na;
```

```
fu=linspace(-1/2/du,1/2/du,Na);    % fu 域序列
fdc=0;          % Doppler 调频中心
fdr=-2*v^2/lambda/Rc;                % Doppler 调频斜率
% %目标位置
Ntar=6;%目标个数
Ptar=[Rc      , 0  ,1        % 距离向坐标，方位向坐标，目标截面积 RCS sigma
      Rc+50 , -50 ,1
      Rc+50 , 50 ,1
      Rc+50 , -150,1
      Rc+50 , 150,1
      Rc+100 , 0 ,1];
% 产生回波
s_ut=zeros(Nr,Na);
U=ones(Nr,1)*u;    % 扩充为矩阵
T=t'*ones(1,Na);
for i=1:Ntar
    rn=Ptar(i,1);xn=Ptar(i,2);sigma=Ptar(i,3);
    R=sqrt(rn^2+(xn-v*U).^2);
    DT=T-2*R/c;
    phase=pi*Kr*DT.^2-2*pi/lambda*R*2;
    s_ut=s_ut+sigma*exp(j*phase).*(abs(DT)<Tr/2).*(abs(v*U-xn)<Lsar/2);
end;
% 距离压缩
p0_t=exp(j*pi*Kr*(t-2*Rc/c).^2).*(abs(t-2*Rc/c)<Tr/2);% 距离向匹配函数(行向量)
p0_f=fftshift(fft(fftshift(p0_t)));
s_uf=fftshift(fft(fftshift(s_ut)));        % 对回波信号进行距离向FFT
src_uf=s_uf.*(conj(p0_f).'*ones(1,Na));% 匹配函数扩充为矩阵,对每一列进行距离压缩
src_ut=fftshift(ifft(fftshift(src_uf)));        % 距离压缩后的信号
src_fut=fftshift(fft(fftshift(src_ut).')).';    % 方位向FFT,距离-多普勒域
    % 距离弯曲校正(二维去耦)
src_fuf=fftshift(fft(fftshift(src_uf).')).';    % 距离压缩后的二维频谱
F=f'*ones(1,Na);          % 扩充为矩阵
FU=ones(Nr,1)*fu;
p0_2f=exp(j*pi/fc^2/fdr*(FU.*F).^2+j*pi*fdc^2/fc/fdr*F-j*pi*fc/fdr*FU.^2.
*F);
    s2rc_fuf=src_fuf.*p0_2f;
    s2rc_fut=fftshift(ifft(fftshift(s2rc_fuf)));    % 距离向IFFT,距离-多普勒域
    % 方位压缩
    p0_2fu=exp(j*pi/fdr*FU.^2);    % 方位向压缩因子
    s2rcac_fut=s2rc_fut.*p0_2fu; % 方位压缩
    s2rcac_fuf=fftshift(fft(fftshift(s2rcac_fut)));    % 距离方位压缩后的二维频谱
    s2rcac_ut=fftshift(ifft(fftshift(s2rcac_fut).')).'; % 方位向IFFT
figure(1)
mesh(x,r-Rc,abs(s2rcac_ut));
xlabel('Azimuth')
ylabel('Range')
title('二维脉压后的输出')
figure(2)
subplot(221)
G=20*log10(abs(s_ut)+1e-6);
gm=max(max(G));
gn=gm-40;    % 显示动态范围 40dB
```

```
G=255/(gm-gn)*(G-gn).*(G>gn);
imagesc(x,r-Rc,-G),colormap(gray)
grid on,axis tight,
xlabel('Azimuth')
ylabel('Range')
title('(a)原始信号')
subplot(222)
G=20*log10(abs(src_fut)+1e-6);
gm=max(max(G));
gn=gm-40;      % 显示动态范围 40dB
G=255/(gm-gn)*(G-gn).*(G>gn);
imagesc(fu,r-Rc,-G),colormap(gray)
grid on,axis tight,
xlabel('Azimuth')
ylabel('Range')
title('(b)RD 域频谱')
subplot(223)
G=20*log10(abs(s2rc_fut)+1e-6);
gm=max(max(G));
gn=gm-40;
G=255/(gm-gn)*(G-gn).*(G>gn);
imagesc(fu,r-Rc,-G),colormap(gray)
grid on,axis tight,
xlabel('Azimuth')
ylabel('Range')
title('(c)RMC 后的 RD 域频谱')
subplot(224)
G=20*log10(abs(s2rcac_ut)+1e-6);
gm=max(max(G));
gn=gm-60;
G=255/(gm-gn)*(G-gn).*(G>gn);
imagesc(x,r-Rc,G),colormap(gray)
grid on,axis tight,
xlabel('Azimuth')
ylabel('Range')
title('(d)目标图像')
```

运行结果如图 10-12 和图 10-13 所示。

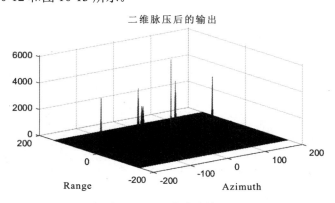

图 10-12　二维脉冲输出

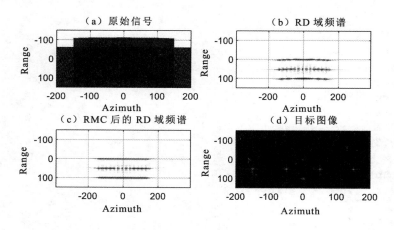

图 10-13   雷达信号仿真

10.2.2   雷达散射截面信号处理

雷达隐身技术就是飞机雷达散射截面的减缩技术，因而准确分析、计算和测量飞机的雷达散射截面（Radar Cross Section，RCS）就是整个飞机隐身设计的基础。雷达散射截面也成为飞机隐身设计中最为重要的概念。雷达散射截面是度量目标在雷达波照射下所产生的回波强度的一种物理量。

从直观的角度来讲，任何目标的 RCS 都可以用一个各向均匀辐射的等效反射器的投影面积来定义，这个等效反射器与被定义目标在接收方向单位立体角内具有相同的回波功率。

RCS 代表从雷达的视角来看，这个物体的大小。一个物体的 RCS 与雷达频率、极化以及入射和散射方向有关。一般情况下讲的 RCS 为后向雷达横截面，即散射方向与入射方向成 180 度。

计算复杂目标的 RCS 对于国防、航空、航天、气象等各项事业都具有很重要的意义。尤其在导弹系统的设计、仿真，雷达系统的设计、鉴定，新装备的研制论证，现预装备战术使用方案的制定等均需要复杂目标（如飞机、舰艇、导弹等）的 RCS 及其电磁散射特性。

【例 10-7】   在 RCS 服从卡方分布、瑞利分布、对数正态分布的情况下，利用 MATLAB 实现雷达散射截面模拟。

程序代码如下：

```
>> clc;clear;
f0=7.5e6;
B=30e3
T=0.6;
Num_T=256;
samp_T=512;
Num_sh=3;
RCSmodeltype=0;
RCSparameter1=0;
RCSparameter2=0;
[targetecho_FT1,RCS]=targetge(f0,B,T,Num_T,samp_T,Num_sh,RCSmodeltype,RCS
parameter1,RCSparameter2);
for n=1:60
targetecho_FT2(:,n)=fftshift(fft(targetecho_FT1(:,n)));
```

```
end
doppler=1/T/Num_T*(-Num_T/2:Num_T/2-1);
range=(1:60)*5;
figure(2)
mesh(range,doppler,20*log10(abs(targetecho_FT2)/max(max(abs(targetecho_FT
2)))));
colormap hsv
xlabel('range (km)');
ylabel('doppler (Hz)');
zlabel('Am (dB)');
```

运行结果如图 10-14 所示。

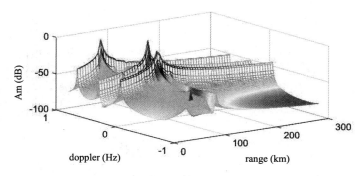

图 10-14　雷达回波模拟

运行过程中用到的子程序如下：

（1）子程序 Targetge

```
function[targetecho_FT1,RCS]=targetge(f0,B,T,Num_T,samp_T,Num_sh,RCSmodel
type,RCSparameter1,RCSparameter2)
    % 功能：目标回波仿真
    % 输入变量：f0 为雷达工作频率，B 为雷达扫频带宽，T 为雷达扫频周期，Num_T 为扫频周期个数，
samp_T 为每个扫频周期里的采样点数，Num_sh 为船的数量
    % RCSmodeltype 目标 RCS 模型选择
    % 若 RCSmodeltype=0，则 RCS 模型为无起伏；若 RCSmodeltype=1，则 RCS 模型为卡方分布；
若 RCSmodeltype=2，则 RCS 模型为瑞利分布；若 RCSmodeltype=3，则 RCS 模型为对数正态分布
    % RCSmodeltype 的取值范围为[0,3]
    % RCSparameter1 为关于 RCS 模型的第一个参量，当 RCS 模型为卡方分布时，RCSparameter1
为其自由度
    % 当 RCS 模型为瑞利分布时，RCSparameter1 为其参量
    % 当 RCS 模型为对数正态分布时，RCSparameter1 为其均值
    % RCSparameter2 为关于 RCS 模型的第二个参量,当 RCS 模型为对数正态分布时,RCSparameter2
为其标准差
    % 输出变量：targetecho 目标回波时域数据
    % RCS 每个目标的 RCS
c=3e8;                          % 光速(m/s)%
K=B/T;                          % 扫频速率(Hz/s)%
[RCS]=RCSsimulation(Num_sh,Num_T,RCSmodeltype,RCSparameter1,RCSparameter2);
[tagetdata]=AVRsimulation(Num_sh,Num_T,T);
[targetecho]=targetechosimulation(Num_sh,Num_T,samp_T,K,tagetdata,RCS,f0,
T,c);
```

```
for m=1:Num_T
    targetecho_FT1(m,:)=fft(targetecho(m,:),samp_T);
end
```

（2）子程序 RCSsimulation

```
function [RCS]= RCSsimulation (Num_sh, Num_T, RCSmodeltype, RCSparameter1,
RCSparameter2)
% 功能：仿真其 RCS 的抖动情况
% 输入参量：Num_sh 船的个数
% Num_T 扫频周期(采样点)个数
% RCSmodeltype 为 RCS 模型选择
% RCSparameter1 为关于 RCS 模型的第一个参量
% RCSparameter2 为关于 RCS 模型的第二个参量
% 输出参量：RCS 每条船的雷达散射截面
if (0<=RCSmodeltype)&(RCSmodeltype<=3)
RCS=zeros(Num_T,Num_sh);                        % RCS 矩阵初始化
switch RCSmodeltype
    case 0
        RCSmodel=ones(fix(Num_T/10)+1,Num_sh); % RCS 无起伏%
    case 1
        RCSmodel=chi2rnd(RCSparameter1,fix(Num_T/10)+1,Num_sh);
% RCS 服从卡方分布模型，此时 RCSparameter1 表示其自由度%
    case 2
        RCSmodel=raylrnd(RCSparameter1,fix(Num_T/10)+1,Num_sh);
% RCS 服从瑞利分布模型，此时 RCSparameter1 表示其参量%
    case 3
        RCSmodel=lognrnd(RCSparameter1,RCSparameter2,fix(Num_T/10)+1,
Num_sh);
%RCS 服从对数正态分布模型，此时 RCSparameter1 表示其均值,RCSparameter2 表示其标准差%
end
for L=1:Num_sh
    for i=0:fix(Num_T/10)-1
RCS(i*10+1:(i+1)*10,L)=RCSmodel(i+1,L);
% 让 RCS 每 10 个时间点取一个相同的值，该值满足第一种起伏模型%
    end
RCS((i+1)*10+1:Num_T,L)=RCSmodel(i+2,L);
% 剩下的数也取同一个值，该值满足第一种起伏模型%
end
    else
error('The number of "RCSmodeltype" must be among 0 and 3 (0,3 included)')
% RCS 起伏模型选择错误，报错
End
```

（3）子程序 AVRsimulation

```
function [tagetdata]=AVRsimulation(Num_sh,Num_T,T)
% 功能：模拟径向运动参数
% 输入参数：Num_sh 为个数，Num_T 为扫频周期(采样点)个数，T 为扫频周期
% 输出参数：a 为径向加速度，v 为径向速度，r 为径向距离
a=zeros(Num_T,Num_sh);
% 径向加速度在每个扫频周期之间满足[-1,1]均匀分布(m/s^2)，一个扫频周期内加速度不变
v=zeros(Num_T,Num_sh);  % 径向速度矩阵初始化
```

```
r=zeros(Num_T,Num_sh);  % 径向距离矩阵初始化
v0=16.6* (1-2*rand(Num_sh,1));   % 初速度在[-16.6,16.6](m/s)随机取值
r0=100e3*rand(Num_sh,1);          % 每条船的初始距离在[0,300](m)随机取值
tagetdata=zeros(Num_T,4,Num_sh);
for L=1:Num_sh
    v(1,L)=v0(L);          % 将初速度赋予第一个时间点的速度
    r(1,L)=r0(L);          % 将初始距离赋予第一个时间点的距离
    for i=1:(Num_T-1) % 对接下来的时间点%
    v(i+1,L)=v(i,L)+a(i,L)*T;                    % 进行速度迭代%
    r(i+1,L)=r(i,L)-v(i,L)*T-0.5*a(i,L)*T^2;  % 进行距离迭代%
    end
    tagetdata(:,1,L)=r(:,L);
    tagetdata(:,3,L)=v(:,L);
    tagetdata(:,4,L)=a(:,L);
end
r0=r0./1000   % 将径向距离以单位 km 表示
```

（4）子程序 targetechosimulation

```
function [targetecho]=targetechosimulation(Num_sh,Num_T,samp_T,K,
tagetdata,RCS,f0,T,c)
% 功能：目标回波仿真
% 输入参数：Num_sh 为数量，Num_T 为扫频周期个数
% samp_T 为一个扫频周期内所取的样本点数(第一次 FFT 的采样点数，对应距离元)
% K 为扫频斜率，a 为目标径向加速度，v 为目标径向速度，r 为目标径向距离
% RCS 为目标雷达散射截面，f0 为雷达载频，T 为扫频周期，c 为光速
% 输出参数：targetecho 为目标的雷达回波数据
t_withinT=(0:samp_T-1)*T/samp_T;
targetecho=zeros(Num_T,samp_T);
sr=zeros(Num_T,samp_T,Num_sh);
a=zeros(Num_T,Num_sh);
% 径向加速度在每个扫频周期之间满足[-1,1]均匀分布(m/s^2)，一个扫频周期内加速度不变
v=zeros(Num_T,Num_sh);          % 船的径向速度矩阵初始化
r=zeros(Num_T,Num_sh);          % 船的径向距离矩阵初始化
sita=zeros(Num_T,Num_sh);   % 船的方位角
for L=1:Num_sh
    r(:,L)=tagetdata(:,1,L);
    v(:,L)=tagetdata(:,3,L);
    a(:,L)=tagetdata(:,4,L);
    sita(:,L)=tagetdata(:,2,L);
    for m=1:Num_T
sr(m,:,L)=RCS(m,L)*exp(2*pi*j*(2*K*r(m,L)*t_withinT/c-2*K*v(m,L)*t_within
T.^2/c-K*a(m,L)*t_withinT.^3/c-2*f0*r(m,L)/c+2*f0*v(m,L)*t_withinT/c+a(m,L)*f
0*t_withinT.^2/c-2*K*r(m,L)^2/c^2-2*K*v(m,L)^2*t_withinT.^2/c^2-K*a(m,L)^2*t_
withinT.^4/(2*c^2)+4*K*r(m,L)*v(m,L)*t_withinT/c^2+2*K*r(m,L)*a(m,L)*t_within
T.^2/c^2-2*K*a(m,L)*v(m,L)*t_withinT.^3/c^2));
    end
    targetecho=targetecho+sr(:,:,L);
end
```

▪ 10.3　本章小结

　　语音信号处理是研究用数字信号处理技术和语音学知识对语音信号进行处理的新兴学科，是目前发展最为迅速的信息科学研究领域的核心技术之一。通过语音传递信息是人类最重要、最有效、最常用和最方便的交换信息形式。

　　现代雷达系统日益复杂，难以用简单直观的分析方法进行处理，需要借助计算机来完成对系统的各项功能和性能的仿真。MATLAB 提供了强大的仿真平台，可以为大多数雷达系统的仿真提供方便快捷的运算。

　　本章介绍了 MATLAB 在盲信号分离、雷达信号方面的应用，充分展示了其在信号处理方面的强大功能。本章以某脉冲压缩雷达信号处理系统的实例来说明 MATLAB 在雷达信号处理系统仿真中的应用。

参 考 文 献

[1] 林川. MATLAB 与数字信号处理实验[M]. 武汉：武汉大学出版社，2011.
[2] 薛年喜. MATLAB 在数字信号处理中的应用[M]. 北京：清华大学出版社，2008.
[3] 李正周. MATLAB 数字信号处理与应用[M]. 北京：清华大学出版社，2008.
[4] 史洁玉. MATLAB 信号处理超级学习手册[M]. 北京：人民邮电出版社，2014.
[5] 张德丰. 详解 MATLAB 数字信号处理[M]. 北京：电子工业出版社，2010.
[6] 李辉，恩德，高娜. 数字信号处理及 MATLAB 实现[M]. 北京：机械工业出版社，2011.
[7] 沈再阳. MATLAB 信号处理[M]. 北京：清华大学出版社，2017.
[8] 李勇，徐震. MATLAB 辅助现代工程数字信号处理[M]. 西安：西安电子科技大学出版社，
    2002.

—— 图·书·推·荐 ——

囊括百余种数值分析类型,涵盖MATLAB数值分析应用的各个方面。

由浅入深,循序渐进:从MATLAB基础讲起,再辅以MATLAB在工程中应用的案例,帮助读者尽快掌握MATLAB。

与工程应用密切相关的综合案例:从理论分析到数学模型建立,掌握MATLAB数值分析方法求解的思路,进一步提高读者综合运用MATLAB解决实际问题的能力。

步骤详尽,内容新颖:结合作者多年的MATLAB使用经验,详细讲解MATLAB软件的使用方法与技巧,在讲解过程中辅以相应的图片,使读者在阅读时一目了然,快速掌握所讲的内容。

实例典型,轻松易学:通过各种案例,透彻、详尽地讲解MATLAB在各方面的应用。

面向新手,实例丰富,轻松掌握
实操为主,结合实践,提升技能